高可用性自动化网络

王浩 王平 付蔚 刘锐 等 著

科学出版社

北 京

内 容 简 介

本书共 11 章,内容包括高可用性自动化网络的定义,网络介质冗余协议,分布式网络冗余协议,并行网络冗余协议,实时以太网拓扑发现与故障诊断,功能安全通信技术,信息安全技术和安全测试技术等。每章均介绍了原理、设计、方法、系统和测试,系统性和实用性强。

本书适合计算机专业的高年级本科生、硕士研究生和教师阅读,也可供公司、企业技术人员和自动化网络技术领域中的研究人员参考。

图书在版编目(CIP)数据

高可用性自动化网络/王浩等著. —北京:科学出版社,2012
ISBN 978-7-03-032361-3

Ⅰ.高…　Ⅱ.王…　Ⅲ.计算机网络　Ⅳ.TP393

中国版本图书馆 CIP 数据核字(2011)第 188607 号

责任编辑:张艳芬 / 责任校对:刘小梅
责任印制:赵　博 / 封面设计:耕者设计工作室

科 学 出 版 社 出版
北京东黄城根北街 16 号
邮政编码:100717
http://www.sciencep.com

新科印刷有限公司 印刷
科学出版社发行　各地新华书店经销

*

2012 年 2 月第　一　版　开本:B5(720×1000)
2012 年 2 月第一次印刷　印张:20 1/4
字数:391 000

定价:**60.00 元**
(如有印装质量问题,我社负责调换)

前　言

在国家提出并大力推进的信息化和工业化"两化融合"的战略方针指导下,越来越多的信息技术应用到自动化网络中,特别是实时以太网技术在自动化网络中的应用,在推动自动化网络全方位技术进步的同时,也增加了系统的安全风险,降低了自动化网络的可用性。本书内容基于国家 863 计划重点项目、国家科技进步奖以及参与国家标准和国际标准 IEC61784-3、IEC61784-5、IEC62439-6 等具有自主知识产权的研究成果和技术积累,以国际前沿的实时以太网为对象来研究高可用性自动化网络,形成了通过使用冗余技术、功能安全技术、网络安全技术来抵御各种复杂工业环境带来风险的一个高度可靠而且拥有极好容错性的高可用性工业网络。本书的出版对于保障信息技术影响下的工业自动化通信具有重要的指导意义和参考价值。

全书共 11 章。第 1 章提出高可用性自动化网络的发展、面临的挑战、概念和技术内涵;第 2 章给出高可用性 EPA 交换机的功能需求、硬件设计和底层软件开发,并进行了温湿度和电磁兼容性测试;第 3 章研究并开发基于 EPA 交换机的介质冗余协议 EPA-MRP,实现 MRP 协议在 EPA 交换机的应用;第 4 章主要针对DRP 冗余协议的原理,设计、开发和实现了 DRP 系统,并进行了系统测试和分析;第 5 章设计基于 PRP 的软硬件系统并完成了冗余测试;第 6 章以 EPA 网桥为应用载体,分析并验证了 STP 协议在高可用性自动化网络中解决的问题;第 7 章提出了高可用性自动化网络中的拓扑发现技术,完成对高可用性自动化网络拓扑发现的研究与实现;第 8 章设计 EPA 功能安全通信过程,完成了 EPA 功能安全通信协议;第 9 章提出基于报文加密、报文校验、访问控制、设备鉴别的 EPA 安全框架;第 10 章设计高可用性自动化网络安全测试的关键技术,提出一种高可用性自动化网络测试框架;第 11 章给出了高可用性自动化网络在智能变电站中的应用场景。

本书在撰写过程中注重技术、设计和开发的有机结合,强调技术验证、系统测试和分析,兼顾结构性和系统性。为了便于读者理解和掌握,本书力求做到重点突出、层次分明、语言精练、格式规范。

付蔚负责第 1 章的撰写;华晨、武贵路和赵述军负责第 2 章、第 4 章和第 11 章的撰写;黄术东和刘杰负责第 3 章和第 7 章的撰写;郑军和高毅欣负责第 5 章的撰写;秘明睿、靳志超和王航负责第 9 章和第 10 章的撰写;刘锐和武贵路负责第 6 章的撰写;王浩负责第 7~11 章的撰写;陶琳和孙朝阳负责第 8 章的撰写;王平教授负责本书的审阅。

衷心感谢"网络控制技术和智能仪器仪表"教育部重点实验室的全体老师和同学的努力与支持！感谢家人对我工作的理解和支持！感谢国家 863 计划重点项目、重点实验室建设项目、重庆市教改项目(09-3-022)和重庆市自然科学基金项目(cstc2011jjA40014)等的资助。

限于作者水平，加之技术发展日新月异，尽管在撰写过程中尽心尽力，但不足之处仍在所难免，敬请读者批评指正。

王　浩

2011 年 8 月

目　　录

第1章　高可用性自动化网络概述

1.1　工业自动化网络发展现状

工业自动化网络是指使用以太网(IEEE802.3)和互联网(尤其是 TCP/IP)技术来无缝连接工业设备自动化系统。同时,工业以太网为电缆、连接器、集线器或交换机等网络部件规定了更严格的限制。工业自动化网络技术的优点表现在:自动化网络技术应用广泛,为所有的编程语言所支持;软硬件资源丰富;易于与互联网连接,能实现办公自动化网络与工业控制网络的无缝连接;可持续发展的空间大等。

传统的控制系统在信息层[1,2]大都采用自动化网络,而在控制层和设备层则采用不同的现场总线或其他专用网络。随着互联网技术的发展与普及推广,以太网技术也得到了迅速发展,以太网传输速率的提高和以太网交换技术的发展,给解决以太网通信的非确定性问题带来了希望。目前,以太网已经渗透到了控制层和设备层,开始成为现场控制网络的一员。

控制网络发展的基本趋势是逐渐趋向于开放性、透明的通信协议与其他控制网络结合的自动化网络。自动化网络正逐步向现场级深入发展,并尽可能和其他网络形式融合,这是工业自动化网络所面临的重要课题。但以太网和 TCP/IP 协议原本就不是面向控制领域的,尽管普通以太网与工业以太网同样符合 IEEE802.3 标准,但是由于工业以太网设备的工作环境与办公环境存在较大差别,所以工业以太网设备要求能在较宽的温度范围内工作,如封装牢固(抗振和防冲击)、导轨安装、电源冗余、24V(DC)供电等。传统的以太网在实时性、物理介质、总线供电等方面与工业要求还有一定距离。

同时,随着以太网带宽的迅速增加(10/100/1000Mbit/s),冲突概率大大减小,加之相关技术的应用,数据传输的实时性不断提高,也使以太网逐渐趋于确定性。因而,有些国外自控专家认为,基于良好设计的以太网系统是确定性的实时通信系统[3,4]。研究表明,经过精心的设计,工业以太网的响应时间小于 4ms,可满足几乎所有工业过程控制要求。

从目前趋势来看,工业自动化网络进入现场控制级毋庸置疑。但现在看来,它还难以完全取代现场总线,还不能作为实时控制通信的单一标准。已有的现场总线仍将继续存在,最有可能的是发展一种混合式控制系统。此外,并非每种现场总线协议都将被工业以太网协议替代，而是将会出现多种总线共存、混合使用的模式。现场总线开创了工业控制开放性的时代，而以太网技术会使得开放性的思想在更高程度上得以实现。

1.1.1　EPA 标准的现状与技术特点

在工业自动化网络技术日益受到广泛关注的背景下，国家 863 计划项目支持起草了《用于工业测量与控制系统的 EPA 系统结构和通信标准》，以下简称《EPA 标准》。《EPA 标准》解决了以太网实时通信、总线供电、可靠性与抗干扰、远距离传输、网络安全[4]以及基于以太网控制系统的体系结构等难题。经过 EPA(Ethernet for Plant Automation)工作组几年不懈努力的工作，《EPA 标准》以其先进的设计思想、完整的工业控制解决方案赢得了国际同行业的认可，于 2006 年 2 月 26 日以 95.8％得票率正式被 IEC 国际电工委员会接纳，成为我国工业控制领域内第一个被国际权威标准组织采纳的现场总线标准。这标志着我国在工业以太网、现场总线领域的技术水平已经达到了一个新的高度，必将对我国自动化行业产生深远影响，也必将推动我国工业控制领域的技术革命[5]。工业自动化拥有以下几个特点：

（1）开放性。工业自动化网络支持其他以太网/无线局域网/蓝牙上的多种协议(FTP、HTTP、SOAP 以及 MODBUS、Profinet、Ethernet/IP 协议)报文的并行传输。这样，IT 领域的一切适用技术、资源和优势均可以在 EPA 系统中得以继承。

（2）互可操作性。与传统的 4～20mA 标准不同，工业数据通信网络不仅要解决信号的互联，更需要解决信息的互通，即信息的互相识别、互相理解和互可操作。为此，《EPA 标准》除了解决实时性通信问题外，还为用户层应用程序定义了应用层服务与协议规范，包括系统管理服务、域上/下载服务、变量访问服务、事件管理服务等。至于 ISO/OSI 通信模型中的会话层、表示层等中间层次，为降低设备的通信处理负荷，可以省略；而在应用层直接定义与 TCP/IP 协议的接口。为支持来自不同厂商的 EPA 设备之间的互可操作，《EPA 标准》采用扩展标记语言(extensible markup language，XML)为 EPA 设备描述语言，规定了设备资源、功能块及其参数接口的描述方法。用户可采用 Microsoft 提供的通用 DOM 技术对 EPA 设备描述文件进行解释，而无须专用的设备描述文件编译和解释工具。

（3）"E(Ethernet)网到底"。采用工业自动化网络，可以实现工业企业综合自动化智能工厂系统中从底层的现场设备到上层的控制层、管理层的通信网络平台基于以太网技术的统一，即所谓的"E 网到底"。

（4）确定性通信。以太网由于采用载波侦听多路访问/冲突检测(CSMA/

CD)介质访问控制机制,因此具有通信不确定性的特点,并成为其应用于工业数据通信网络的主要障碍。EPA 协议为了克服此缺点,在 MAC 层与网络层之间定义了 EPA 通信调度管理实体,使之具有确定性通信特征。同时,根据通信关系,将控制现场划分为若干个控制区域,每个区域通过一个 EPA 网桥互相分隔,将本区域内设备间的通信流量限制在本区域内;不同控制区域间的通信由 EPA 网桥进行转发;在一个控制区内,每个 EPA 设备按事先组态的分时发送原则向网络上发送数据,由此避免了碰撞,保证了 EPA 设备间通信的确定性和实时性。

(5) 分层的安全策略。对于采用以太网等技术所带来的网络安全问题,《EPA 标准》规定了从企业信息管理层、过程监控层和现场设备层三个层次,采用分层化的网络安全管理措施。EPA 现场设备采用特定的网络安全管理功能块,对其接收到的任何报文进行访问权限、访问密码等的检测,使只有合法的报文才能得到处理,其他非法报文将直接予以丢弃,避免了非法报文的干扰。过程监控层采用该网络对不同微网段进行逻辑隔离,以防止非法报文流量干扰该网路的正常通信,占用网络带宽资源。对于来自于互联网上的远程访问,则采用 EPA 代理服务器以及各种可用的信息网络安全管理措施,以防止远程非法访问。

(6) 冗余。EPA 支持网络冗余、链路冗余和设备冗余,并规定了相应的故障检测和故障恢复措施,如设备冗余信息的发布、冗余状态的管理、备份的自动切换等。

1.1.2　基金会现场总线简介

基金会现场总线(foundation fieldbus,FF)是一种由现场总线基金会研发推广的现场总线协议[6]的名称,它符合开放的国际标准 IEC-61158-2。现场总线基金会是一个独立的非营利组织,它于 1994 年成立,由超过 350 家来自全球的用户及主要过程自动化供应商组成。

FF 以 ISO/OSI 为基础,取其物理层、数据链路层、应用层为 FF 通信模型的相应层次,并在应用层上增加了用户层。用户层主要针对自动化测控应用的需要,定义了信息存取的统一规则,采用设备描述语言规定了通用的功能块集。FF 的主要技术内容包括 FF 通信协议,用于完成 OSI 七层中第二～七层通信协议的通信栈,用于描述设备特性、参数、属性及操作接口的设备描述语言、设备描述字典,用于实现测量、控制、工程量转换等功能的功能块,实现系统组态、调度、管理等功能的系统软件技术[7],以及构筑集成自动化系统、网络系统的系统集成技术。

FF 的核心优点如下:有网络通信能力的智能化的现场设备所具备的控制功

能、诊断功能、管理功能,使得控制系统可靠性提高、硬件减少、管理维护容易,从而使用户在设计、建设、投运、维护全过程获得总体的、长期的利益。它是唯一真正实现可互操作的一种现场总线。其本质是现场设备的信息化(数字、智能、网络化)。

(1) FF 具有开放性、互操作性与互用性。现场总线设备的关键特性是可互操作性。为了实现互操作性,每个现场总线设备必须有一个设备描述(device description, DD)文件,为对象设备提供描述,使控制系统或主机能够理解设备中数据的意义。DD 文件好比是一个设备驱动器,PC 机上装了这个驱动程序,就能识别和操作这台设备,如打印机。FF 已经为所有标准的功能模块和转换器模块提供了 DD 文件,供应商可以拿来使用。同时,供应商也可以附加自己的特定特性,如设备标定和故障诊断功能的人机接口的数据意义。

(2) FF 设备的智能化与功能自治化。现场总线设备将微处理器置入现场测量控制仪表中,具有数字计算和数字通信能力,实现一对传输线接多台仪表,双向传输多个信号。将传感测量、补偿计算、工程量处理与控制等功能在现场总线设备中完成,FF 设备还能完成控制的基本功能。FF 的压力和差压变送器,如果测量量程不超过该传感器的最大量程范围,则通过在变送器的 AI 模块中设定 XD-SCALE 和 OUT-SCALE 参数就可以修改和设置其测量量程,无须像 4~20mA 传统变送器那样用标准信号发生器来改变和校验变送器的量程。

(3) FF 控制功能高度分散化。现场总线控制系统是全分散性控制系统的体系结构,控制功能可以分散在各个现场智能仪表中,如串级控制回路的主回路 PID 模块可设置在主回路的变送器内,副回路的 PID 模块设置在阀门定位器中。这样能减轻 DCS 与现场仪表之间的通信负荷,简化系统结构,减少虚拟通信链接数量,提高可靠性。

(4) FF 系统的集成。FF 系统为降低设备的生命周期成本提供工具。利用资产管理系统(AMS)功能,降低设备运行生命周期成本。由于 FF 控制设备具有更多的自诊断参数和故障自诊断能力,并通过数字通信方式将诊断维护信息送往 DCS[8],因此管理人员通过 DCS 的资产管理系统查询所有仪表设备的运行情况,诊断维护信息,寻找故障,以便早期分析故障原因并快速排除,仪表设备状况始终处于维护人员的远程监控之中。与此同时,根据 AMS提供的信息准确地制订大修或抢修的作业计划和备件准备,不必进行调节阀的周期性轮流解体检修,缩短停工维修时间,节约维修费用,降低生命周期成本。

(5) FF 数字化。FF 系统为全数字化技术,准确性和可靠性高,为今后数字技术在控制系统中的进一步应用奠定基础。与模拟信号相比,现场总线设备的数字信号传输抗干扰能力强,精度高,减少了传送误差,提高了系统的可靠性。随着数字技术的发展,各种功能更加强大现场仪表和功能模块不断产生,现场总线的全数字化系统为它们的应用打下了基础。

(6) FF 系统安装材料与调试工作量减少。现场总线系统的接线简单,设计规定一个现场总线网段(segment)最多连接 9～12 个现场总线设备,其中有增加 3台现场总线设备的余量。仪表电缆、端子、电缆槽、桥架的用量减少,接线及查线的工作量减少。当需要增加现场总线设备时,可就近连接在现有现场总线网段上,既节省投资,又减少设计、安装的工作量。相关典型试验工程的测算资料表明,采用这种方式可节约安装费用 30% 以上。

1.1.3　PROFIBUS 简介

PROFIBUS 是 process field bus 的简称,是德国联邦技术部集中了 13 家公司和 5 个研究所的力量,按照 ISO/OSI 参考模型开始制定现场总线的德国国家标准,经过两年多的努力,通过 DIN19245,成为德国国家标准。1996 年,PROFIBUS经投票通过了欧洲标准 EN50170,并且在 1999 年 12 月顺利通过投票成为国际标准 IEC61158。这说明 PROFIBUS 在全世界得到了普遍认可,也为将来这项最新的技术得到进一步的推广提供了有效的保障。PROFIBUS 是一种国际化、开放式、不依赖于设备生产商的现场总线标准。其协议结构是根据 ISO7498 国际标准,以 OSI 作为参考模型。PROFIBUS 广泛适用于制造业自动化、流程工业自动化和楼宇、交通电力等其他领域自动化,是一种用于工厂自动化车间级监控和现场设备层数据通信与控制的现场总线技术。它可实现从现场设备层到车间级监控的分散式数字控制和现场通信网络,从而为实现工厂综合自动化和现场设备智能化提供了可行的解决方案。

PROFIBUS 由三个兼容部分组成,即 PROFIBUS-DP(decentralized periphery)、PROFIBUS-PA(process automation)和 PROFIBUS-FMS(fieldbus message specification)。它主要使用主-从方式,周期性地与传动装置进行数据交换。

(1) PROFIBUS-DP。PROFIBUS-DP 是一种高效低成本通信,用于设备级控制系统与分散式 I/O 的通信。使用 PROFIBUS-DP 可取代 24V(DC)或 4～20mA 信号传输。其定义了第一、二层和用户接口。第三～七层未加描述。用户接口规定了用户及系统以及不同设备可调用的应用功能,并详细说明了各种不同PROFIBUS-DP 设备的设备行为。

(2) PROFIBUS-FMS。PROFIBUS-FMS 用于车间级监控网络,是一个令牌结构、实时多主网络。其定义了第一、二、七层,应用层包括现场总线信息规范FMS 和低层接口(lower layer interface,LLI)。FMS 包括了应用协议并向用户提供了可广泛选用的强有力的通信服务。LLI 协调不同的通信关系,并提供不依赖设备的第二层访问接口。

（3）PROFIBUS-PA。PROFIBUS-PA 专为过程自动化设计,可使传感器和执行机构联在一根总线上。PA 的数据传输采用扩展的 PROFIBUS-DP 协议。另外,PA 还描述了现场设备行为的 PA 行规。根据 IEC1158-2 标准,PA 的传输技术可确保其本征安全性,而且可通过总线给现场设备供电。使用连接器可在DP 上扩展 PA 网络。

注:第一层为物理层,第二层为数据链路层,第三～六层未使用,第七层为应用层。

与其他现场总线系统相比,PROFIBUS 的最大优点在于:它具有稳定的国际标准 EN50170 作保证,并经实际应用验证具有普遍性。目前已应用的领域包括加工制造、过程控制和自动化等。PROFIBUS 的开放性和不依赖于厂商的通信设想,已在 10 多万例成功应用中得以实现。市场调查表明,在德国和欧洲市场中PROFIBUS 占开放性工业现场总线系统的市场超过 40%。PROFIBUS 有国际著名自动化技术装备生产厂商的支持,它们都具有各自的技术优势并能提供广泛而优质的新产品和技术服务。

1.2　工业自动化网络面临的问题

工业自动化网络重点在于利用交换式以太网技术为控制器和操作站,各种工作站之间的相互协调合作提供一种交互机制并和上层信息网络无缝集成。目前,工业自动化网络开始在监控层网络上逐渐占据主流位置,正在向现场设备层网络渗透。工业自动化网络相对于以往自动化技术有很多优势,然而事物是相对的,在人们享受开放互联技术进步成果的同时,应该对它们存在的隐患和可能带来的严重后果有深刻认识。随着工业自动化网络在工业现场应用的普及和深化,其正面临以下几个问题。

第一,起初自动化网络是为办公自动化为目标设计的,并没有考虑工业现场的工作环境。尽管工业自动化网络在电缆、连接器、集线器或交换机等网络部件上较商用以太网更加稳定、可靠,但是复杂恶劣的工作环境对工业自动化网络还是一个巨大的潜在威胁,随时会对整个网络造成破坏。对于企业生产者来说,网络故障造成的生产停工不仅会造成严重的经济损失,还可能造成重大人员伤亡。因此,应用到工业现场的控制网络必须是一个高度可靠而且拥有极好容错的网络系统。为了应对各种潜在的网络故障,各种工业自动化网络都采用了提供冗余部件的方式来应对故障,维持网络通信。现在比较常见的冗余协议,如 STP 协议等已经大量应用于各种工业以太网交换机中。但由于 STP 协议是异步的,所以其并不保证最大冗余恢复时间(网络收敛速度在秒级以上),这使得该协议不能适用于对恢复时间比较敏感的自动化网络中。同时,受限于不同工业自动化网络之间的不同系统结构以及其采用的不同协议,各种不同工业自动化网络的冗余系统都是各自专属的,没有一套通用的、能适用于任意工业自动化网络的冗余协议和相应的冗余系统来满足实际需求。随着工业自动化网络在工业现场的不断渗透,如何布置一套从现场设备到网络交换设备的完整的工业自动化网络冗余系统已成为制约工业自动化网络进一步发展的关键[9]。

第二,随着自动化网络技术的飞速发展,自动化网络技术应用于工业现场变得越来越普及。面对工业现场恶劣的工况,严重的线间干扰等恶劣的环境会造成各种数据通信故障,包括数据损坏,非预期的重复、错误的序列号,丢包,不可接受的延迟,插入,伪装,寻址错误。高可用性网络中需要保证任何组件发生数据故障时都不会导致应用程序、操作系统甚至网络系统的崩溃和瘫痪。这对数据通信链路中数据传输的安全性和可靠性提出了更高的要求。

数据传输的安全性和可靠性是工业自动化网络高可用性的一个重要部分,为了保证功能安全相关数据在传输过程中可靠传输,高可用性工业自动化网络可以通过功能安全技术来提高数据传输的安全性和可靠性,从而降低通信过程中的数据错误故障率,达到符合安全完整性等级要求。

功能安全设备采用功能安全通信技术,降低标准数据在链路传输过程中发生通信故障的概率,以此降低通信故障给整个网络带来的风险。

第三,为了与现有信息网络的无缝结合,工业自动化网络采用了部分现有信息网络通信协议,使得现场设备层、过程控制层和企业管理层之间的通信得以实现。然而,采用通用信息网络的网络架构,在带来方便的同时,也致使以往相对独立的工业控制网络出现安全问题,降低了工业控制网络[10]的整体安全性,同时增加了安全成本、扩大了安全风险。典型的工业自动化网络安全威胁如下:访问授权的非法获取、控制信息的非法获取、控制信息的篡改和破坏、未授权的网络连接、重放攻击、拒绝提供服务、病毒感染引起系统的崩溃和数据损坏、抵赖、信息的篡改和破坏、数据重传、插入、乱序、伪装延时、寻址出错等。因此,工业自动化网络的安全不仅是传统控制网络的安全,还包括信息网络的安全。对于信息安全,在信息网络中已经有了十分成熟的技术和较为完善的国家、国际标准,在借鉴信息网络安全技术、标准的同时,针对工业自动化网络的特殊性,建立一个合理适用的安全框架,从总体上保障工业自动化网络的安全是十分必要的,也是完全可行的[11]。

开发出一个能够有效解决上述几个问题的工业自动化网络系统,已经成为当今工业自动化网络技术发展的一大热点。

1.3　高可用性自动化网络的基本概念

1.3.1　可靠性、可用性的相关定义

1. 可靠性

系统的可靠性(reliability)是用来度量系统无间断地完成其功能的能力,是指在一段时间内系统存活的概率。它主要取决于操作条件和作业时间,与平均故障间隔时间[又称平均无故障时间(MTBF)]这个指标有关,关系如下:

$$reliability = 1 - \frac{t}{MTBF}$$

2. 可用性

可用性(availability)是用来度量系统为客户提供特殊应用服务的能力。

(1) 高可用性在狭义上指计算机系统的可靠性,即尽量缩短因日常维护操作和突发的系统崩溃所导致的停机时间;在广义上,它还包含了响应速度、服务质量以及数据安全方面的内容。

(2) 高可用性系统是指系统具有不间断的运行能力。它的设计通过对冗余硬件和软件进行组合,无须人为干预即可管理故障检测和纠错。可用性通常采用可用度进行量度。

(3) 高可用性网络是利用网络冗余、容错、容灾、备份、负载平衡等各种技术手段,实现网络通信和服务的持续可用,在关键的网络业务系统中具有相当重要的作用。

(4) 系统的可用性与可靠性密切相关,它的定义是系统在特定的时间正确运行的概率。它与 MTBF 和平均修复时间(MTTR)有关,关系如下:

$$availability = \frac{MTBF}{MTBF + MTTR}$$

1.3.2　性能指标及功能描述

高可用性网络具有三个关键特性:冗余性、安全性与可管理性。

(1) 冗余性是指通过采用多个同样的网络硬件部件确保在硬件故障发生时该部件也能正常运转。像企业级交换机这样至关重要的网络资源可以避开失效的设备对流量进行重新引导。两重、三重或多重冗余性可以支持网卡(IC)、交换机、路由器及其他设备的运行。冗余性还可被应用在交换机构架、供电、接口模块和其他组件上。

（2）安全性包括功能安全和网络安全性能。功能安全主要通过软件模块对参与通信的数据进行安全技术的处理，保证数据通信可靠性，同时对于通信故障予以报警，通知用户采取紧急措施，降低通信故障带来的损失。网络安全通过应用服务实现对网络系统的硬件、软件及其系统中的数据进行保护，防止由于无意的或者恶意的因素而遭到破坏、更改、泄露。

（3）可管理性是提供可用性的一个工具。它可以利用网络管理来确定关键性的资源、流量类型与性能级别。它可以显示端到端的网络状态的复杂报告。企业还可以利用对网络的管理来设定在硬件故障、通信故障或者受到外界非法访问、攻击时自动采取行动的策略。

高可用性网络的功能描述如下：

（1）软件故障、数据通信故障的检测与排除。

（2）管理站能够监视各站点的运行情况，能随时或定时报告系统运行状况，故障能及时报告和告警，并有必要的控制手段。

（3）实现错误隔离以及主、备份服务器间的服务切换。

（4）防止非法访问以及对数据的非法篡改。

（5）数据备份和保护。

1.3.3　高可用性自动化网络系统结构图

高可用性工业自动化网络（high availability industrial automation network）（以下简称高可用性自动化网络）是指通过使用冗余技术、功能安全技术、网络安全技术来抵御各种复杂工业环境带来的风险的一个高度可靠而且拥有极好容错的网络系统。

图 1.1 所示为高可用性自动化网络系统结构图。整个系统共分三层，分别是现场设备层、过程监控层、企业管理层。现场设备层由实时工业交换机和现场设备组成。在交换机上采用网络冗余方式组成冗余环网，在终端节点上采用节点冗余方式，将终端设备连接到两个严格隔离并行运行的网络中。支持节点冗余的设备拥有两个网络适配器，称为双端口设备（DANP）；普通非冗余设备只有一个网络适配器，称为单端口设备（SAN）。同时在终端节点上可添加功能安全和网络安全功能，在交换机可添加网络安全功能。功能安全通信技术用于保证节点之间数据传输的安全性和可靠性。过程监控层添加网络安全功能，企业管理层添加网络安全功能。

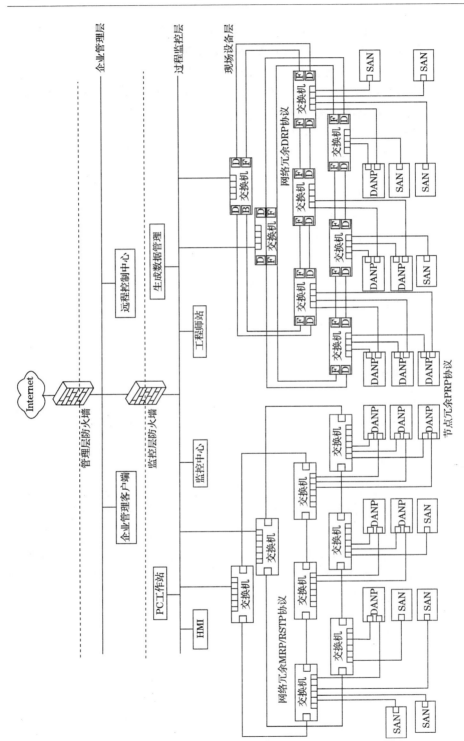

图 1.1　高可用性自动化网络系统结构图

1.4　高可用性自动化网络冗余技术概述

冗余指重复配置系统的一些部件,当系统发生故障时,冗余配置的部件介入并承担故障部件的工作,由此减少系统的故障时间。在高可用性自动化网络中有两种冗余方法,分别是网络冗余和节点冗余。网络冗余提供冗余链路和交换机,通过组成环网的方式为整个系统提供冗余功能;节点冗余提供冗余网络端口,一个节点通过两个端口连接到两个相互隔离的、不同的、随意的冗余网络。网络冗余一般都实施在交换机上,但也可以在多网络端口的终端节点上运行;节点冗余实施在现场设备上。

高可用性自动化网络有两个重要的指标:通过冗余组件能够在多大程度上提升可用性;工厂所能容忍的不会造成紧急停工或者破坏的最大网络中断时延。

网络冗余技术离不开网络容错技术。网络容错技术主要用于保证网络系统在出现错误的情况下仍能继续运行,是一种可靠性保障机制,其目的是使网络系统在出现错误时能够继续提供标准的或者降级的服务。容错的关键是冗余,而冗余的关键是冗余管理。所有的容错技术均要为网络系统引入空闲资源。所谓空闲是指这些资源在系统正常运行时并不重要,甚至得不到使用,但却是系统出错时维持其正常工作的决定性因素。

网络冗余是指介质冗余成功实现后,网络节点冗余能够更好地降低系统的宕机时间。这里涉及了介质冗余和设备冗余之间的关系问题。所谓的介质冗余是指当网络系统的一部分传输介质(双绞线等)出现故障时能够启动备份传输介质。IEEE802.1D 中的 STP 协议就是相对比较成熟的介质冗余协议。而设备冗余是指在同一个设备内做冗余模块或者主从设备。从工程角度论,介质冗余和设备冗余均包含于网络冗余中。

网络冗余中提供了冗余链路和交换机,当交换机之间的通信链路出现故障或者当网络中的一些交换机出现故障时,网络冗余系统能通过激活冗余链路和交换机来取代故障部件,恢复整个系统的通信。但节点是通过非冗余链路,以单端口的形式连接到交换机上的,当该链路出现故障之后,节点的通信就会失效。同时,由于在网络冗余中冗余部件是处于非激活状态,因此当故障发生之后,系统需要一段时间去探测故障,然后激活冗余部件,恢复通信,这段时间就是一般的冗余恢复时间。不同的网络冗余协议提供的最大冗余恢复时间是不相同的。但是,这些协议的恢复时间都因网络中交换机的数量,以及网络拓扑结构的不同而不同,这是网络冗余比较明显的缺点。图 1.2 为网络冗余系统拓扑结构图。

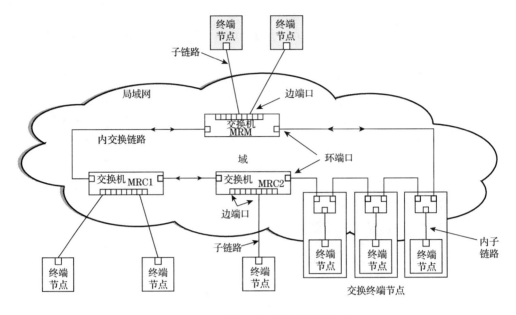

图 1.2　网络冗余系统拓扑结构图

　　在节点冗余中,每个支持节点冗余协议通过两个端口被连接到两个不同的、随意的冗余网络。这种拓扑结构的开销大概是网络冗余的两倍,但是可用性的提升是巨大的,而且整个网络中唯一非冗余部件只有节点自身。节点冗余发生在都支持节点冗余协议的节点之间,也就是说,在网络中普通设备和冗余设备之间的通信还是一般的非冗余通信。节点冗余的优点就是通过两个网络适配器和两个网络的并行运行,为节点之间的通信提供了零冗余恢复时间,这使得这类节点适用于所有的对实时性要求高的应用任务。在各个网络中的关键设备上应用节点冗余,能极大地提升整个系统的容错能力。但是在一个网络中,普通设备和冗余设备之间并没有任何冗余机制,当它们之间的通信出现故障之后,节点冗余无法起效。图 1.3 为节点冗余拓扑结构图。

　　网络冗余和节点冗余能起到很好的互补作用。节点冗余能提供网络冗余所不能提供的节点连接到交换设备的冗余链接,同时节点冗余能提供比网络冗余短得多的冗余恢复时间,使得系统能够适用于任意的高实时应用进程。而网络冗余能为节点冗余设备与非节点冗余设备提供冗余功能。在实际应用中,可以通过在对关键现场设备上实施节点冗余缩短整个系统的冗余恢复时间;并提供网络冗余机制来保证整个网络中冗余部件覆盖全网络。这样就能在系统开销尽量小的情况下,获取一个容错能力强、故障恢复时间短的冗余网络。图 1.4 所示为网络冗余与节点冗余混搭的冗余网络。

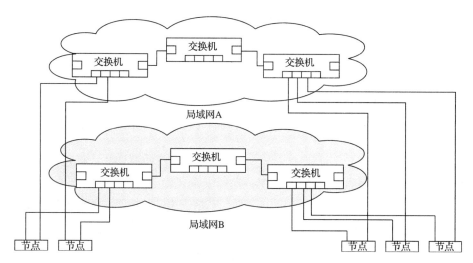

图 1.3 节点冗余网络拓扑结构图

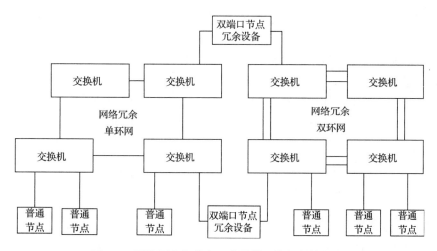

图 1.4 网络冗余与节点冗余混搭网络拓扑结构图

1.5 高可用性自动化网络功能安全通信技术概述

1.5.1 功能安全通信的定义

功能安全是一个新的话题,国际上对其的研发始于 20 世纪末。2000 年 5 月,IEC61508 系列标准的发布,标志其进入了工程应用。我国在这方面的研究是从国际标准的引入和转化开始的。现在国家标准已发布,各领域的研究也在逐渐展开。

功能安全是使用各类技术手段达到相对安全的系统方法，它的魅力源于几个方面。首先，它推动了各类新技术应用于安全领域，解决了新技术应用的所谓"证明"问题。其次，它是全方位全生命周期的解决问题，融技术和管理于一体。最主要的是，它量化地或接近量化地告诉你达到安全的程度，并能够比较科学地分配各方面在安全中的责任；一旦发生问题，能够找到问题发生的真实原因并解决问题。

功能安全通信针对的领域是保证通信的正常进行和信息正常可靠的传输。通常情况下，由设备构成的系统存在一定的安全风险，这种风险来自于设备本身及通信故障，而通过采用带有功能安全通信技术的电气/电子/可编程电子系统，可以获得适当的风险降低，正是这种风险降低，使系统能满足必要的安全完整性水平[12]。

1.5.2 功能安全通信和高可用性

按照 IEC61508 标准的相关要求，针对工业通信网络中可能会出现的数据通信故障和风险，在 EPA 通信协议的基础上进行了扩展，采用了切实有效的功能安全措施和技术，以降低数据通信故障率，保证设备之间数据通信的安全，从而保证工业自动化网络的高可用性。

功能安全通信按照 IEC61508 SIL3 的要求，使用一系列的安全措施将随机错误或故障发生的概率降低在一定的范围内，并且能够诊断和处理其他的通信错误或故障，实现网络通信和服务的持续可用[13]。功能安全通信技术可以在发现通信故障后，通知用户采取紧急措施，降低通信故障带来的损失，保证工业自动化网络的高可用性。

1.5.3 黑色通道的概念

基于黑色通道原理的高可用性网络中的功能安全设备之间数据通信模型如图 1.5 所示。黑色通道是一个抽象概念，我们把安全数据发送和接收的双方进行信息交互所经历的路径抽象成一个链路，作为研究功能安全数据传输的对象。

黑色通道包含线缆、安全栅、电源、通信栈、网桥、交换机和集线器等非安全相关的设备。其中，通信栈是指通用的通信栈，包括物理层、数据链路层、传输层、网络层和应用层。如图 1.5 所示，功能安全层不属于黑色通道的范围。在图 1.5 中，灰色填充部分均属于黑色通道，用户数据在其中的传输为不可信的传输。

用户数据在黑色通道中传输，由于现场恶劣环境以及一些故障的干扰，可能会产生数据通信错误。现场网络中可能存在的故障包括随机故障、标准硬件的失效/故障、标准硬件或软件组成成分的系统故障。因此，数据在黑色通道中的传输

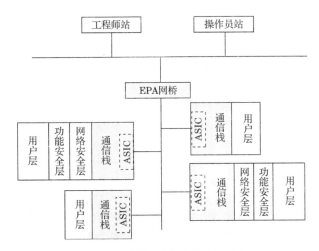

图 1.5 黑色通道模型示意图

是不可信的。

而基于安全通信原理的功能安全通信栈采用了安全协议扩展层,会对经过黑色通道的数据进行安全技术检查,对其中出现通信错误的数据进行处理,从而降低通信错误对控制功能的影响。

功能安全协议扩展层对普通用户数据进行安全处理后,得到了功能安全用户数据。功能安全相关数据在这个黑色通道中的传输是可信的,具有更高的可靠性和安全性。由于功能安全设备是在标准设备的基础上添加扩展层而来的,因此安全通信技术根据需要可以选择性地开启、关闭,安全和非安全设备数据可以分享总线,EPA 微网段可同时连接 EPA 功能安全设备和普通 EPA 设备。

1.5.4 通信故障和安全通信技术的关系

用户数据在黑色通道传输过程中,可能会出现如表 1.1 所示的传输错误:数据位错误、数据重传、丢失、插入、乱序、伪装、延时、寻址出错等。针对这些可能发生的数据错误,在协议栈的功能安全的扩展层中,我们采用序列号、时间戳、通信关系密钥、回传、CRC 校验、冗余交叉校检、调度号和期望时间八种功能安全技术来解决[14]。这些功能安全技术与可能的传输错误之间的关系如表 1.1 所示。

表 1.1 功能安全技术和通信故障对应关系表

错误类型 \ 功能安全技术	序列号	时间戳	通信关系密钥	回传	CRC 校验	冗余交叉校检	调度号	期望时间
数据位错误					√	√		
数据重传	√	√						

续表

功能安全技术 错误类型	序列号	时间戳	通信关系密钥	回传	CRC 校验	冗余交叉校检	调度号	期望时间
丢失	✓	✓		✓			✓	✓
插入			✓					
乱序	✓	✓					✓	
伪装			✓		✓	✓		
延时	✓						✓	
寻址出错			✓		✓	✓		

　　一种功能安全技术可以解决一种或多种故障,这表明对于确定的错误应使用一种相应的或几种复合的功能安全技术来确保数据的安全传输。由于传输错误具有多样性,所以只能通过复合的安全机制来保证传输的可靠性。

1.5.5　功能安全通信过程

　　IEC/PAS 62409 中定义了功能块应用进程,安全协议扩展层执行的安全作用可以分解为如图 1.6 所示的几个功能块:输入安全数据、安全通信、安全控制计算和输出安全数据。

图 1.6　功能安全通信过程示意图

　　如图 1.6 所示,功能安全通信过程主要执行以下功能:

　　(1) 输入安全数据,功能块读取来自传感器的物理层输入信号,并把信号上传到功能安全通信栈。

　　(2) 安全通信栈为输入的信号执行安全相关通信服务(EPA 安全相关传送器)。

　　(3) 输入设备通过安全传输信道,将安全相关输入数据传送到安全控制计算设备的控制功能块。

　　(4) 安全通信栈执行安全控制功能块现场设备的相关安全通信服务。

　　(5) 安全控制计算块执行接收到的输入信号或基于安全相关应用软件最新相关安全输出数据的控制任务。

　　(6) 通过安全通信栈进程,输出安全数据功能块读取从通信通道中接收到的输出数据,然后转换成物理输出信号,使它们对安全数据相关输出设备的接线盒可用。

1.6　高可用性自动化网络信息安全技术

1.6.1　高可用性自动化网络安全威胁

高可用性自动化网络是顺应广大自动化设备厂商与最终用户的要求,将以太网、TCP/IP 等商用网络通信的主流技术直接向下延伸,应用于工业控制现场设备层的通信,并在此基础上建立开放的网络通信平台,从而用高可用性自动化网络来统一企业信息化系统中从底层的现场设备层到上层的过程监控层、信息管理层的通信网络。

因此,作为一个开放的系统,高可用性自动化网络潜在的安全风险[15]是不可避免的。它可能会受到包括软件 bug、恐怖主义、病毒以及工业间谍的非法入侵与非法操作等网络安全威胁;没有授权的用户可能会进入高可用性自动化网络的过程监控层或管理层,造成安全威胁。

毋庸置疑,高可用性自动化网络的网络安全问题应该得到足够的重视;而对网络的安全测试[16,17]则可以在网络攻击发生前发现安全漏洞,通过采用恰当的安全措施就可以弥补安全隐患,加固工业以太网的安全。

表 1.2 是思科公司提出的高可用性自动化网络已知漏洞。类似的,美国审计总署在 2004 年发布的报告《对关键基础设施的防护》中列举了工业控制系统更容易遭受恶性攻击的原因:采用具有公共安全漏洞的标准化系统;更多的控制系统与其他网络互联;现有安全技术和措施的局限性;缺乏安全保护的远程连接;控制系统信息的泄露。

表 1.2　高可用性自动化网络已知漏洞

网络设计	网络运行	网络配置
不安全的设备; 不安全的协议; 不安全的远程访问; 不安全的网络连接	TCP/IP 协议栈缺点; 工业协议缺点; 操作系统/应用服务缺点; Windows 人机接口缺点; WEP 缺点; 网络设备的 DoS	IEEE802.11 缺省(无 WEP); 弱口令/缺省密码; 路由/防火墙的不充分过滤规则; 操作系统缺少或未更新补丁
不充分的或未实现的安全需求	不安全的编码和缺乏测试	缺省的不安全特性

典型的高可用性自动化网络安全威胁包括访问授权的非法获取、控制信息的非法获取、控制信息的篡改和破坏、未授权的网络连接、重放攻击、拒绝提供服务、病毒感染引起系统崩溃和数据损坏、抵赖、信息的篡改和破坏、数据重传、插入、乱

序、伪装延时、寻址出错等。

参考 GB 17859—1999《计算机信息系统安全保护等级划分准则》对高可用性自动化网络定义了表 1.3 所示的四个安全等级，并分析了相应的安全威胁。高可用性自动化网络受到的威胁越大、安全等级要求越高、采取的安全措施也相应的越强。根据高可用性自动化网络与外界网络通信的紧密程度，可采取不同的安全措施，确保达到需要的安全等级。

表 1.3　高可用性自动化网络安全等级划分

安全等级		安全级别 0	安全级别 1	安全级别 2	安全级别 3
网络环境		独立的工业以太网	允许企业管理层网络访问现场层		允许公共网络访问的工业以太网
安全威胁	企业管理层		非法设备的物理接入；病毒；访问授权的非法获取；信息的非法获取；信息的篡改和破坏	非法设备的物理接入；病毒；访问授权的非法获取；信息的非法获取；信息的篡改和破坏；抵赖；未授权的网络连接	非法设备的物理接入；病毒；访问授权的非法获取；信息的非法获取；信息的篡改和破坏；抵赖；未授权的网络连接；数据包重放攻击；拒绝提供服务
	工业以太网控制网络	非法设备的物理接入	非法设备的物理接入；病毒；访问授权的非法获取	非法设备的物理接入；病毒；访问授权的非法获取；信息的非法获取；信息的篡改和破坏；抵赖	非法设备的物理接入；病毒；访问授权的非法获取；信息的非法获取；信息的篡改和破坏；抵赖；未授权的网络连接；数据包重放攻击；拒绝提供服务

1.6.2　高可用性自动化网络信息安全技术

一般来说，现场层网络上的设备资源有限、实时性要求高；监控级网络上的设备具有较丰富的资源和较高的实时性要求；而管理层网络上的设备则资源丰富，实时性不是主要要求。

因此，在组建高可用性自动化网络时，要在明确本网络的业务定位、提供的服务类型和提供的服务对象的基础上，根据高可用性自动化网络系统面临的安全风险及其出现的层次和可能收到的攻击类型,分级实施不同的安全策略和措施[18]。

不同于普通信息网络,高可用性自动化网络的安全技术,主要是在保证网络性能的前提下,尽可能地提高信息安全。通过最小的消耗达成最大的安全是高可用性自动化网络信息安全技术的一大难点。针对资源有限、实时性要求高的特点,信息安全技术也应相应地做出改变,选择最基本的、最需要的安全措施达成安全目的。

高可用性自动化网络协议栈自身的特点,也是在设计高可用性自动化网络信息安全技术时所需要考虑的问题。由于控制网络协议栈的相对独特性,许多安全威胁和漏洞都是信息网络所没有的,如何保障其安全性,本身也没有一个统一的标准,安全策略的度的把握是个难点。

1.6.3　高可用性自动化网络安全分析

安全漏洞检测技术是为使系统管理员能够及时了解高可用性自动化网络中存在的安全漏洞,并采取相应防范措施,从而降低系统的安全风险而发展起来的一种安全技术。目前漏洞的检测主要是采用漏洞扫描技术。

不同于 PC 机系统资源的相对充足,位于 EPA 现场设备层的 EPA 设备系统资源非常有限,所以不能将测试软件安装在 EPA 系统中。并且被动式的漏洞检测策略不能实现自动化网络的分布式安全测试方式,因此针对 EPA 现场设备的漏洞检测采用主动式的策略。与被动式的不同,这种策略下只需将安全测试软件安装在 PC 机上就可以进行基于网络的漏洞检测。由于基于网络的漏洞检测是利用模拟攻击的方式来进行的,因此针对 EPA 现场层设备进行安全测试时,需要注意几点:不能对 EPA 现场层网络性能造成较大影响;在网络已组态并正常工作的情况下,不能使 EPA 设备的系统崩溃。

对于一个具体的高可用性自动化网络,安全测试主要涉及该控制系统的关键和敏感部分。因此,根据实际高可用性自动化网络不同,安全测试的对象有所不同。

1.6.4　信息安全技术和安全测试的关系

信息安全技术如同人体的免疫系统,被动地保护工业以太网的安全;而安全测试技术如同注射的疫苗,主动地检测工业以太网的安全状况,为管理者提供一个网络安全的全面认识,同时采取相应安全措施以助于网络安全的提高。

网络安全通过采取各种安全措施,如主机加固、访问控制、报文加密、认证和鉴别等,保障工业以太网可用性、完整性、保密性、身份认证、不可否认性、授权、可审计性、第三方安全等。

由于工业以太网的复杂性和网络技术的高速发展,网络安全无法保证网络系统是安全免疫的,安全测试技术通过对网络的测试发现存在的漏洞,了解网络存在的安全问题,并采取相应的措施来提高系统的安全性,防止重大安全隐患的发生;同时,协助网络管理者能够以最新的网络扫描技术及时有效地取得网络节点信息,分析网络系统的安全现状,以最大限度地保证网络服务的可靠性、持续性。

网络安全和安全测试相辅相成:网络安全提供一个较为安全的网络环境,安全测试通过发现漏洞并采取相应措施来提高网络安全。通过研究,现将工业以太网网络安全与工业以太网安全测试的联系和区别进行如下总结,如表1.4所示。

表1.4 工业以太网网络安全与工业以太网安全测试的联系和区别

分类 对象	工业以太网网络安全	工业以太网安全测试
目的	保障网络安全	保障网络安全
作用	从被动防御的角度保障网络安全,阻止可能的入侵	从主动防御的角度,发现网络漏洞,保障网络安全,检测可能的入侵
范围	主要是保障现场设备层的通信安全、现场层以上使用信息网安全	从网络整体结构出发,考虑过程监控层和现场设备层的各类主要资产的脆弱性
方法	从协议的角度出发,主要采用设备鉴别、访问控制、加密、校验等安全措施保障安全	通过测试软件,从协议、服务、操作系统、数据库、网络配置等方面进行安全测试

1.7 本章小结

本章首先介绍高可用性自动化网络的发展现状,了解 EPA 标准的发展状况及应用现状。同时,对其在实际应用中遇到的问题及解决方法进行了简单阐述。重点对高可用性自动化网络中的基本概念进行了定义、说明,给出了该高可用性自动化网络的典型应用结构图。分析在实际应用过程中遇到的一些常见安全问题,提出采用冗余技术解决高可用性自动化网络中这些问题的技术。最后对高可用性自动化网络功能安全通信技术及信息安全技术进行了介绍和详细分析。

参 考 文 献

[1] IEC61508(all parts):Functional safety of electrical/electronic/programmable electronic safety-related systems[S]. 1998

[2] IEC61511:Functional safety-safety instrumented systems for the process industry sector [S]. 2002

[3] IEC61784-3:Digital data communications for measurement and control-part 3:Profiles for functional safety communications in industrial networks[S]. 2005

[4] ANSI/ISA-S84. 01-1996：Application of safety instructed systems for the process industries [S]. 1997

[5] 田晓霞,曹其宏,薛伟,等.工业以太网技术的应用和发展[J].今日科苑,2008,(18):86

[6] 阳宪惠.现场总线技术及其应用[M].北京:清华大学出版社,1999

[7] Taeho K,David S C,Sungdeok C. Formal verification of functional properties of a SCR-style functional requirements specification using PVS[J]. Reliability Engineering & System Safety,2005,87(3):351－363

[8] 庞晓华.全球 DCS 市场前景乐观[J].化工生产与技术,2008,15(5):37

[9] GB/T 20171-2006：China state bureau of quality and technical supervision,China state standard "EPA system architecture and communication specification for use in industrial control and measurement systems"[S]. 2006//国家质量技术监督局.中华人民共和国国家标准"用于工业测量与控制系统的 EPA 系统结构与通信规范"[S]. 2006.

[10] 冯东芹,金建祥,褚健. Ethernet 与工业控制网络[J].仪器仪表学报,2003,24:23－26

[11] IEC62439/Ed 1. 0. High availability automation networks[S]. 2008

[12] 冯冬芹,金建祥,褚健. "工业以太网及其应用技术"讲座第 3 讲:以太网与现场总线[J].自动化仪表,2003,24(6):65－70

[13] 陆爱林,冯冬芹,荣冈,等.工业以太网的发展趋势[J].自动化仪表,2004,25(2):1－4

[14] 解艳.关于计算机网络安全评估技术的研究[J].科技视界,2011,22:55,56

[15] 美国桑迪亚国家实验室.桑迪亚国家实验室开展油气工业网络安全研究[R]. 2005

[16] Poqwe E. Computer Security issues and trends[R]. CSI/FBI Computer Crime and Society Survey,2002

[17] United States General Accounting Office. Challenges and Efforts to Secure Control Systems [R]. 2004

[18] Kirrmann H,Hansson M,Muri P. IEC62439 PRP:Bumpless recovery for highly available, hard real-time industrial networks[J]. Emerging Technologies and Factory Automation, 2007:1396－1399

第 2 章 高可用性 EPA 交换机设计

2.1 高可用性 EPA 交换机的功能需求

EPA 交换机既可以位于现场设备层和过程监控层的边界上,作为下层网络与上层网络入口的边界设备;又可以位于现场设备层,作为现场设备。所以,在具有通用交换机功能的基础上,还增加了对 EPA 报文进行处理转发的功能、设备组态功能以及安全功能等,是 EPA 控制网络中必不可少的一个环节[1]。因此,EPA 交换机应具备以下六种功能:

(1) 报文处理转发功能。EPA 交换机的转发功能不仅能够转发自己独立的协议类型(0X88CB)帧,而且也能够转发 TCP/IP 协议中的 0X0800、0X0806 等协议类型帧。EPA 交换机是基于 MAC 地址表来转发数据,经过一次泛洪、多次查 MAC 地址表来完成,主要是通过 EPA 交换机交换芯片硬件进行,大大提高了数据传输的实时性。在对 EPA 数据进行桥接转发的同时,也能够将对 EPA 交换机的组态、控制信息转发给 EPA 交换机的 CPU 端口,然后提交给 EPA 交换机上层协议进行处理。

(2) 总线供电功能。EPA 交换机总线供电功能保证了现场设备电源的供给。通过 RJ45 端口上未使用的 4/5、7/8 双绞线对来承载供电,对现场设备提供 24V 直流电源,功率可达 25W。

(3) 链路冗余功能。EPA 交换机链路冗余功能保证了 EPA 工业现场网络的高可靠性运行。在 EPA 网络中采用 MRP(media redundancy protocol) 或 DRP(distributed redundancy protocol),EPA 交换机之间的主链路出现异常情况时,通过 MRP 或 DRP 协议对通信链路进行管理,自动启用冗余备份链路,保证 EPA 工业现场设备层以及过程监控层之间 EPA 数据传输的可靠性。

(4) 设备组态功能。EPA 交换机是一个可组态的设备,因此在每个 EPA 交换机中拥有独立的 EPA 协议栈用来与上位机的组态软件进行通信。通过这样的方式,EPA 交换机可实现在 EPA 控制网络中的时间同步和报文的时间调度。此外,当网络的拓扑结构发生变化,增加或减少新的 EPA 交换机或者设备时,也能在组态软件中实时显示。

(5) 设备定位与隔离功能。组态软件用不同的 ID 标识不同的 EPA 交换机,设备发送的报文经过 EPA 交换机转发到达上位机组态软件前,EPA 交换机会将其本身的 ID 加到报文的特殊字段中(可在报文保留的位置处定义),组态软件通过解析该字段即可知道其设备从属于哪个 EPA 交换机。这样,当现场设备工作异常时,能在组态软件中对该设备进行故障定位和隔离。

（6）安全保护功能。EPA 交换机提供了相关的安全机制,如访问控制、设备鉴别、用户认证、数据加密、数据校验和包过滤技术等。

2.2 EPA 交换机硬件结构设计

根据以上功能需求分析,EPA 交换机的硬件部分主要有四大模块:CPU 控制模块、以太网控制器模块、冗余电源模块、总线供电模块。图 2.1 为 EPA 交换机硬件结构框图。其中,CPU 控制模块的主要功能是实现特定网络接口功能及执行相关控制信息;以太网控制器模块的 MAC 层交换控制器与 PHY 层传输控制器,主要用来担负以太网现场设备的数据信息传输;冗余电源模块完成 EPA 交换机的供电功能;总线供电模块(RJ45)在提供数据通信的同时还为现场设备提供总线供电。结合 CPU 的特性,MAC 层交换控制器采用总线连接的方式,由 CPU 的片选信号实现对以太网 MAC 层控制器的选通,控制网络通道。

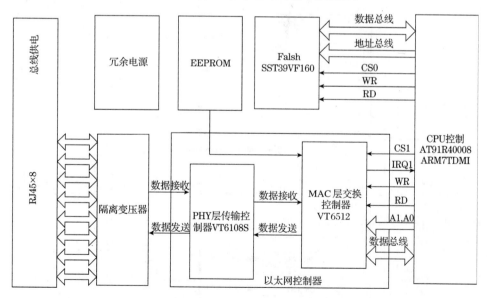

图 2.1 EPA 交换机硬件结构框图

2.3　EPA 交换机硬件各模块电路设计

2.3.1　微处理器电路设计

MCU 控制模块选用 Atmel 公司的工业级芯片 AT91R40008 作为核心控制器[2],正常工作范围满足工业级温度范围-40~85℃。该芯片以 ARM7TDMI 内核为基础,属于 Atmel 公司 AT91 16/32 位处理器家族。这款处理器具有高性能的 32 位 RISC 结构和 16 位的指令集,具有功耗低等特点。另外,256KB 的片上 SRAM 和众多的内部寄存器使处理器具有很高的执行速度,保证控制的实时性。

AT91R40008 内部结构如图 2.2 所示。从图中可以看到,此款芯片包含丰富的片内资源:控制器集成 256KB 的片上 SRAM;控制器的片内外围器件齐全,分通用外围部件和专用外围部件两种。通用外围部件主要包括外部总线接口 EBI、

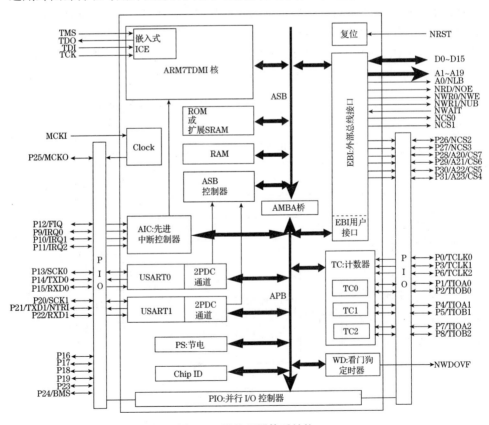

图 2.2　微处理器体系结构

先进中断控制器 AIC、并行 I/O 口控制器 PIO、通用同步/异步收发器 USART、定时器/计数器 TC 和看门狗定时器 WD 等。专用外围部件主要包括高级电源管理控制器 PS、实时时钟 RTC、片内外围数据控制器 PDC 和多处理接口 MPI 等。AT91R40008 内核 ARM7TDMI Core 通过两条主要总线与片内资源进行互连：先进系统总线 ASB 和先进外围总线 APB。内核通过 ASB 实现与片内存储器、EBI 以及 AMBA 桥的互连，其中 AMBA 桥驱动 APB 用来访问片内外围部件。

AT91R40008 的主要特点如下：

（1）高性能 32 位 RISC 体系结构和高代码密度的 16 位 Thumb 指令集。

（2）支持三态模式和在线电路仿真 IDE。

（3）32 位数据总线宽度，单时钟访问周期的片内 SRAM。

（4）完全可编程的外部总线接口 EBI，EBI 的最大寻址空间为 64MB，8 条片选线和 24 条地址线。

（5）8 个优先级、可单独屏蔽的单向量中断控制，4 个外部中断，包括 1 个高优先级、低延迟的中断请求。

（6）32 个可编程的 I/O 口。

（7）3 个 16 位的定时器/计数器，每个定时器都有 1 个可选的外部时钟输入引脚和 2 个多功能的 I/O 引脚。

（8）2 个 UART，每个 UART 都有 2 个用于收发的专用外围数据控制器 PDC 通道。

（9）可编程的看门狗定时器。

（10）优良的省电性能，CPU 和各种外围都可以单独停止工作。

图 2.3 给出了微处理器电路原理图，ARM 微处理器的外围设计包括复位电路、时钟电路、片外 Flash、JTAG 调试电路。复位电路采用通用的 RC 低电平复位电路；时钟电路采用 50MHz 钟振作为时钟源向 CPU 输入时钟信号；由于 AT91R40008 微处理器没有片内 ROM，所以在外部扩展一个 16MB 的 Flash 作为引导存储器，保证复位完成后 ARM 从 Flash 的首地址开始运行指令。

AT91R40008 微控制器的复位向量位于地址 0，当复位完成后，ARM7TDMI 首先执行位于地址 0 的指令。复位完成后，地址 0 必须映射到非易失性存储器。引导存储器由 NRST 上升沿之前的第 10 个时钟周期时的 BMS 引脚输入电平决定。当 BMS 为高电平时，引导存储器为 NCS0 控制的 8 位外部存储器。

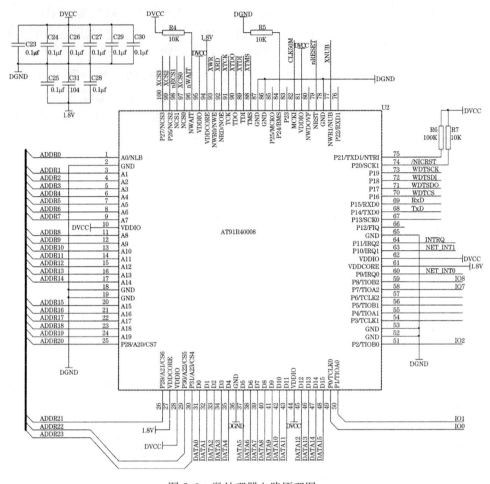

图 2.3　微处理器电路原理图

2.3.2　存储器电路设计

　　本设计中,由于 AT91R40008 片内没有集成 ROM,所以在设计中外拓了
Flash。Flash 通常按照扇区来组织,其优点在于可以擦除重写单个扇区而不影响
设备其他部分里的内容;它的特点是在写入一个扇区之前,必须先将其擦除,而不
能像 RAM 那样写覆盖。本设计中的 Flash 采用美国 SST 公司的 SST39VF160
芯片,它是一个 1MB×16 的 CMOS 多功能 Flash 器件,操作电压为 2.7～
3.6V[3]。芯片采用的 SuperFlash 技术消耗很小的电流,使用很短的擦除时间,在
擦除或编程操作中消耗的能量小于其他 Flash 技术制造而成的器件。这种技术提
供了固定的擦除和编程时间,与擦除/编程周期数无关。SST39VF160 的存储器

操作由命令来启动,命令通过标准微处理器写时序写入器件,将$\overline{\text{WE}}$拉低、$\overline{\text{CE}}$保持低电平来写入命令。地址总线上的地址在$\overline{\text{WE}}$或$\overline{\text{CE}}$的下降沿被锁存。数据总线上的数据在$\overline{\text{WE}}$或$\overline{\text{CE}}$的上升沿被锁存。当$\overline{\text{CE}}$和$\overline{\text{OE}}$都为低电平时,系统才能从器件的输出管脚获得数据。其中,$\overline{\text{CE}}$是器件片选信号,当它是高电平时器件未被选中,只消耗等待电流。$\overline{\text{OE}}$是输出控制信号,用来控制输出管脚数据的输出。当$\overline{\text{CE}}$或$\overline{\text{OE}}$为高电平时,数据总线呈现高阻态。

　　AT91R40008 微处理器片内集成了 256KB 主 SRAM,主 SRAM 重映射前的地址是 0X300000,重映射后的地址是 0X0。可以在重映射前把 ARM 异常向量和引导代码复制到 SRAM 内,从而实现 ARM7TDMI 的中断和异常向量的软件修改。SRAM 的其余空间可以用于堆栈分配,或作为关键算法的数据和程序存储器。为了使程序可以动态修改中断向量,AT91R40008 引入了重映射命令来实现引导存储器(ROM 或 Flash)和内部主 SRAM 地址的切换。如果系统要访问连接在片选线上的其他外部部件,那么必须执行重映射命令,可通过 EBI 接口的重映射寄存器 EBI_RCR 中的 RCB 位置 1 来实现。执行后,只有通过复位来恢复重映射前的状态。Flash 电路原理图如图 2.4 所示。

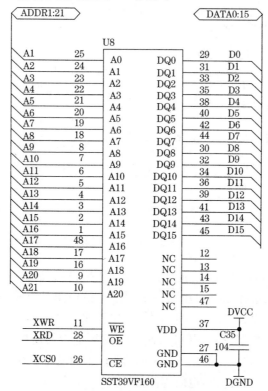

图 2.4　Flash 电路原理图

Flash 存储电路用于存放启动代码及应用程序。Flash 芯片 SST39VF160 的地址总线、数据总线直接与 AT91R40008 的地址总线、数据总线相连接,用 AT91R40008 的 NCS0 作为 SST39VF160 的片选信号,XRD 作为 SST39VF160 的读使能信号线,XWR 作为 SST39VF160 的写使能信号。SST39VF160 数据宽度是 16 位,它的地址线 A0 对应 2 个字节地址偏移,而 AT91R40008 地址线 A0 是对应 1 个字节地址偏移,所以在硬件设计时将 SST39VF160 的地址线 A0~A20 分别连接 AT91R40008 地址线的 A1~A21。同时,将 SST39VF160 的数据总线 DQ0~DQ15 分别连接 AT91R40008 的数据总线 D0~D16。SST39VF160 工作电压为 3.3V。

2.3.3 JTAG 接口电路设计

AT91R40008 在进行调试或下载时支持在线操作,所用的下载调试口为通用的 20 针标准 JTAG 接口,此接口可以与电脑中的并行数据接口连接,建立测试设备与电脑中开发环境的连接。JTAG 口在线调试支持断点调试,支持寄存器和内存值显示等一系列先进的调试方法,大大方便了用户的软件调试和代码下载工作。在进行 JTAG 硬件原理图设计时,设计方法按照通用的 JTAG 连接方式。具体电路原理图如图 2.5 所示。

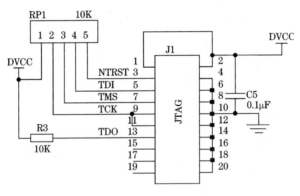

图 2.5 JTAG 口电路原理图

在原理图中,TDI、TDO 分别为 JTAG 的数据输入、输出线,TCK 为时钟脉冲端口,TMS 为模式选择端口。在图中采用了上拉电阻的方式来提高整个电路的实际驱动能力。在设计上对 JTAG 的复位电路采用了软件复位和硬件复位并用的方式。在进行软件调试时,既可以通过开发环境中的复位设置进行对 CPU 的复位,也可以通过电路板上的按键对 CPU 进行手动复位。在一般的调试过程中,软件复位方式用得最为广泛,也最为简便。

为了使交换机与电脑监控软件进行数据通信,交换机中设计了一个数据通用异步接收发送器接口(universal asynchronous receiver/transmitter, UART)。UART 能同时进行发送和接收,即采用双工方式工作。UART 适用于一些传输数据量小、数据传输速度较慢的通信环境。

在实际电路中,由于它与电脑中的电平彼此不相兼容,在具体设计串口电路时要考虑电平转换的问题。由于电脑串行口输出是标准的 RS-232 电平(15V),而 AT91R40008 CPU 的串行口输出的是标准 CMOS 电平,因此在进行数据交换时必须对相关的数据电平作一定的转换,否则不可能通信甚至会烧坏 AT91R40008 微处理器。综合考虑了转换速率和驱动能力两个方面后,这里采用了 Maxim 公司生产的串口转换芯片。

MAX3232 为专用的 UART 串口电平转换芯片,它能实现 1.8V 到 15V 的电平转换。在电路实现过程中,AT91R40008 微处理器的串行管理通信接口同串口芯片的 CMOS 端口相接,而 PC 机的串行口接接口芯片的 RS-232 端口,还需要给转换芯片配置几个匹配电容,通常情况下采用 0.1μF 的电解或者钽电容。外部电路也相对简单,图 2.6 为串口电路原理图。

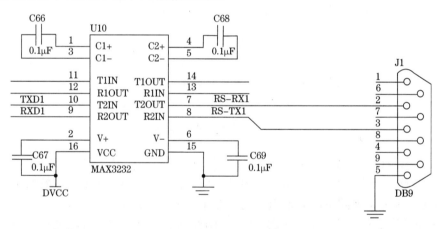

图 2.6　串口电路原理图

2.3.4　系统时钟电路和复位电路设计

EPA 交换机的主时钟电路为所有相关器件(包括存储器、外设接口以及本身的计数器等)提供精确的时间信息。本设计分别采用 50MHz 晶振和 25MHz 晶振为 AT91R40008 微处理器和以太网控制器 VT6512 提供系统主时钟,通过芯片内部集成的时钟控制逻辑可以产生系统所需的不同频率的时钟信号。

复位电路是使得 EPA 交换机在上电和重新启动时,需要对各个部件(包括微处理器、以太网控制器、物理层收发器等)在同一时刻进行复位,从而保证整个设备的各个部件都能正常地协调工作。

按照 AT91R40008 的要求,复位信号 nRESET 是低电平激活,系统上电后,复位信号将恢复用户结构寄存器为默认值,并强迫 ARM7TDMI 从地址 0 开始执行;除了程序计数器之外,ARM7TDMI 核的其他寄存器没有定义复位状态。复位后,所有 I/O 引脚默认为输入方式。AT91R40008 规定 nRESET 最小延迟时间为 10 个时钟周期。本设计为以太网控制器和物理层收发器,也是低电平复位有效。图 2.7 为复位电路原理图。

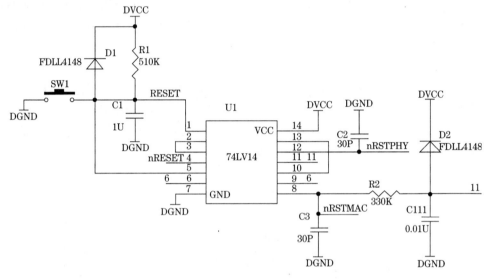

图 2.7　复位电路原理图

本电路设计是基于 RC 复位电路实现的。但 RC 复位电路存在电源毛刺和电源缓慢下降等问题,所以本设计在 RC 电路上进行了一些改进。增加了二极管,在电源电压瞬间下降时使电容迅速放电,一定宽度的电源毛刺也可令系统可靠复位。增加了 74LV14 反相器,使以太网控制器和物理层收发器能更为可靠地复位。

2.3.5　MAC 交换控制器电路设计

MAC 交换控制模块是整个设计的核心控制部分,它制定转发决策,实现数据的交换。这部分主要由 MAC 以太网控制器 VT6512[4~6] 组成。它实现 MAC 的功能,提供与 PHY 的接口。具体表现为以下几个方面:

(1) 对接受的数据进行拆包、地址判断、查表,然后制定转发决策,最后封装数据包并根据转发决策将数据发送到相应的端口,从而实现数据的交换。

(2) 为了可靠快速地进行数据交换,这一部分还要周期性地进行地址学习、生成转发表等。

（3）为了 VT6108S 物理层收发器[7]能够按照要求实现其功能，MAC 还要不时与 PHY 物理层收发器进行协商，以选择最佳的工作方式。

（4）对于 EPA 网络里面的组态、控制信息，其通过 CPU 接口交由 CPU处理。

本设计采用的交换控制芯片是中国台湾 VIA 公司的 VT6512 芯片。这是一颗 Layer2＋层的单芯片以太网交换控制器，它具有 5.6Gbit/s 的核心交换带宽和 4.4Mbit/s 的数据包吞吐量，能够在 8 个 10/100BaseX 以太网端口和 2个 10/100/1000BaseX 以太网端口间提供无阻塞的数据包过滤和交换。VT6512的接口是 SMII/SS-SMII 接口，硬件设计非常方便。图 2.8 为 VT6512 内部结构。

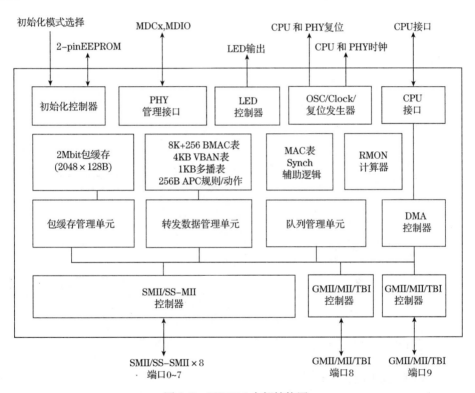

图 2.8　VT6512 内部结构图

图 2.9 为以太网控制器 VT6512 电路原理图。VT6512 通过硬件配置来选择初始化方式。本设计通过下拉 MDC1、上拉 MDC0 管脚来选择 CPU 的初始化。SMII 输入频率为 125MHz，外部时钟采用 25MHz 的钟振输入，通过上拉 OSC 和PLL 管脚，内部利用锁相环电路倍频。

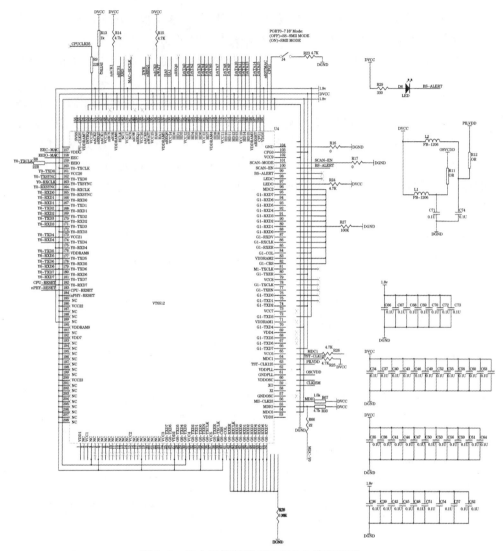

图 2.9　以太网控制器 VT6512 电路原理图

2.3.6　EEPROM 电路设计

AT24C02 是美国 Atmel 公司的低功耗 CMOS 串行 EEPROM，它内含 256×8bit 存储空间，通过 IIC 总线实现。图 2.10 为 EEPROM 电路的原理图。这部分电路是为了对以太网控制器 VT6512 进行寄存器配置和选择工作模式。本设计中 EPA 交换芯片有三种初始化方式：硬件初始化、CPU 初始化和 EEPROM 初始化。在实际的设计中，这部分电路作为以后不同版本交换机功能的升级之用，目前初始化选用了 CPU 初始化的方式。

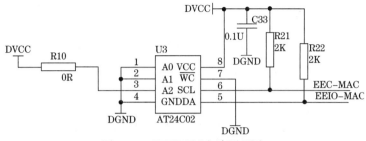

图 2.10　EEPROM 电路原理图

2.3.7　PHY 物理层收发器电路设计

物理层芯片 VT6108S 支持 8 端口、10BASE-T 及 100BASE-T/FX 的物理层传送接收器,支持 SMI 及 SMII 接口,传输速度可达 10Mbit/s 或 100Mbit/s,每端口皆支持 PECL 接口。VT6108S 内部集成了 32 个 16 位的管理接口寄存器。VT6108S 支持 10Mbit/s 或 100Mbit/s 自适应,在数据建立通信的开始,终端设备之间进行通信协商采用 10Mbit/s 或 100Mbit/s。当两端都可以支持 100Mbit/s 时,采用 100Mbit/s 进行数据通信。VT6512 将通过 MDIO 对 PHY 的相应寄存器赋值,告诉 PHY 采用 100Mbit/s 的方式进行数据通信。这样,PHY 则按照 100Mbit/s 的速率从 RJ45 接口接收信号,进行解扰处理、4B/5B 转换,成帧后,以 125MHz 的参考时钟,两路进行数据通信。这时与 RJ45 的通信是 100Mbit/s 的,即对外以 100Mbit/s 的速率进行传输。当有一端不支持 100Mbit/s 的速率时,将采用 10Mbit/s 的速率传输。同理,VT6512 将通过 MDIO 对 PHY 芯片的相应寄存器赋值,告诉 PHY 将采用 10Mbit/s 的方式进行数据通信。这样,PHY 则按照 10Mbit/s 的速率从 RJ45 接口接收信号,然后进行解扰处理、4B/5B 转换,缓存成帧后,同样以 125MHz 的参考时钟与 MAC 进行通信。但对于外部来讲是采用 10Mbit/s 的,所以此时对外为 10Mbit/s。图 2.11 为物理层收发器电路图。

在网卡芯片与 RJ45 接口之间需要采用隔离电路,电路如图 2.12 所示。隔离器有两个作用:一是隔离器两端采用了不同的供电电压,直连有可能烧坏芯片,用隔离器隔离,只让信号跳变感应过去,起到降压的作用;二是网卡芯片在和外部的普通双绞线进行通信时采用的是收发差分信号,提供了网络数据的抗干扰能力,在进行实际设计时需要对内外网络数据信号进行有效的隔离来保证内部数据的可靠性,进一步减小外部干扰的影响,在设计中采用了 PH406466 网络隔离器来对内外的网络数据进行有效的电气隔离。

PH406466 是一款隔离变压器。RJ45 中使用四根信号线:两根用来接收,两根用来发送。一对信号线中的一根承载 0～2.5V 的信号电压,而另一根负载的电压是−2.5V～0，因此就可以产生一个 5V 的信号差。网卡芯片使用 2.5V 电源，所以隔离器发送端的变压比是 1∶1，接收端的变压比是 1∶2。RDA± 为接收线，TDA± 为发送线，经隔离后分别与 RJ45 接口的 RXA±、TXA± 端相连。

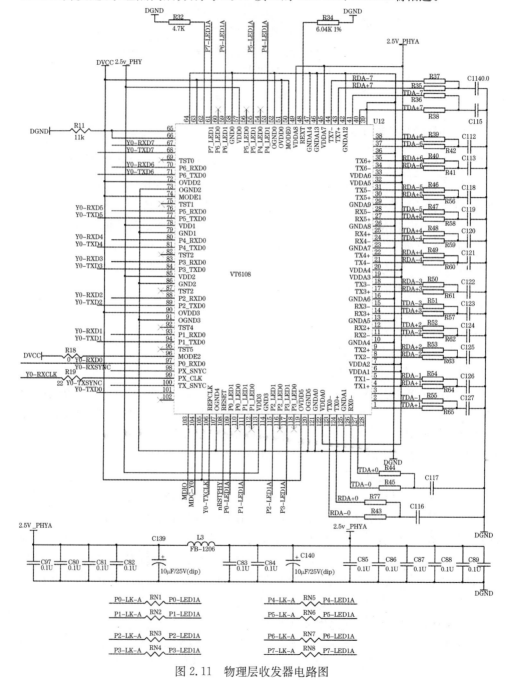

图 2.11 物理层收发器电路图

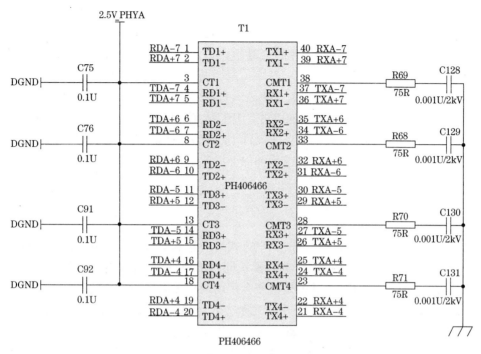

图 2.12 隔离变压器电路原理图

2.3.8 电源电路设计

在 EPA 交换机中,多器件低功耗设计需要的直流电源为 3.3V、2.5V、1.8V。出于整体功耗的考虑,首先得到一个 5V 的直流电源。然后通过 DC/DC 转换得到所需直流电源。表 2.1 为对各级电源功率需求的统计。

表 2.1 各级电源功率统计

芯片名称	芯片数	工作电压/V	最大工作电流/mA	功率总和/mW
AT91R40008	1	3.3、1.8	16	81.6
SST39LF160	1	3.3	30	99
VT6512	1	3.3、1.8	130、460	1257
VT6108S	1	2.5	600	1500
MAX3232	1	3.3	1	3.3
AT24C02	1	3.3	1	3.3
PH406466	2	2.5	8	40
SFP	2	3.3	210	1386
交换机总功率/mW		4370.2		

针对各级电源的功率要求,选用 LM2576HV-5.0V 进行一级转换,LT1085-3.3V 和 RT9172-25CM 进行二级转换,AS1117-1.8V 进行第三级降压转换。LM2576HV-5.0V 电源转换芯片的最高输出电流可以达到 3A,可提供的最大功率为 15W;LT1085-3.3V 和 RT9172-25CM 可提供的最大输出电流也为 3A,可提供的最大功率分别为 9.9W 和 7.5W;AS1117-1.8V 可提供 800mA 的输出电流,最大输出功率为 1.44W。各级的电源芯片最大输出功率均大大地超出需求的功率要求,而且这些器件在外围电路的设计上也较为简单。为了增强设备的电源抗干扰能力,设计时在每级电源的前后都加上滤波电路来减少外部干扰和前级电源的影响。

1. 冗余电源电路设计

在工业现场,采用冗余电源的供电方式是消除电源系统单点故障的主要技术策略。所谓冗余电源,是指多个电源模块同时承担系统负荷,而一旦其中某个模块出现问题而停止供电时,其他模块便会平均承担多出来的电源负载。电源系统实现冗余的方式有多种,主要有并联冗余方式、隔离冗余方式、分布式冗余方式、分区电源分配方式。本设计的 EPA 交换机采用的是并联冗余方式,也称为 N+1 冗余方式[8]。为了提高系统的容错性和长期连续工作的可靠性,要求冗余电源阵列中的各电源模块具有热插拔特性,可带电拆卸和安装。以热插拔自载均分控制器 LTC4357 为核心构成冗余电源的解决方案,具有设计和制造简单、稳定可靠的特点。图 2.13 为冗余电源的电路原理图。

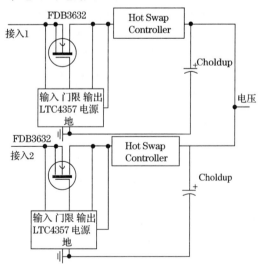

图 2.13 冗余电源的电路原理图

如图 2.13 所示,其中 FET(FDB3632)为沟道功率型场效应管,LTC4357 通过将 FET 的栅极电压降低到 0V,实现对故障电源模块与负载总线的隔离,以便在开机状态下更换电源模块。系统正常工作时,FET 是 LTC4357 调节和稳定电源输出电压的执行元件。

2. 总线供电电路设计

图 2.14 为总线供电电路原理图。供电状态指示灯电路由二极管 D9,发光二极管 PLED1,三极管 Q1 和电阻 R78、R86 组成。二极管 D9 的阳极和三极管 Q1 的发射极,与过流保护电路的自恢复保险丝 F1 的一端相接;二极管 D9 的阴极经电阻 R78 与三极管 Q1 的基极电连接;三极管 Q1 的集电极经电阻 R86 与发光二极管 PLED1 的阳极连接。当无受电设备连接到交换机供电端口时,三极管 Q1 截止,集电极电流为零,发光二极管 PLED1 不会被点亮;而当接入受电设备时,三极管 Q1 导通,集电极有电流流过,发光二极管 PLED1 被点亮,从而起到指示供电状态的作用。

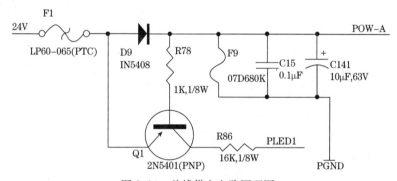

图 2.14　总线供电电路原理图

自恢复保险丝 F1 的保持电流参数设置了 RJ45 接口 POW-A 能提供的最大功率,通过改变 F1 的保持电流参数可改变该 EPA 交换机提供给受电设备的输出功率等级,从而突破了传统以太网供电系统提供给受电端的电源最大功率只能为 12.95W 的局限,使得较高功率(可达 24W)的受电设备能够由 EPA 交换机通过连接 RJ45 接口的 4/5 及 7/8 双绞线对供电。并且不必采用昂贵的专用芯片,降低了设备的制造成本。

2.4　EPA 交换机底层驱动模块的设计与开发

EPA 交换机底层驱动模块是上层软件开发人员和底层硬件系统之间的桥梁,使开发人员可以最大限度地脱离底层硬件转而专注于应用软件的设计。驱动程序屏蔽了底层的硬件细节,使上层软件通过驱动模块的接口函数就可以访问。

EPA交换机底层驱动模块主要分为三个子模块:BSP(board support package)模块、SSP(switch support package)模块和硬件定时器驱动模块。

2.4.1　BSP 模块的开发与实现

1. BSP 模块的设计

所谓 BSP 通常是指针对具体的硬件平台,用户所写的启动代码和部分设备驱动程序的集合。它是嵌入式实时系统的基础部分,也是实现系统可移植性的关键。它负责上电时的硬件初始化、启动嵌入式操作系统或应用程序模块、提供部分底层硬件驱动,为上层软件提供访问底层硬件的手段。BSP 针对目标板设计,其结构和功能随硬件平台的不同而呈现较大的差异。在将嵌入式系统移植到新的 CPU 控制器上时,必须编写相应的 BSP。

如图 2.15 所示,BSP 在系统中的层次清楚地展现了 BSP 与嵌入式 μC/OS-Ⅱ 操作系统之间的具体关系,以及在 EPA 交换机软件系统中所处的地位。通过 BSP,操作系统能够良好地在目标平台上运行,并通过移植接口完成任务切换等操作系统的功能。操作系统为协议软件开发提供任务管理、内存分配、任务间消息传递等服务,便于协议软件的模块划分,提高协议软件开发的效率。SSP 为协议软件高速访问交换控制器提供服务接口,使得协议软件发送和接收协议报文变得非常容易。定时器驱动为协议软件提供时间服务。

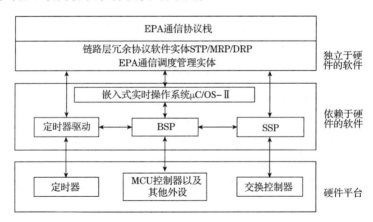

图 2.15　BSP 与交换机整个系统的关系图

由图 2.15 可以发现,BSP 与传统意义上的驱动程序有所区别:传统意义上的驱动程序能够访问硬件设备,对于相同类型的设备而言,驱动程序可以不做修改地从一个目标环境移植到另外一个目标环境中;而 BSP 只能相对运行在指定设备的硬件环境中。

对于 BSP 的开发人员来说，需要完成两个方面的工作：完成 BSP 特定的驱动；编写通用设备驱动程序。

BSP 的设计过程主要可分为以下四个步骤：

（1）建立开发环境。开发模式采用宿主机/目标板模式。目标板通过 JATG 与宿主机的并口连接。

（2）选择 BSP 模块。通常是根据操作系统提供的 BSP 模块，选择与应用硬件环境最相似的参考设计，针对具体的目标板对参考的 BSP 进行必要的修改和增删，以形成自己的 BSP。

（3）编写启动代码。包括设置中断向量表，CPU 初始化，存储系统（RAM 和 Flash）的初始化，各个模式的堆栈的初始化，有特殊要求的端口、设备的初始化等。

（4）测试与调试。

2. BSP 模块的实现

在整个 BSP 模块的设计中，启动代码的设计是关键，要求设计人员对硬件、软件和操作系统都要有很深入的了解。启动代码的软件设计流程如图 2.16 所示。

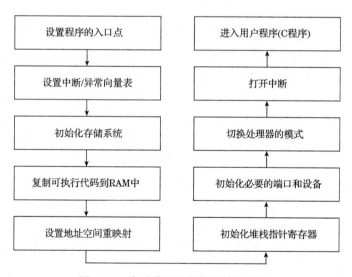

图 2.16　启动代码的软件设计流程图

2.4.2　SSP 模块的开发

SSP 与网卡驱动程序一样，都是为上层通信协议提供访问硬件的接口[9]。

SSP子模块完成的功能主要是在EPA网络通信协议的物理层和数据链路层进行的，包括启动EPA交换机硬件设备、将数据包发送到EPA网络上或者从EPA网络上把相关数据包接收下来。SSP子模块是在EPA网络通信协议中直接与硬件打交道的部分，具有硬件相关性，并且要为上层应用协议提供可靠的接口，在EPA交换机软件开发的过程中居于重要地位，是主要的关键技术[10,11]。

在EPA交换机中，主控制器CPU有专门的收发接口和交换芯片，有自身的MAC地址，称这个收发接口为CPU端口。EPA网络中的交换协议、本地交换机设备组态、监控等控制信息通过该CPU端口交给主控制器CPU进行处理，其他的数据报文一般由交换硬件直接转发，不需要上交给CPU处理。同时，SSP子模块为上层控制管理软件提供了函数接口，完成对交换硬件的控制，如各端口速率、双工、数据流量、端口打开(enable)、端口禁止(disable)的设置等。

在软件设计[12]与实现的过程中，控制管理函数的接口，主要是对交换芯片中相关寄存器的配置，实现原理简单；而CPU端口数据接收与发送的实现过程相对复杂，下面着重对其设计进行详细介绍。

1. SSP模块中CPU端口数据收发原理

在所设计的嵌入式EPA交换机中，称转发到CPU端口的报文为特殊报文，主要包括两层协议帧、目的MAC地址为本地EPA交换机设备的报文。从CPU端口到任何一个以太网端口的数据传输或接收都是按字节块来进行的，在软件编程中，不论数据总线宽度配置成8位还是16位，每块的大小都划分为4个字节。一个数据块可以由数据包里的有效数据组成(第一块和中间块)，也可以由数据包里的有效数据和填充数据组成(最后一块数据)。例如，一个65字节的数据报文，在传输时被分成17块数据($16\times4+1=65$)，其中前16块数据全由数据报文里的有效数据组成，最后一块由1个字节的有效数据和3个字节的填充数据组成。下面将具体阐述CPU端口数据收发的实现原理。

1) CPU端口的操作原理

(1) CPU与VT6512的连接接口。主控制器CPU与交换芯片VT6512之间的硬件连接方式采用的是PIO模式，数据总线、地址总线以及控制总线直接相连，如图2.17所示。

(2) 地址映射。本设计中嵌入式EPA交换机的交换控制器VT6512的硬件资源只有两根地址线A0和A1，所以在软件设计上采用地址映射方式来访问VT6512内部资源，如表2.2所示。

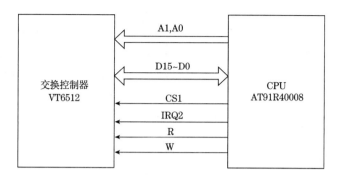

图 2.17　CPU 与交换控制器之间的 PIO 接口连接图

表 2.2　地址映射

A1	A0	寄存器
0	0	16 位网络数据或内存数据
0	1	寄存器内部 8 位数据
1	0	寄存器低 8 位的地址
1	1	寄存器高 8 位的地址

　　当 CPU 在地址线上写入[A1：A0]＝10B 信号时,VT6512 内部寄存器地址的低 8 位在数据线上进行更新;接着在地址线上输入[A1：A0]＝11B 信号时,数据线上更新该寄存器地址的高 8 位;最后在地址线上输入[A1：A0]＝01B 信号时,便可从该寄存器中读取数据或写入数据。读写交换芯片 VT6512 内部寄存器的总线时序图如 2.18 所示。当地址线上是[A1:A0]＝00B 信号时,数据线上是16 位的网络数据或内存数据。

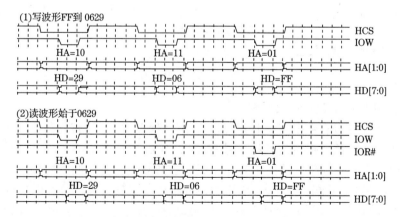

图 2.18　读/写交换控制器中寄存器的数据时序图

（3）内存映射。在软件系统中,本设计中的嵌入式 EPA 交换机将交换控制器 VT6512 直接映射到处理器 AT91R40008 的系统内存地址 0x00400000 上,如图 2.19 所示。这样,当处理器 AT91R40008 访问 VT6512 的资源时,就同直接访问自己的系统内存资源一样,采用统一的 I/O 指令,而不需再用单独的 I/O 指令来进行访问。

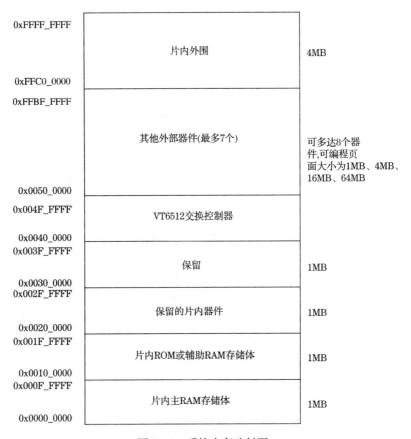

图 2.19　系统内存映射图

2）CPU 端口数据接收原理

当 CPU 端口有数据需要上交给 CPU 进行处理时,CPU 首先获取该数据包的长度,再获取到该数据包的源端口号;如果交换机具有 VLAN 功能,则再获取该数据包的 VLAN 标签以及报文的优先级。当数据包符合接收条件时,CPU 从系统软件缓冲区中分配一定大小的内存空间来储存该数据包。当数据总线配置成 PIO 8 位模式时,CPU 从交换芯片 VT6512 中,一次一个字节来复制数据到指定所分配的软件缓冲区中;当配置成 PIO 16 位模式时,CPU 从交换芯片 VT6512,一次 2 个字节来复制数据到指定所分配的软件缓冲区中。当数据复制完成后,

CPU 读取数据包接收状态寄存器来判断该数据是否正确接收完毕,若该数据包已正确接收完毕,则交由上层协议进行处理。具体的接收流程如图 2.20 所示。

图 2.20　CPU 端口从以太网端口接收数据的流程图

3) CPU 端口数据发送原理

CPU 在传输数据包时,软件上用 CPU 端口数据命令寄存器来传输从 CPU 端口到任何一个以太网端口的数据包。从 CPU 端口传输一个数据包到任何一个以太网端口的传输流程如下:

(1) 检测 CPU 端口是否已经准备好传输一个新的数据包。若是,则对 CPU 端口控制寄存器进行编程,指定传输到以太网端口的端口掩码、VLAN ID、报文的优先级等传输时所需要的信息。

(2) 写命令寄存器值置为 1,开始发送第一块数据。

(3) 发送第一块数据到传输数据包的 I/O 端口。

(4) 写命令寄存器值置为 2,准备发送剩余数据块(除了最后一块)。

(5) 发送余下的数据包(除了最后一块)到数据包传输 I/O 端口。

(6) 编码写命令传输数据包的最后一块。若最后一块数据的实际数据为 1 个字节,则令该命令值为 4。以此类推,2 个实际有效字节,命令值为 5;3 个或 4 个字节,命令值分别为 6 和 7。

(7) 发送最后一块数据到传输数据包的 I/O 端口。

(8) 等待中断,或查询中断状态寄存器 0x0000 的 bit[3],观察数据包是否从 CPU 已正确接收完毕,然后清除该中断。

在某些时候,按以上步骤传输的过程中,CPU 需要中止传输数据包。在完成一个数据块的传输后,编码写数据包命令为 3,交换芯片将丢弃已经接收的数据,转向空闲状态等待下一个数据包的到来。数据包的具体传输流程图如图 2.21 所示。

2. SSP 模块中 CPU 端口数据接收的实现

CPU 端口数据接收驱动的程序流程图如图 2.22 所示。

以下是配置交换控制器片选和中断信号线的部分代码:

//配置交换控制器的片选信号线

♯define EBI_CSR_1((unsigned int)(0x400000|0x30BD))　/＊switch＊/

　//配置交换控制器中断信号线

　//open & register external IRQ2 interrupt

AT91F_PIO_CfgPeriph(AT91C_BASE_PIO,AT91C_PIO_P11,0);

AT91F_AIC_ConfigureIt(AT91C_BASE_AIC,AT91C_ID_IRQ2,

　　　　　　　　　　AT91C_AIC_PRIOR_HIGHEST－1,

　　　　　　　　　　AT91C_AIC_SRCTYPE_INT_LEVEL_SENSITIVE,

　　　　　　　　　　irq2_asm_irq_handler);

AT91F_AIC_EnableIt(AT91C_BASE_AIC,AT91C_ID_IRQ2);

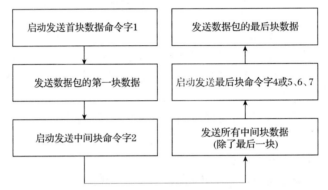

图 2.21　CPU 端口发送数据到以太网端口的数据流程图

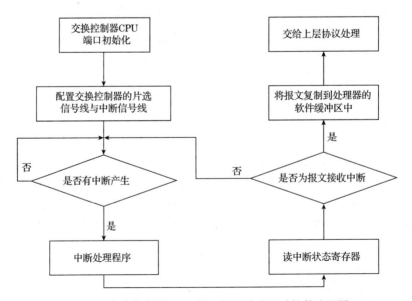

图 2.22　交换控制器 CPU 端口数据接收驱动软件流程图

2.4.3 定时器驱动模块的开发

AT91RM40008 的定时器模块含有三个完全相同的 16 位定时器通道。每个通道都能独立编程进而去执行多个功能,包括频率测量、事件计数、间隔测量、脉冲产生、延迟定时和脉冲宽度调制等。每个定时器通道有三个外部时钟输入、五个内部时钟输入和两个能被用户配置的多功能输入/输出信号。每个信道驱动一个内部中断信号,该中断可由先进中断控制器(AIC)进行编程处理。定时器模块有两个全局寄存器、三个 TC 通道。模块控制寄存器允许三个通道同时被相同的指令启动。

1. 定时器模块的设计

每个定时器有两种操作模式,分别是捕获模式和波形模式。捕获模式用于对信号的测量;波形模式可用来产生波形。采用什么模式是由 TC Mode Register 中的 WAVE 位决定的。定时器的重新设定和启动是由触发条件决定的。在每个模式下通常有三种类型的内部触发和一个外部触发。

内部的三种触发类型分别是:

(1) 软件触发。每个通道有一个软件触发,是通过设定 TC_CCR 的 SWTRG 而得到的。

(2) SYNC 触发。每个通道有一个同步信号 SYNC,当该信号被声明时触发该通道。所有通道的同步信号通过设定 TC_BCR(模块控制)的 SYNC 同时被声明。

(3) RC 比较触发。如果 CPCTRG 在 TC_CMR 被设定,RC 将在每个通道中实行;当计数器与 RC 寄存器中的数值相匹配时,将得到一个 RC 比较触发。

定时器通道也能配置成有一个外部触发器的形式。在捕获模式中,外部触发器信号能在 TIOA 和 TIOB 之间被选择而执行一个触发;在波形模式中,一个外部事件能在 TIOB,XC0,XC1 或 XC2 编程而执行一个触发。如果一个外部触发产生,那么脉冲的期间必须比系统时钟 (MCK) 周期更长以保证该触发被检测到。

此外,定时器模块作为 AT91RM40008 的一个外设,为了使其能正常地工作,必然要关联到 PS(power-saving)模块进行操作。PS 模块的作用是优化外设与 CPU 功率的消耗。用户可以使用 PC_CR 寄存器停止 ARM7TDMI 内核的时钟并进入空闲模式。每个外设的外部时钟集成在 PS 模块内,有三个寄存器的组合可独立地控制外设的时钟。将 PC_PCER 寄存器中的某一位置 1 可控制相应外设的时钟。同理,将 PC_PCDR 寄存器的某一位置 1 则关闭了相应的外设时钟。这两个寄存器是可写的。还有一个 PS_PCSR 寄存器是只读的,用来读取该外设时钟的状态。三个定时/计数器、两个 UASRT 以及 I/O 在这三个 32 位的寄存器中都有相应的位与之对应。对这个位的操作即实现了对相应外设的控制。当一台外设时钟无效时,时钟立即停止。当时钟被重新授权时,外设在它停止处重新开始。

本设计采用的是 RC 比较触发。RC 是定时器中的一个寄存器,在这个寄存器中会事先存入一个值,这个值是根据需要设定的时间长度得来的,它只跟每一个 TICK 值的大小和所要设定的时间长度相关。TICK 的值与时钟的选择有关,计数器的值在每个被选择时钟的上升沿被增加,当记数值达到 0xFFFF 时,就会有一个溢出发生,则这个值将会返回到 0x0000,TC_SR 寄存器中的 COVFS 位将被置 1,计数器中的当前值可从 TC_CV 寄存器中得到,计数器可有一个触发复位。

1)定时器时钟信号的选择

每个定时器的输入时钟信号既可由外部的时钟信号提供,也可由内部的时钟信号提供。本设计采用的是内部的时钟信号,时钟信号可分为 MCK/2、MCK/8、MAC/32、MCK/128、MCK/1024。这个 MCK 时钟由外接的 50MHz 的钟振得到。

2)定时器资源的分配

AT91RM40008 的定时器模块有三个独立的 16 位定时器通道,根据 EPA 交换机的功能需求,资源分配如表 2.3 所示。

表 2.3　定时器资源分配表

定时器 0	定时器 1	定时器 2
维护本地时间,为时钟同步等提供服务	系统时间,维护整个系统,为设备声明、ARP 重发等提供服务	本地时间,为 EPA 报文确定性调度提供服务

3)定时器时间的计算方法

以时钟信号的选择为 MCK/128、定时的时间为 5s 为例,即将 50MHz 的频率经过 128 分频作为输入的时钟信号,则每一个 TICK 值为

$$\frac{1}{50 \times 10^6 / 128} = 2.56 \times 10^{-6} \text{s}$$

则 CV 寄存器中的值 value 为

$$\text{value} = \frac{5}{2.56 \times 10^{-6}} = 1953125$$

转化成 16 进制为 1DCD65,写入 CV 寄存器即可完成 5s 的定时。

2. 定时器模块的实现

定时器子模块主要包括定时器的初始化函数、定时器的启动函数、定时器的关闭函数以及定时器的中断函数等。

定时器驱动子模块实现流程图如图 2.23 所示。首先,调用定时器初始化函数分别对三个外部定时器进行初始化,定时器初始化流程如图 2.24 所示;接着,调用定时器的启动函数,根据系统的需要分别启动定时器 0、定时器 1 和定时器 2,这三个定时器分别执行其相应的功能;最后,在定时器的执行过程中或是完成相应的功能之后,进入定时器的中断函数或是调用定时器的关闭函数关闭相应的定时器。

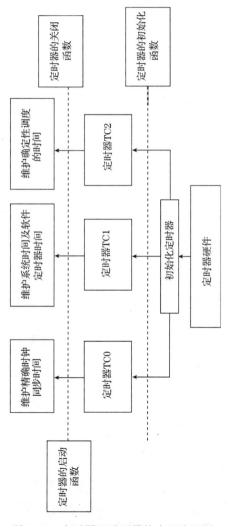

图 2.23　定时器驱动子模块实现流程图

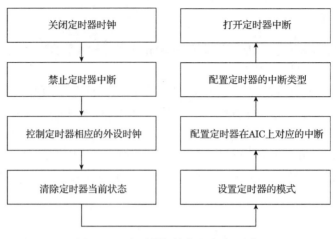

图 2.24　定时器初始化程序流程图

2.5　高可用性 EPA 交换机测试

2.5.1　温湿度测试

1）测试范围

参考标准 GB 2423.2—1989《电工电子产品基本环境试验规程 高低温试验方法》,设定本交换机高低温试验范围为−10～60℃。

参考标准 IEC60751—2008"Industrial platinum resistance thermometers"和 GB 2424.6—2006《电工电子产品环境试验 温度/湿度试验箱性能确认》,设定本交换机相对湿度试验范围为 0～100%。

2）使用设备

汉巴高低温湿热试验箱一台、现场设备两个、辅助计算机一台、网线两根、Ethereal 软件。

3）测试方案

（1）在试验箱内部垫上纸板以防导电,将交换机放置于纸板上。通过试验箱旁边的孔引出交换机电源线及网线,给交换机通电和连接现场设备、PC 机。室温下开启交换机及 Ethereal 软件,关闭试验箱,通过 Ethereal 软件观察交换机转发包状况。

（2）调节试验箱温度达到 60℃,这是一个逐渐升温的过程,整个升温过程持续 20min。在整个过程中,时刻监测 Ethereal 软件反馈的数据,并一直使用 PC 机 Ping 两个设备的 IP 记录数据包的转发情况。在恒温 60℃运行 15min,记录交换机的转发包情况。之后调节湿度范围为 0～100％,记录交换机的运行情况。

（3）降低温度至－10℃,整个过程持续 35min,期间实时监测交换机运行情况。在低温－10℃运行 15min,使用 PC 机 Ping 两个设备的 IP 记录数据包的转发情况。之后调节湿度范围为 0～100％,继续对交换机进行实时监测,做好数据记录。

　　4）测试结果

通过对比交换机在常温常湿条件下数据转发的丢包率,得出如表 2.4 所示结果。

表 2.4　测试结果 1

交换机型号	EPA 工业以太网交换机
操作温度	－10～60℃
存储温度	－40～85℃
相对湿度	0～100％(无凝露)
工作状态	正常

2.5.2　硬件电磁兼容抗扰度性能测试

1. 静电放电抗扰度测试及结果

1）测试范围

参考标准 GB/T 17626.2—2006《静电放电抗扰度试验》(IEC61000-4-2),设定本交换机试验接触放电 3 级(6kV)、空气放电 3 级(8kV),从低等级开始。

2）使用设备

静电放电 ESD 发生器 KES4021、现场设备两个、辅助计算机一台、网线两根、Ethereal 软件。

3）测试方案

（1）地面应设置接地参考平面(厚度大于 0.25mm 的铝板),最小尺寸为 1m×2m,每边伸出 EUT 或耦合板外 0.5m,与保护接地相连。

（2）受试交换机按使用要求布置和连线。

（3）受试交换机与实验室墙壁或其他金属结构间距大于 1m。

（4）桌面上放置水平耦合板,面积为 1.6m×0.8m,最小厚度为 0.25mm,材质为铜或铝,其他材质金属最小厚度为 0.65mm。

（5）桌面上放置垂直耦合板,尺寸为 0.5m×0.5m。

（6）耦合板与接地参考平面之间用带 470kΩ 电阻的电缆相连。

（7）受试交换机和电缆与耦合板之间用 0.5mm 厚的绝缘衬垫隔离。

4）测试结果

通过对比交换机在一般工业环境条件下数据转发的丢包率，得出如表 2.5 所示结果。

表 2.5　测试结果 2

接触放电			空气放电		
1 级 2kV	正极	正常	1 级 2kV	正极	正常
	负极	正常		负极	正常
2 级 4kV	正极	正常	2 级 4kV	正极	正常
	负极	正常		负极	正常
3 级 6kV	正极	正常	3 级 8kV	正极	正常
	负极	正常		负极	正常

2. 射频电磁场辐射抗扰度测试及结果

1）测试范围

参考标准 GB/T 17626.3—2006《射频电磁场抗扰度试验》（IEC61000-4-3），设定本交换机试验等级为 3 级，即 10V/m 的试验场强。

2）使用设备

GTM 半波暗室、射频信号发生器 SMB 100A、功率放大器 CBA1G-150、电磁干扰滤波器、辅助计算机两台、现场设备两个、RIS-LAB 软件、Ethereal 软件等，天线距离受试设备 3m。

3）测试方案

（1）实验前，应该对 GTM 半波暗室内场强进行校准。

（2）对校准场验证后可以运用校准中获得的数据产生试验场。

（3）将受试交换机置于使其某个面与校准的平面相重合的位置。

（4）用 1kHz 的正弦波对信号进行 80% 的幅度调制后，在预定的频率范围内（150kHz～1GHz）进行扫描试验。

（5）每一频率点上，幅度调制载波的扫描驻留时间应不短于受试交换机动作及响应所需的时间，且不得短于 0.5s，敏感频点（时钟频率 50MHz 和 25MHz）驻留时间为 1s。

（6）发射天线应对受试交换机的四个侧面逐一进行试验。

（7）对受试交换机的每一侧面需在发射天线的两种极化状态下进行试验，一次天线在垂直极化位置，另一次天线在水平极化位置。

（8）试验过程中尽可能使受试交换机充分运行，并在所有选定的敏感运行模式下进行抗扰度试验。

　　4）测试结果

　　通过对比交换机在一般工业环境条件下数据转发的丢包率,得出如表 2.6 所示结果。

表 2.6　测试结果 3

频率	150kHz～1GHz	正常

　　3. 电快速瞬变脉冲群抗扰度测试及结果

　　1）测试范围

　　参考标准 GB/T 17626.4—2008《电快速瞬变脉冲群抗扰度试验》(IEC61000-4-4),设定本交换机试验等级为 3 级,从低等级开始施加。

　　2）使用设备

　　UCS 500N、辅助计算机一台、现场单端口设备两个、Ethereal 软件。

　　3）测试方案

　　受试交换机按试验标准要求布置和连线,受试交换机应放在接地参考面上,且与保护地相连,试验中配置耦合/去耦网络,持续时间不短于 1min。试验时间可分为 6 个 10s 的脉冲群,间隔时间为 10s。

　　4）测试结果

　　通过对比交换机在一般工业环境条件下数据转发的丢包率,得出如表 2.7 所示结果。

表 2.7　测试结果 4

电源端子	1 级 500V	2 级 1000V	3 级 2000V	4 级 4000V
正极	正常	正常	正常	正常
负极	正常	正常	正常	正常
IO 端口	1 级 250V	2 级 500V	3 级 1000V	4 级 2000V
正极	正常	正常	正常	正常
负极	正常	正常	正常	正常

　　4. 浪涌(冲击)抗扰度测试及结果

　　1）测试范围

　　参考标准 GB/T 17626.5—2008《浪涌(冲击)抗扰度试验》(IEC61000-4-5),设定本交换机试验等级为 3 级,正负各 5 次,间隔 60s,由低等级开始。

2）使用设备

UCS 500N、辅助计算机一台、现场单端口设备两个、Ethereal 软件。

3）测试方案

受试交换机按试验标准要求布置和连线，1.2/50μs 浪涌经电容耦合网络加到受试交换机电源端上，浪涌脉冲次数为正/负极各 5 次，试验速率为每分钟一次，试验系统中配置去耦网络。

4）测试结果

通过对比交换机在一般工业环境条件下数据转发的丢包率，得出如表 2.8 所示结果。

表 2.8　测试结果 5

电压等级	正极	负极
1 级 500V	正常	正常
2 级 1000V	正常	正常
3 级 2000V	正常	正常

5. 工频磁场抗扰度测试及结果

1）测试范围

参考标准 GB/T 17626.8—2006《工频磁场抗扰度试验》（IEC61000-4-8），设定本交换机试验等级为 4 级，试验时从低级往高级逐级增加。

2）使用设备

屏蔽室、试验发生器、辅助计算机一台、现场单端口设备两个、Ethereal 软件。

3）测试方案

受试交换机按试验标准要求布置和连线，交换机应放置在接地参考面上并由厚 0.1m 的绝缘材料支撑，交换机外壳与接地参考面的安全接地相连，按照标准进行测试。由于此项测试的通过率较高，实际测试时施加的电压等级一开始就采用了满足工业环境要求的 3 级，磁场强度为 10A/m。

4）测试结果

对比交换机在一般工业环境下的工作情况，判定交换机在所施加的干扰下能否正常通信。

6. 电压暂降、短时中断和电压变化的抗扰度测试及结果

1）测试范围

参考标准 GB/T 17626.11—2008《电压暂降、短时中断和电压变化的抗扰度

试验》(IEC61000-4-11)，设定本交换机试验等级为跌落深度 0％(10ms)、0％(20ms)、25％(100ms)、40％(200ms)、60％(500ms)，试验时从低等级开始。

2）使用设备

UCS 500N、辅助计算机一台、现场单端口设备两个、Ethereal 软件。

3）测试方案

受试交换机按试验标准要求布置和连线，根据选定的试验等级及持续时间进行试验，试验进行 3 次，每次间隔时间为 10s，试验在典型的工作环境下进行。

4）测试结果

通过对比交换机在一般工业环境条件下数据转发的丢包率，得出如表 2.9 所示结果。

表 2.9　测试结果 6

跌落深度/％	中断时间	中断时间
0(10ms)	通信正常	通信正常
0(20ms)	通信正常	通信正常
25(100ms)	通信正常	通信正常
40(200ms)	通信正常	通信正常
60(500ms)	通信正常	通信正常

2.6　本 章 小 结

本章对带冗余功能的 EPA 交换机硬件设计和相关功能实现进行了详细的介绍。首先从 EPA 交换机功能需求分析入手，给出了 EPA 交换机各硬件电路的详细设计和相关驱动的开发。作为工业级别交换机，在器件选型、印制板制作都进行了详细的考虑，给出了在开发过程中 PCB 设计需要遵循的一些原则。最后给出了 EPA 交换机关键技术的实现和整个硬件性能的测试。

参 考 文 献

[1] 王平，谢昊飞，等. 工业以太网技术[M].北京：科学出版社，2007

[2] Atmel Corporation. The datasheets of AT91SAM smart ARM-based microcontrollers for AT91R40008[S]. 2002

[3] Silicon Storage Technology, Incorporated. 16 Mbit(x16) Multi-purpose Flash SST39VF160/ SST39VF160 data sheet[S]. 2002

[4] VIA Networking Technologies, Incorporated. VT6512(Version CD)datasheet[S]. 2006

[5] VIA Networking Technologies, Incorporated. VT6528/VT6530 API programming guide

v1. 10[S]. 2005

[6] VIA Networking Technologies, Incorporated. VT6528/VT6530 demo firmware user manual v1. 01[S]. 2006

[7] VIA Networking Technologies, Incorporated. VT6108S tahoe 8-port 10/100 base-TX/FX PHY/transceiver datasheet[S]. 2004

[8] Roberto Amadio. 冗余电源设计[J]. 国外电子元器件,2005,(5):1－2

[9] ARM Limited. ARM Architecture Reference Manual[M]. 1996

[10] IEEE Std 802. 1Q-1998. IEEE standards for local and metropolitan area networks: Virtual bridged local area networks[S]. 2005

[11] IEEE 802. 1D. IEEE standard for local and metropolitan area networks media access control(MAC)bridges[S]. 2004

[12] 恺肇乾. 嵌入式系统硬件体系设计[M]. 北京:北京航空航天大学出版社,2007

第 3 章　MRP 协议的研究与开发

3.1　概　　述

IEC SC65C/MT9/HA 的"高可用性自动化网络"[1]工作组于 2005 年 9 月成立,主要致力于研究使用冗余技术设计基于自动化网络的高可用性自动化网络标准 IEC62439。ICE62439[2]于 2008 年 4 月 11 日投票通过四种冗余协议:MRP(clause5)、PRP(clause6)、CRP(clause7)、BRP(clause8)。MRP 协议来源于 Hirschmann 和 Siemens 公司的基于自动化网络交换机的商业私有协议 Hyper-Ring。为了避免产权专利问题,IEC 专家们对其进行相应的修改并且命名为 MRP,然后以 IEC 标准的形式于 2008 年 4 月正式在全球发布。

网络系统可靠性[3]运行的保障机制之一是网络具有容错能力,即保证网络系统在出现错误的情况下仍能继续运行,提供标准的或降级的服务。容错的关键是冗余,而冗余的关键是冗余管理。所有容错技术均要为网络系统引入空闲资源。所谓空闲,是指这些资源在系统正常运行时并不重要,但却是系统出错时维持其正常工作的决定性因素。MRP 协议便是一种基于环型拓扑网络结构的自恢复介质冗余协议,可以用来解决实时以太网[4]网络中数据传输的高可靠性问题。例如,在实时自动化网络的物理环型网络中,当交换机之间的级联链路断开或单个交换机出现单点故障时,MRP 协议能够对实时自动化网络中的该种故障起到确定性的恢复作用。

MRP 协议工作在数据链路层和应用层之间进行,其功能基于 IEEE802.3 标准和 IEEE802.1D 标准,包括过滤数据库,在 MRP 环网中,其中一个网络节点元素(这里指交换机)充当冗余介质管理器(MRM)的角色。MRM 通过观察和控制环网拓扑结构来诊断网络故障。MRM 发送数据帧,它从一个环端口通过环网链路发送,在另外一个环端口接收,反之亦然。环网中其他的节点充当冗余介质客服端(MRC)的角色。当 MRC 从 MRM 处收到重构帧时,在它们的环端口,MRC 能检查并发送链路的变化信号。

在 MRP 环网中,兼容网络节点元素都有执行 MRM 或 MRCs 能力之一的作用,每个 MRP 兼容网路节点元素——交换机需要带有两个(或两个以上)环网端口与其他的交换机一起连接到环网上。环网中的每个网络节点元素(交换机)都能检测故障,恢复跨交换机链路或者邻接节点的故障。

3.2 MRP 协议架构

3.2.1 网络拓扑结构图

随着 EPA 标准[5,6]的推广,以及 EPA 控制网络的日趋成熟,越来越多的 EPA 网络设备开始进入实际的工业控制应用领域[7,8]。EPA 交换机[9]是针对 EPA 控制网络研发的网络通信设备,具有 EPA 报文处理转发功能、设备组态功能、设备定位隔离功能和安全保护等功能[10]。依据 IEC62439-MRP 协议的特点,结合 EPA 交换机软件的整体设计思想研发出的 MRP 网络介质冗余协议能够防止 EPA 控制网络中自环现象的发生[11,12]。

EPA 网络体系结构分为三个层次,即现场设备层网络 L1、过程监控层 L2 和企业管理层 L3。结合 MRP 本身的特点研发基于 EPA 交换机的介质冗余协议 MRP(本章统称为 EPA-MRP 协议),其应用的相应物理网络拓扑结构图如图 3.1 所示。

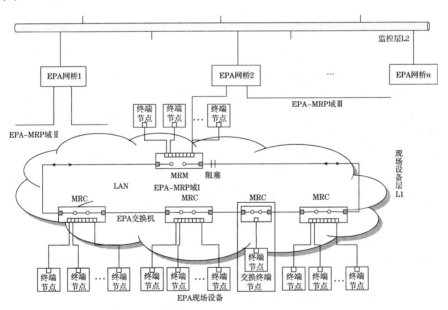

图 3.1　EPA-MRP 网络冗余拓扑结构图

冗余域代表一个环路。根据预设,所有的 MRM 和 MRCs 都属于此默认域。特别是当一个 MRM 或者 MRC 是多个环路中的一个成员时,一个唯一的域 ID 被分配作为一个关键属性。在每个冗余域里,一个网络节点将会分配两个唯一的环端口。如图 3.1 中,EPA-MRP 域 I、EPA-MRP 域 II、EPA-MRP 域 III 分别代表不同的冗余域,即不同的环路。

3.2.2　协议栈结构

EPA-MRP 协议是基于 ISO/IEC8802-3(IEEE802.3)和 IEEE802.1D 等桥接协议之上的一种网络介质冗余协议,是一种基于物理环网拓扑结构的自恢复协议。EPA-MRP 协议处在 ISO/OSI 模型中的数据链路层[13~16]。图 3.2 为 EPA-MRP 协议实体结构图。

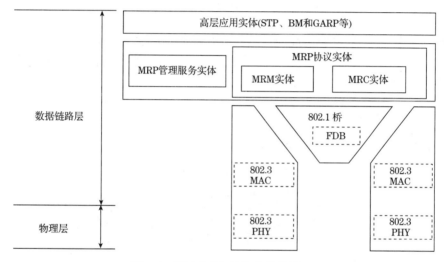

图 3.2　EPA-MRP 协议实体结构图

MRP 协议实体主要由 MRP 管理服务实体模块和 MRP 协议实体模块组成,其中 MRP 协议实体模块又分为实体模块、MRC 实体模块。

MRP 管理服务实体的作用是对 MRM、MRC 模块进行有效的组织与管理,保存启动 MRM 实体模块、停止 MRM 服务实体、启动 MRC 服务实体以及停止 MRC 服务实体等,并为高层应用实体提供接口,用一种抽象的方式使数据链路层提供外部可见的服务。MRP 管理服务实体模块与 MRM 管理服务实体模块、MRC 管理服务实体模块的相互关系如图 3.3 所示。

MRM 协议实体模块说明指定环网节点元素(EPA 交换机)的管理角色和代理角色,将网络中具有环型拓扑结构的子网配置为一个冗余通信管理域,每个冗余通信管理域中配置一个节点元素(EPA 交换机)作为 MRM,其余所有节点元素(EPA 交换机)作为 MRC;MRM 的作用是观察和控制物理环形拓扑网络结构来诊断网络故障。通过 MRM 的主端口周期性地向环网发送 MRP 测试数据帧(MRP_Test),再在自身的另一个环端口上对该测试帧进行接收,根据接收到的返

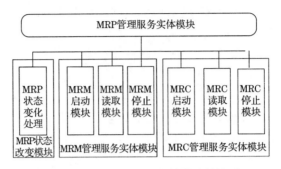

图 3.3　MRP 管理服务实体模块结构图

回帧对 EPA-MRP 环网进行诊断管理;MRC 的作用是处理与转发 MRP 协议帧,
通过在其主端口上接收、处理和转发 MRP 协议帧到其另一环端口,根据链路变化
情况与起 MRM 作用的 EPA 交换机进行通信。

3.2.3　EPA-MRP 工作流程

EPA-MRP 域状态转换如图 3.4 所示。

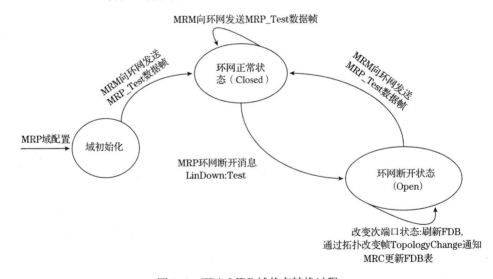

图 3.4　EPA-MRP 域状态转换过程

一个 EPA-MRP 环网代表一个 EPA-MRP 域。默认情况下,所有的 MRM 和
MRC 都属于该默认域。当一个 MRM 或者 MRC 为多环网成员时,一个环节点将
会严格地分配两个唯一的环端口在每个 EPA-MRP 域里。EPA 交换机上电后,整
个 EPA-MRP 域进行域初始化,MRM 和 MRC 进行初始化配置[17~19]。MRM 周
期性地发送 EPA-MRP 环网测试数据帧 MRP_Test。当 MRM 接收到了自己发

送的 MRP_Test 数据帧后，EPA-MRP 环网处于正常状态（Closed）。当 EPA-MRP 环网处于 Closed 状态时，MRM 也会周期性发送 MRP_Test 帧，以保证环网处于正常工作状态。当 MRM 在规定的时间内收不到自己发出的 MRP_Test 帧，或者底层硬件链接断开后造成网络断开的消息被通报给 MRM，或者当 MRC 检查出故障后以消息形式通报给 MRM 时，EPA-MRP 环网就进入网络断开状态（Open）。此时，MRM 改变次端口由原来的 Blocked 状态转为 Forwarding 状态，同时刷新自身的 FDB（filtering data base）表，并发送拓扑改变帧 MRP_TopologyChange 通知 MRC 及时更新它们的 FDB 表，启动冗余链路。当 EPA-MRP 环网恢复正常，也就是故障恢复后，MRM 又能接收到自己发出的 MRP_Test 帧，则 EPA-MRP 环网进入正常的 Closed 状态，MRM 再次刷新自身的 FDB 表，并发送拓扑改变帧 MRP_TopologyChange 通知 MRC 及时更新它们的 FDB 表，EPA-MRP 环网拓扑结构恢复到故障前时的拓扑结构。

在一个 EPA-MRP 域中，若选择诊断处理，则 MRM 将会执行下面的诊断事件处理：

（1）如果一个设备被配置成 MRM，但并没有扮演管理器的角色，它将会发送一个管理器角色失败（Manager_Role_Fail）的诊断事件信号，同时暂停发送其他介质冗余诊断事件报告。

（2）如果一个设备已扮演了管理器的角色，同时这个设备探测到另外一个在线激活的 MRM，它将发送多个管理器（Multiple_Managers）的事件信号。此事件将与环网断开（Ring_Open）事件并发。

（3）如果一个设备扮演管理器的角色，同时检查到 EPA-MRP 环网断开，它将发送环网断开事件的信号。

在 EPA-MRP 物理拓扑网络中，MRM 通过环网在其主环端口处周期性地（MRP_TSTdefaultT＝50ms）发送测试数据帧 MRP_Test，如图 3.5 所示。这些测试数据帧具有一种特殊的 MAC 地址（IEC62439 中分配的组播 MAC 地址为 01-15-4E-00-00-0x），在环网中只有 MRCs 能转发这些数据帧。如果 MRP_Test 测试数据帧最终回到 MRM，此时的环网被视为闭合状态（Closed），否则为开路状态（Opens）。在环路 Closed 状态，MRM 的一个环端口状态被设置为阻塞状态（Blocked），一个被设置为转发状态（Forwarding）。

阻塞端口只转发 MRP_Test 测试数据帧和其他的管理数据帧，如设备的配置和识别等，通过链路层发现协议（LLDP）公告自身的存在，并保存各个邻近设备的发现信息。转发端口只转发 EPA 通信数据帧。在环网中，每个交换机包括 MRM 和 MRCs 都是带着常规数据启动，并且创建它们自己常规的数据过滤库以便描述实际的链路拓扑结构。EPA 交换机从它的所有端口接收 MAC 地址信息，形成 MAC 地址表并维护它。当 EPA 交换机接收到一帧数据时，它将根据自己的

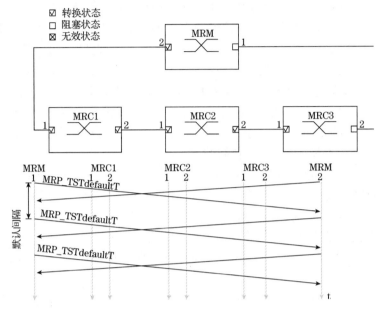

图 3.5　测试数据帧的正常变换

MAC 地址表来决定对这帧数据进行过滤还是转发。

如果在一定的时间内(定时器超时)MRM 没有接收到自身的测试数据帧,那么出现故障的 MRC 端口会按发送间隔(MRP_LNKdownT=20ms)发送 MRP_LinkDown 数据帧到 MRM 中。MRM 接收到它后,缩短测试帧的发送周期(MRP_TSTshortT=30ms),发送 MRP_TSTNRmax 次帧 MRP_Test 来确定环路状态。这时,若是 MRM 在规定的时间内还接收不到 MRP_Test 帧,那么环网拓扑结构被视为是断开的。此时在整个环网中必须改变拓扑结构,并且所有的 MRCs 和 MRM 在同一时刻刷新它们自己的 FDB 表,MRM 发送带有时间延迟的网络拓扑结构变化帧 MRP_TopologyChange 数据帧给 MRCs,MRCs 接收到这些数据帧并进行相应的处理。与此同时,它们冗余端口的状态从 Blocked 状态转换为 Forwarding 状态以便保持整个通信网络的持续畅通,确保通信的高可靠性。此过程如图 3.6 所示。

3.2.4　EPA-MRP 协议系统设计

EPA-MRP 协议系统设计及其整体设计思想如图 3.7 所示。

驱动程序子模块[20]接收到报文,然后以消息的形式通知 MRP 任务处理模块中 MRM 调用任务函数 MrpMainTask 进行处理。MRP 发送报文、设置环路端口状态和清空 FDB 表都是通过直接调用驱动函数子模块中的函数来完成相应功

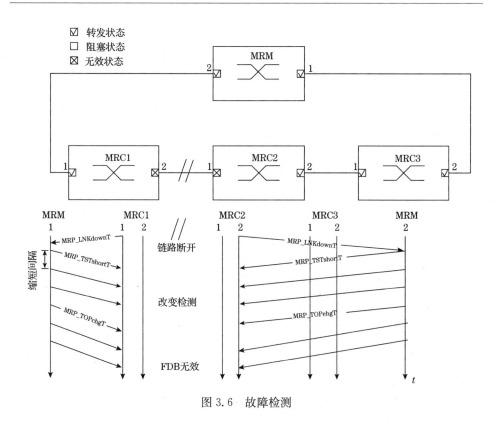

图 3.6　故障检测

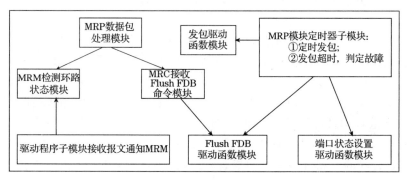

图 3.7　EPA-MRP 协议系统框架图

能的。

　　MrpMainTask 任务函数。当开启 MRP 功能后，EPA 交换机系统自动建立
MrpMainTask 任务，同时创建一个消息队列，该消息队列中保存着 MRP 主任务
收到定时消息和报文到达的消息。在 μC/OS-Ⅱ 系统[21]中，任务状态主要有五种：
PEND、READY、DORMANT、RUNNING 和 ISR。MrpMainTask 任务创建后被

设置为 PEND 状态，当接收到定时消息和报文到达消息时，任务被唤醒，进入 READY 状态。MRM 的任务在接收到定时消息后，从主环端口发送测试消息，以检测链路是否中断。在接收到消息后，进行 MRP 初始化。同时这一过程中涉及的端口状态变化由端口状态设置驱动函数模块完成[22]。

定时器模块部分。定时器模块包含在整个 MRP 协议实体中，MRM 中的定时器主要作用如下：

（1）MRP 定时器模块定时发送 MRP 数据报文，通过定时 ISR 定时发送消息给 MrpMainTask 任务，时间间隔为 2ms。

（2）MRP 定时器模块检查接收包有无超时，若 40ms 没有收到 MRP_Test 数据帧，则认为链路故障，调用 EPA-MRP 域为宕机状态，设置 MRM 次环端口为 Forwarding 状态，同时调用 Flush 函数刷新 FDB 表；若 40ms 内收到了 MRP_Test 数据帧，则系统认为链路工作正常，然后进行初始化链路。

ISR 定向地向 MrpMainTask 任务发送定时消息，负责接收 MRP 数据报文的 ISR 通过 IPInput 函数对接收到的数据报文进行判断以检测是否是 MRP 报文，如果不是就交付其他模块处理；如果是就交由 MrpMainTask 任务处理。

接收到报文后的消息处理过程如下：

（1）定时消息 MRP_Timer。由定时器发送给 MrpMainTask 任务，负责唤醒该任务。

（2）MRP 数据报文到达消息 MRP_FRAME_RECV。当数据报文的 ISR 检测到 MRP 数据报文后，MRM 负责接收并立刻发送此消息给 MrpMainTask 任务。

（3）Test 消息。这个消息是无控制数据帧，在 MRP 环路中传输并不受端口状态的影响，其作用是负责检测链路状态是否完好无损，而 MRC 直接转发此消息。

（4）Link Down 消息。在 MRC 检测发现相邻的链路出现故障后，就发送此消息到 MRM 中，以便进行相应的处理。

（5）Ring_Down_Flush_FDB 消息。MRM 检测到链路出现单点故障或接收到 MRC 发送的 Link Down 消息后，便发送此消息到 MRC 中以便刷新 FDB 表，同时设置端口状态为 Disabled。

（6）Ring_Up_Flush_FDB 消息。MRM 检测到链路恢复后，发送此消息到 MRC 中并通知其刷新 FDB 表，同时设置端口状态为 Forwarding。

（7）Mrp_TopolgyChange 消息。MRM 在确认 EPA-MRP 域中出现链路故障或故障恢复后，MRM 和 MRC 便更新各自的 FDB 表，并发送此消息以确定新的网络拓扑结构。

在 EPA 交换机中，FDB 表是一个端口与 MAC 地址相对应的表，EPA 交换机根据这个表进行数据转发。当一台 EPA 交换机与相邻的 EPA 交换机链路发生故障时,MRP 检测到故障后就会刷新 FDB 表,将相应的端口与 MAC 的对应值删除。当其链路恢复后将其重新复原。

3.2.5　EPA-MRP 环端口

EPA-MRP 协议中有 MRM 和 MRC 两种不同的角色设备,并且 MRM 和 MRC 各具有两个或两个以上的环端口。MRM 和 MRC 是基于 IEEE802.3 机制的,MRM 设备在其环端口能够检测到一条链路的故障并且恢复其链路通信。一个环端口具有如下三种端口状态之一:禁止状态、阻塞状态和转发状态。当端口为禁止状态时,将丢掉发送过来的所有帧。而阻塞状态除了只允许特定的数据帧通过,对于其他的所有数据帧一概丢弃。这几种特定的数据帧包括:来自 MRM 的 MRP 拓扑改变帧和 MRP 测试帧;来自 MRC 的 MRP 链路改变帧;来自 IEEE802.1D 中定义的其他协议数据帧;带有目的地址的组地址配置帧;转发状态转发所有 IEEE802.1D 中规范的数据帧[23,24]。

3.2.6　介质冗余管理器

MRM 是用来观察和控制环网拓扑结构[25]及诊断网络故障[26~29]的一个节点元素,这里由 EPA 交换机充当。MRM 的一个环端口连接到相邻 MRC 的一个环端口上。MRC 的另外一个环端口连接到另外一个 MRC 环端口上,依次类推,最后一个 MRC 环端口连接到 MRM 的第二个环端口上。因此,形成物理环形网络拓扑结构如图 3.8 所示。

MRM 通过以下方式来控制环路状态:

(1) 在配置时间(发送时间周期)段内,向环路的两个方向发送 MRP 测试帧(MRP_Test)。

(2) 在环端口接收到自己的 MRP_Test 帧的情况下,设置一个环端口为 Forwarding 状态,另外一个环端口为 Blocked 状态(此时环路处于闭环状态,见图 3.8)。

(3) 当环端口没有收到自己的 MRP_Test 帧时,设置两个端口都为 Forwarding 状态(此时环路处于开路状态,见图 3.9)。

当环路出现单点故障时,MRM 会通过拓扑结构改变帧(MRP_TopologyChange)来通知 MRCs 环状态的变化。环网拓扑结构经过一定时间延迟后改变,这个延迟被称为 MRP_Interval。当这个时间溢出,所有的 MRC 将会清空 FDB 表。

在 MRP_Interval 时间段内,每个 MRC 会通过发送 MRP_LinkUp、MRP_LinkDown 帧到 MRM,告诉 MRM 何时 MRC 会将其端口状态从 Blocked 状态

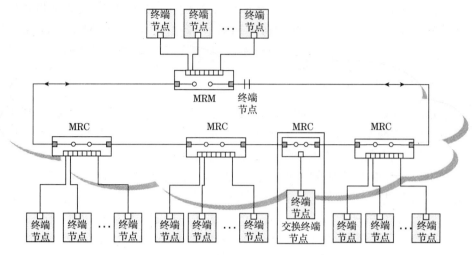

图 3.8　带有一个 MRM 和多 MRCs 的 MRP 环形拓扑结构图

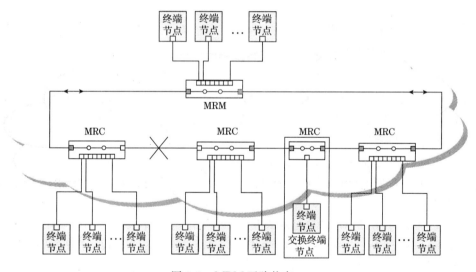

图 3.9　MRM 开路状态

转为 Forwarding 状态（MRP_LinkUp 帧）或转为禁止状态（MRP_LinkDown 帧）。

当 MRM 接收到一个 MRP_LinkUp 帧或者 MRP_LinkDown 帧时，MRM 就会减少它的测试监控时间来加速探测环路的断开情况。当环路断开被检测到时，MRM 将会通过两个环端口发送 MRP 拓扑结构改变帧 MRP_TopologyChange。

3.2.7　介质冗余客户端

当从 MRM 收到重构帧时,MRC 在它们的环端口起到检查并发送链路的变化信号的角色。每个 MRC 都会从其一个端口接收 MRP_Test 测试帧,从另外一个环端口转发,反之亦然。

如果 MRC 检测到一条环路链路的故障或恢复状态,MRC 可能选择性地通过它的两个环端口发送 MRP 链接改变帧 MRP_LinkChange 通知这个改变。每个MRC 将会从其中一个端口接收 MRP 链接改变帧 MRP_LinkChange,从另外一个环端口转发,反之亦然。每个 MRC 都将会处理这些帧。在给定的时间间隔内,如果发现 MRM 发出请求一个 MRP 拓扑结构改变帧 MRP_TopologyChange 的信号,那么 MRC 将会清除自己的 FDB 表。

3.3　EPA-MRP 协议状态机

3.3.1　MRM 协议状态机

MRM 协议状态的基本行为如图 3.10 所示。

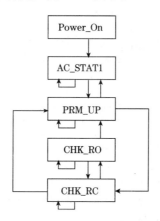

图 3.10　EPA-MRP 协议中 MRM 协议状态机

下面对状态机的全部行为进行解释。如果状态机中当前状态发生变化,就会迁移到下一个状态。

（1）Power_On(初始化状态)。在环行端口 RPort_1 和 RPort_2 的 Blocked 状态下,启动 MRM。为 MRP 组播地址到主机的 MC_TEST 和 MC_CONTROL 的静态 FDB 实体产生。所有的 MRP_PDU 采用最高优先级(ORG)。

（2）AC_STAT1(启动)。在环端口(初始环端口)中的另一个端口等待第一次连接,开始测试这个环路,并且转换到 PRM_UP 状态。

(3) PRM_UP(带连接的初始环端口)。在原始环端口有连接(备份环端口没有连接)情况下,这个状态应该到达。即使在环端口中的另一个环端口(备份环端口)探测到没有连接的情况下,MRM 都应该周期性地通过这两个环端口发送 MRP_Test 帧。

(4) CHK_RO(检测环,环断开状态)。在规定时间内,MRM 没有接收到 MRP_Test 帧,MRP_Ring 状态设置环断开状态。在 MRP_REACT_ON_LINK_CHANGE 选项支持的情况下,该状态也可以接收 MRP_LinkDown 帧。

(5) CHK_RC(检测环,环闭合状态)。MRM 发送 MRP_Test 帧,检测链路的环形端口。MRP_RingState 设置环处于闭合状态。

MRM 协议状态机的主要状态转换如表 3.1 所示。

表 3.1　MRM 状态机

#	当前状态	事件/条件⇒动作	下一个状态
1	Power-On	初始化 FDB 表; 初始化 MRM 环端口都为 Blocked 状态; 完成 MRM 主次环端口初始化; 进入链路启动监听状态,等待 LinkUp 信号	AC_STAT1
2	AC_STAT1	MRM 的主环端口收到 LinkUp 信号; 设置主环链路为 Forwarding 状态; 准备发送 MRP_Test 帧	PRM_UP
3	AC_STAT1	MRM 的主环端口收到 LinkUp 信号; 丢弃数据报文,不做处理	AC_STAT1
4	PRM_UP	接收到 LinkUp 信号,进入该状态; 周期性地发送 MRP_Test 帧; 启动定时器; 从端口周期时间内等待接收 MRP_Test 帧; 接收到 MRP_Test 帧	CHK_RC
5	CHK_RO	测试链路状态为断开状态,收到 LinkDown 帧; 设置从环端口为 Blocked 状态; 发送 TopologyChange 帧	PRM_UP
6	CHK_RO	MRM 把从环端口设置为 Blocked 状态; 冗于链路继续保持在非活动状态下; 在规定的时间之内接收不到 MRP_Test 帧	CHK_RC

♯	当前状态	事件/条件⇒动作	下一个状态
7	CHK_RC	等待超时； 设置从端口状态为 Forwarding 状态； 发送 TopologyChange 帧请求； 发送 MRP_Test 帧请求	CHK_RO
8	CHK_RC	环路闭合，正常工作状态	CHK_RC

3.3.2　MRC 协议状态机

MRC 协议状态机定义如表 3.2 所示。基本的行为准则如图 3.11 所示。

表 3.2　MRC 状态机

♯	当前状态	事件/条件⇒动作	下一个状态
1	Power-On	初始化 FDB 表； 初始化 MRC 环端口都为 Blocked 状态；完成 MRC 主从环端口初始化	AC_STAT1
2	AC_STAT1	链路状态状态处于 LinkUp 状态； 设置 MRC 主端口为 Forwarding 状态	DE_IDLE
3	DE_IDLE	链路状态状态处于 LinkUp 状态； 启动定时器； 发送 LinkChange 帧请求	PT
4	PT	定时器超时； 设置从端口状态为 Forwarding 状态	PT_IDLE
5	PT	链路状态处于 LinkDown 状态； 定时器更新停止； 设置从端口状态为 Blocked 状态； 发送 LinkChange 帧请求	DE
6	DE	定时器期满	DE_IDLE
7	DE	链路处于 LinkUp 状态； 更新定时器工作； 发送 LinkChange 帧请求	PT
9	PT_IDLE	链路处于 LinkDown 状态； 设置从端口状态为 Blocked 状态； 发送 LinkChange 帧请求	DE
10	PT_IDLE	链路一直处于 LinkUp 状态	PT_IDLE

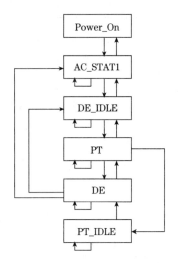

图 3.11　EPA-MRP 中 MRC 协议状态机

下面对 MRC 协议状态机进行详细的解释。在协议状态中,如果一个不同的状态发生,状态机将会进行迁移。

(1) Power-On(初始化)。MRC 在端口阻塞状态下,打开环端口 RPort_1 和 RPort_2。FDB 实体将产生使用 MRP 组播地址的 MC_TEST 和 MC_CONTROL 帧:在环端口之间转发 MC_TEST 和 MC_CONTROL 的 MRP 帧,也在主机转发 MC_CONTROL 帧(也转发数据帧 MC_CONTROL 到主机上)。所有 MRP_PDU 使用最高优先级(ORG)。

(2) AC_STAT1(启动)。在一个环行端口上等待上行链路。

(3) DE_IDLE(数据交换空闲状态)。该状态应该到达,如果环端口(主端口)有一个链路,那么它的端口状态设置成 Forwarding。

(4) PT(通过)。发送链路改变信号时的暂时状态。

(5) DE(数据交换)。发送链路改变信号时的暂时状态。

(6) PT_IDLE(通过空闲状态)。该状态应该到达,如果两环端口有链路,其端口状态设置成 Forwarding。

3.3.3　MRM 服务流程

EPA 交换机在上电(Power-On)之后,MRM 完成对主、从环端口以及一些必要信息的初始化,便启动链路监听状态,监听链路的 LinkUp 信号。如果 MRM 的主环端口接收到了 LinkUp 信号,则进入下一个状态 PRM_UP。在该状态下,发送 MRP_Test 帧,并启动一个定时器,在 MRM 交换机的从环端口处,等待该测试帧。如果在规定时间之内接收到该测试帧,则 MRM 进入到链路闭合状态(CHK_

RC),在该状态下 MRM 将从环端口设置为 Blocked 状态,将冗于链路继续保持在非活动状态下。如果在规定时间之内接收不到该测试帧,则 MRM 进入到链路断开状态(CHK_RO),在该状态下将 MRM 的从环端口置为 Forwarding 状态,并且激活冗余链路。图 3.12 为 MRM 服务流程图。

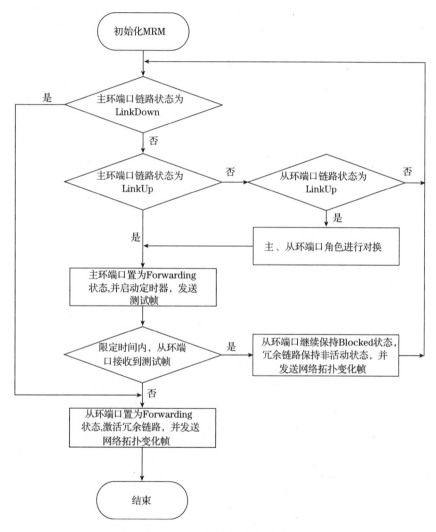

图 3.12　MRM 服务流程图

3.3.4　MRC 服务流程

MRC 一上电,首先完成 MRC 的环端口状态及一些必要信息的初始化,同时设置其两个环端口均为 Blocked 状态。随后便进入链路监听状态。若主端口处链路接收到 LinkDown 信号,则主端口由 Blocked 状态转为 Forwarding 状态;并监听从环端口处的链路状态,若为 LinkUp 信号,则启动 Up 定时器、停止 Down 定时器,并在主端口处发送 LinkUp 信号,同时设置 Blocked 为 Forwarding 状态,Up 定时器停止,EPA 交换机进入数据交换正常状态。若为 LinkDown 状态,则启动 Down 定时器、停止 Up 定时器,在主环端口处链路发送 LinkDown 数据帧,报告 MRM 本地链路故障状况。若均无异常状态发生,MRC 将进入应用数据交换转发状态。MRC 服务流程图如图 3.13 所示。

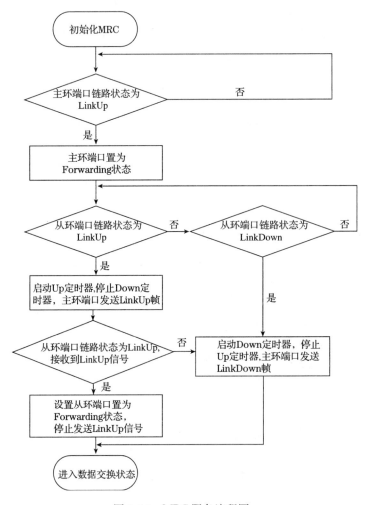

图 3.13　MRC 服务流程图

3.4　EPA-MRP 协议实体的实现

3.4.1　EPA-MRP 任务初始化

MRP 任务的初始化分为 MRM 任务的初始化和 MRC 任务的初始化。由于 MRM 与 MRC 是 MRP 环网中起到不同角色的同种个体（EPA 交换机），MRP 环网开始工作时，MRM 与 MRC 分别进行初始化配置，可选择 MRM 中一与环网相连的端口设置为 Blocked 状态，来避免 MRP 环网出现逻辑上的"环"而发生广播风暴，其他两者初始化部分相同，这里统称为 MRP 任务初始化。

EPA 交换机上电启动后，由操作系统 μC/OS-Ⅱ 的系统函数 OSTaskCreate (task_init,(void *)0,&task_initStack[STACK_SIZE_EPAFB−1],4) 根据任务优先级自动创建任务初始化函数 task_init(void * pdata)，在该函数中进行 Mrp 任务初始化 MrpInit(void)。当 EPA 交换机收到环网中其他 EPA 交换机发送的消息（EPA_MRP 设备声明报文、MRP 测试函数发送的设备声明报文和测试函数发送的测试帧）时，调用 MrpMainTask 任务对消息进行处理，同时创建一个消息队列号 ID，并设为全局变量 g_MrpQId；此任务平时处于 PEND 状态，只有当收到定时消息 EV_MRP_TIMER 或者 MRP 数据报文到达消息 MRP_FRAME_RE-CV 时才被唤醒。其中，报文的发送依靠 EPA 交换机中驱动交换芯片来完成，调用驱动函数 S_wPktSend(psock,byPortId) 完成数据包的发送。

1）MrpMainTask 任务消息触发函数

* 函数名称：static void MrpMainTask(void)
* 功能说明：MRP 主任务，当消息到达就触发执行。消息包括定时消息和接收消息。定时消息由定时中断 ISR 来执行；接收消息由中断服务 ISR 发现收到数据报文时发送此消息。
* 返回值：while(1)

2）初始化函数 int MrpInit(void)

* 函数名称：int MrpInit(void)
* 功能说明：初始化 MRP 全局变量和数据结构，创建 MRP 所需要的消息队列和任务，申请定时中断信号。另外包括 EPA 交换机板级初始化 SWSYS_vBoardInit(void) 和发送报文驱动初始化 SWPKT_vDrvOpen(void) 等函数。
* 返回值：若 success 则返回 0。

3）周期性发送 EPA_MRP 设备声明报文函数和 MRP 测试函数

* 函数名称：void Ann_Output(void) 和 void TestOutput(void)

　　＊功能说明:EPA 交换机上电启动以后,周期性地发送设备声明报文,以便上位机冗余监控系统网络拓扑发现并还原;TEST 周期性地发送 MRP 检测数据帧,以便检测整个链路的健康状态。

　　＊返回值:若 success 则返回 0。

　4) 发送 MRP 数据报文的驱动函数

　　＊函数名称:S_wPktSend(psock,byPortId)

　　＊功能说明:psock 是要发送的数据报文体;

　　　　　　　byPortId 是环端口 ID 号。

　　　　　　　该函数把封装好的数据报文从对应以太网口发送出去。

　　＊返回值:若 success 则返回 0。

3.4.2　EPA-MRP 环路端口状态处理功能

　　MRM 从 P 端口(primary,主环端口)在函数 MrpPTimer 设定的周期内周期性地($T=50ms$)调用 MrmTestOutput 发送 MRP_Test 数据帧,此帧通过环路从 MRM 的 S 端口(secondary,次环端口)接收。如果 S 端口没有收到 MRP_Test 数据帧,则 MRM 缩短发送周期为 $T=30ms$,连续发送 3 次 MRP_Test 帧,若其 S 端口仍收不到此数据帧,定时器超时 MRM 就认为环路中某处出现断路。

　　当测试数据帧在环路传输时,MRC 不做任何解析处理,只负责转发出去即可,直到转发到 MRC 的 S 端口为止。在这个过程中,负责接收报文的中断服务子程序 ISR 调用 IsrChecRecvFrmMrp 函数对接收到的报文进行判断,如果是 MRP 数据报文,则进入 MrpProcReceFrame 函数进行报文处理;若检测到不是 MRP 的数据报文,则转交给其他的程序模块来处理。MRM 在 50ms 内在 S 端口接收到了测试类型的数据报文,则说明 EPA-MRP 域内的环路处于正常工作状态。随后 MRC 设置 P 端口为转发状态,而 S 端口为阻塞状态。

　　上述过程依次调用下列 API 函数。

　1) 定时器处理函数

　　＊函数名称:MrpPTimer(void)

　　＊功能说明:该函数在主任务收到定时消息时调用。若为 MRM 该函数就要发送测试数据帧,同时要检测其是否超时。

　　＊返回值:若 success 则返回 0。

　2) 测试数据帧发送函数

　　＊函数名称:UINT32 MrmTestOutput(psock,byPortId)

　　＊功能说明:MRM 通过环端口发送测试数据帧。

　　＊参数说明:psock 为发送报文体。

　　　　　　　byPortId 为环端口 ID。

* 返回值:若 success 则返回 0。

3) 中断服务程序 ISR 检查接收包函数

* 函数名称:UINT32 IsrChecRecvFrmMrp(void * frm,UINT16 len)
* 功能说明:在中断服务程序 ISR 收到 frame 时调用。该函数判断数据帧是
　　　　　 否为 MRP 帧,若是,就通知主任务函数;若不是,不做任何处理,
　　　　　 交付给其他模块处理。
* 参数说明:frm 为收到的数据帧的首地址;
　　　　　 len 为收到的数据帧的长度。
* 返回值:Is_Mrp_Frame 表示该数据帧是 MRP 帧;
　　　　　 Is_Not_Mrp_Frame 表示该数据帧不是 MRP 帧。

4) MRP 报文处理函数

* 函数名称:void MrpProcReceFrame(MRP_FRAME * Pframe)
* 功能说明:对收到的 MRP 数据报文进行处理。在主 Task 收到了中断服务
　　　　　 程序 ISR 发来的 EV_MRP_FRAME_RECV 消息时调用。
* 参数说明:Pframe 指向 MRP 数据报文的指针。
* 返回值:若 success 则返回 0。

3.4.3　EPA-MRP 故障检测和处理功能

在不挂接设备时,环网上电后,MRM 和 MRC 分别启动,MRM 通过其两个环端口在一规定的周期内(假设设为 50ms)向两个链路方向上发送 MRP_Test 数据帧,对环路状态进行实时监测。

MRM 发送 Test 数据帧后,如果其端口在规定周期内分别接收到了自己的 MRP_Test 数据帧,那么 MRM 就设置两个端口状态,一个为 Forwarding 状态,另一个为 Blocked 状态。此时的环路称为闭合状态。若检测到上次收到的 Test 消息的时间间隔超过了 50ms,则缩短发送 Test 周期为 30ms;若再发送 3 次仍没有响应,则认为环路中的链路某处出现故障,然后将该 EPA-MRP 域状态设置为 Failed 状态,将 MRM 环路另一端口设置为 Forwarding 状态,同时通过 Mrp-FlushFrmOutput 函数清空 FDB 表,刷新自己的 FDB 表,并发送 Ring_Down_Flush_FDB 消息给 MRCs。

MRC 负责接收数据报文。当接收到数据报文后首先检测所接收到的报文是不是 MRP 报文,若是,则发送 MRP_FRAME_RECV 消息给主 Task;若不是,则交由其他模块做出相应处理。当 MRC 接收到 Ring_Down_Flush_FDB 消息后,更新自己的 FDB 表。

MRC 周期性地检测相邻链路,若发现出现单点故障,就向 MRM 发送 Link Down 消息。MRM 接收到某个 MRC 发送的 Link Down 消息后,设置该 EPA-

MRP 域为 Failed 状态,将 S 端口设置为 Forwarding 状态,清空自己的 FDB 表,随后发送 Ring_Down_Flush_FDB 消息给 MRCs。当网络重新达到平衡以后,MRM 发送 Mrp_TopolgyChange 消息给 MRCs 通知网络拓扑发现变化,并且利用 Mrp-ProcRingChange 函数进行拓扑变化处理,以便于上位机组态监控系统得到相应的网络拓扑发现[30~34]信息。

　　1) 清空 FDB 函数
　　＊函数名称:static UINT32 MrpFlushFrmOutput(psock)
　　＊功能说明:MRM 发送清空 FDB 消息给 MRCs。
　　＊参数说明:psock 为数据报文体。
　　＊返回值:若 success 则返回 0。
　　2) EPA-MRP 域内环路状态变化处理函数
　　＊函数名称:static UINT32 MrpProcRingChange(psock)
　　＊功能说明:MRM 对 EPA-MRP 域内环路状态转换进行处理,包括链路断路
　　　　　　　或链路恢复。
　　＊参数说明:psock 为数据报文体。
　　＊返回值:若 success 则返回 0。

3.5　EPA-MRP 系统测试

3.5.1　EPA-MRP 测试目的

　　(1) 在 PC 机和 EPA 现场设备测试环境[35]中,在 EPA 交换机上运行 MRP 协议实体组成 EPA-MRP 域环网。在链路稳定的状态下,MRM 的 S 端口处于 Blocked 状态,也就是与 MRM 的 S 端口相连的 EPA 交换机不能获得 MAC 地址信息。

　　(2) 在 EPA-MRP 域中的链路发生故障断开和恢复情况下,MRP 能够监测到其链路的变化,MRM 把其 S 端口的状态由 Blocked 状态转换为 Forwarding 状态。同时与 MRM 的 S 端口相连的 EPA 交换机能够得到 MRM 的 MAC 地址信息。

　　(3) 在 EPA-MRP 域中,链路在断开和恢复的情况下,网络收敛速度能够达到≤500ms,使用 ping 包的方式来检测链路通路,并使用 Sniffer 软件抓包分析,记录数据报文的时间间隔,检查能否满足网络收敛要求。

3.5.2　测试环境

1. 测试工具说明

1）测试工具数目

三台 EPA 交换机构成一个 EPA-MRP 域；三台 PC 机，一台用于组态监控，两台用于测试；若干个 EPA 现场设备。

2）测试工具功能

（1）EPA 交换机运动 MRP 子系统。

（2）PC 机通过 Sniffer 软件来构造测试报文，Ethereal 软件捕获测试网络上的 MRP 数据报文进行分析。①PC1 的 MAC 地址：00-1B-B9-FA-22-EB；②PC2 的 MAC 地址：00-0D-60-11-8E-E7。

（3）EPA 现场设备发送 EPA 报文，便于 EPA 冗余网络拓扑发现并还原。

2. 测试组网方案

EPA-MRP 测试环境如图 3.14 所示，其中 ESW 代表 EPA 交换机，图中的端口 1 和端口 2 都是 ESW 的环端口（自适应 10/100M Ethernet 接口）。另外，在三台 ESW 上面分别挂载若干个 EPA 现场设备，以便于测试。

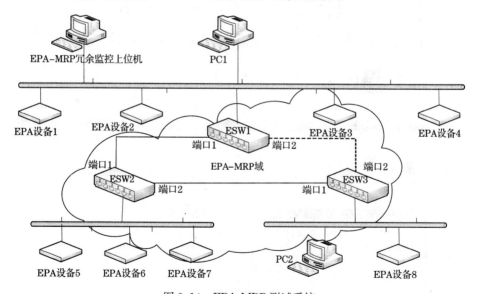

图 3.14　EPA-MRP 测试系统

为了便于测试，在 EPA 过程监控层的监控组态计算机上运行 EPA-MRP 冗余监控软件，对 EPA 交换机以及 EPA 交换机上挂接的 EPA 现场设备进行组态监控。在现场设备层和过程监控层的测试主机上打开 Sniffer 软件发送测试报文，并利用 Ethereal 软件捕获测试网络上的数据报文进行分析。

3.5.3　EPA-MRP 链路状态测试

1. 测试方法

在 EPA-MRP 测试网络中，每个 EPA 交换机下面都挂接若干个 EPA 现场设备，然后配置 EPA 交换机的功能，并且运行 MRP 协议。其中，把 ESW1 配置成 MRM，ESW2 和 ESW3 配置成 MRC，并且指定这三个 EPA 交换机处于同一个 EPA-MRP 域当中。另外，对 ESW1、ESW2 和 ESW3 分别配置静态 MAC 地址：00-11-22-33-02-61、00-11-22-33-02-62 和 00-11-22-33-02-63。对 EPA 交换机进行一系列的配置后，安装测试网络拓扑结构依次连接起来，然后启动 EPA 交换机，进入测试阶段。

2. 测试结果与分析

上位机 PC1 利用 Ethereal 软件捕获测试网络上的数据报文，如图 3.15 所示。

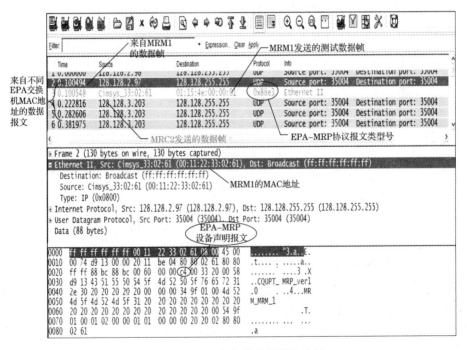

图 3.15　MRM1 相关数据报文分析

由图 3.15 可知，在 EPA-MRP 域中，可以看到域 I 中不同交换机的收发包状况,MRM1 发送数据报文 UDP 后,可以判断 MRM1 发出的 MRP 协议类型,并且通过测试帧类型可以判断发出的是测试数据帧,如图中未加底色的报文所示,通过 EPA-MRP 设备声明,根据 EPA 交换机的 MAC 地址判断 MRC 发出的报文。

依据 EPA-MRP 工作原理,EPA 交换机正常工作时,ESW1 的端口 2 处于 Blocked 状态,也就是意味着其 FDB 中只有 ESW1 和 ESW2 的 MAC 地址,从图 3.15 中可以分析到 MRM1 发出的测试帧和设备声明报文的结构。另外,在上层 EPA-MRP 监控组态软件[36~38]中也可以明显显示出来的,如图 3.16 所示。

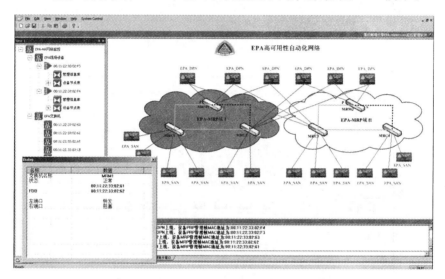

图 3.16　EPA-MRP 监控组态软件界面

当链路出现单点故障时,这里设定 MRC1 与 MRC2 之间的链路断开,MRC1 就会发出 LinkDown 数据帧,由 EPA-MRP LinkDown 数据帧标识号 03 可以判断,通过 MRC2 的 MAC 地址判断来自其发出的 MRP 报文,如图 3.17 所示。通过报文分析可知,故障定位在 MRC1 与 MRC2 之间:通过 MRC1 定位标识符 0x01 就可以判定,然后结合 EPA-MRP 网络拓扑发现算法,在上位机监控组态界面就可以显示出来。

当 MRM1 接收到这个数据帧之后,交由 CPU 处理,随后 MRM1 发出 Flush FDB 数据帧,更新其 FDB 表,如图 3.18 所示。

在图 3.18 中,调出 EPA 交换机的 FDB 表,对比图 3.16 中的相应 EPA 交换机的 FDB 表,可以清晰地看到,MRM1 的 FDB 表学习到了 MRC2 的 MAC 地址 00-11-22-33-02-63,并且端口此时处于 Forwarding 状态。

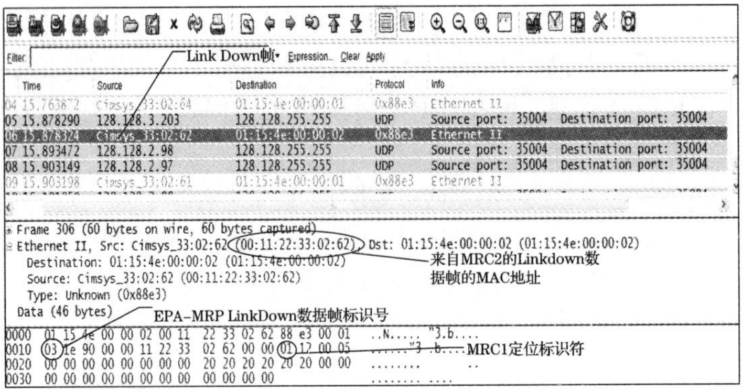

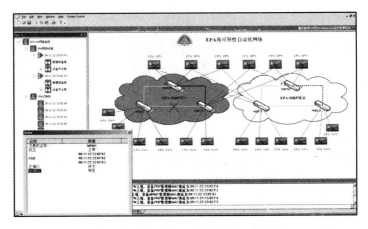

图 3.17　MRC1 的故障报文分析

图 3.18　EPA-MRP 域 I 发生单点故障

3.5.4　链路切换与恢复测试

1. 测试方法

依据应用 EPA 交换机的 EPA-MRP 测试网络即 EPA-MRP 环形网络,在 PC1 和 PC2 上应用 Sinffer 软件构造 EPA 应用数据报文,报文长度为 106 字节,如图 3.19 所示。

发送目的 MAC 已知的单播数据,实际测试 60s。通过专用抓包统计软件统计发送和接收到的数据包的数量(或时间间隔),计算出链路发生切换时的丢包率,再用丢包率乘以发送单个包的时间,即可得 EPA-MRP 协议对二层数据流的网络收敛时间。

在这里,从 PC1 和 PC2 分别按顺时针方向(ESW3 到 ESW1)和逆时针方向

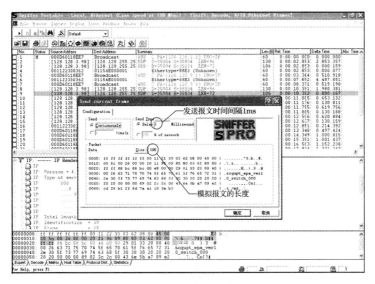

图 3.19　Sinffer 模拟发送报文

（ESW1 到 ESW3）发送构造的数据包，这里暂定 1000 个/s。根据常见的 EPA 网络故障原因，在这里简要设计了三个测试用例来测试 EPA-MRP 技术的链路切换时间，也就是所谓的网络收敛时间：

（1）EPA 交换机连接线路断开故障。

（2）MRM 环端口故障。

（3）MRC 故障。

2. 测试结果与分析

依据统计学原理，应该大量选取样本来测试。本章采用随机抽样原理，利用第一个测试用例，测试逆时针方向发送 EPA 模拟数据报文的网络收敛时间。PC1利用 Sinffer 模拟发送报文，PC2 利用 Ethereal 软件捕获数据报文进行分析，如图3.20 所示。当断开 MRC1 与 MRC2 之间的链路时，MRC1 立刻检测到故障，并且发送 LinkDown 数据帧；然后经过 10ms 左右的时间，MRM1 接收到了该数据帧并交由 CPU 处理，启动备用链路，即将 MRM1 的端口 2 由 Blocked 状态变为 Forwarding 状态，此时数据流发生倒换。根据在这期间丢失的报文个数，就可以估算出网络倒换时间，即网络收敛时间 $t = 0.726287 - 0.276850 = 0.449437\text{s}$。

同理，按照上述的方法，可以测试链路恢复时间，如图 3.21 所示。闭合 MRC1 与 MRC2 断开的链路，MRC1 立刻检测到 Up 信号，然后发送 LinkUp 数据帧。经过 12ms 左右的时间，MRM1 接收到该数据帧并交由 CPU 处理，关闭备用链路，即将 MRM1 的端口 2 由 Forwarding 状态变为 Blocked 状态，此时主链路数据流恢复。根据在这期间丢失的报文个数，就可以估算出网络恢复时间，即网络恢复时间 $T = 11.607444 - 11.126723 = 0.480721\text{s}$。

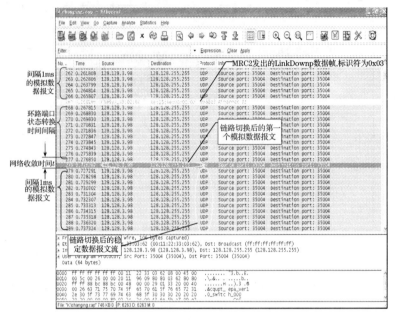

图 3.20　网络数据流倒换分析报文

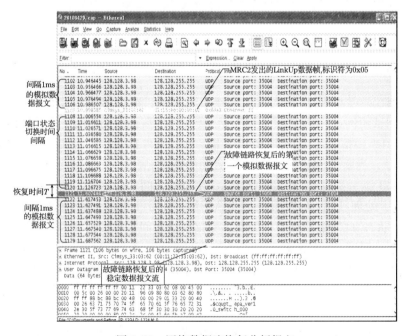

图 3.21　网络数据流恢复分析报文

上述这组数据测试显示,网络收敛时间明显没有超出 500ms 的范围,说明 EPA-MRP 的基本功能符合要求。运用类似的测试方法,分组进行系列测试,最后总结出 EPA-MRP 测试结果,如表 3.3 所示。

表 3.3　EPA-MRP 测试结果

测试用例	测试用例说明	数据流方向	故障持续时间/ms	故障修复时间/ms
测试用例 1	EPA 交换机连接线路断开	ESW3-ESW1	449.437	480.721
		ESW1-ESW3	389.567	475.349
测试用例 2	MRM 环端口关闭	ESW3-ESW1	495.326	460.564
		ESW1-ESW3	478.418	481.579
测试用例 3	MRM 环端口关闭	ESW3-ESW1	460.002	468.254
		ESW1-ESW3	458.984	475.283

由测试结果可以看出,在所有的情况下 EPA-MRP 协议网络收敛时间均小于 500ms。另外,对比测试了在 EPA 网桥上运行的 STP 协议,可以看出,EPA-MRP 协议明显是毫秒级的网络收敛时间,而 STP 却是秒级网络收敛时间。

3.6　本 章 小 结

EPA-MRP 冗余协议涉及高可用性自动化网络通信技术、冗余容错技术和自动控制技术,是一种适用于环型拓扑结构 EPA 网络的冗余通信方法。本章根据 EPA 控制网络的特点从 IEC62439 入手,研究并开发了基于 EPA 交换机的介质冗余协议 EPA-MRP,实现 MRP 协议在 EPA 交换机的应用,保证 EPA 核心通信骨干网络的高可靠性网络通信。

通过分析 EPA-MRP 协议的实现过程,开发了 MRM 和 MRC 协议实体单元。使其具有 EPA-MRP 链路状态检测、故障检测发现定位和链路故障恢复等功能。结合 EPA 交换机 MRP 协议上层冗余监控系统的功能需求,借助于 EPA 协议中已有的服务与协议,来完成对 EPA 工业现场控制网络冗余监控系统的拓扑发现、还原与网络故障诊断。

搭建 EPA-MRP 环网实验平台测试,结果表明,带有 MRP 协议的 EPA 交换机能够实现链路状态检测、故障检测定位和链路数据流倒换、恢复等功能。同时,实验测试结果进一步表明,EPA-MRP 网络收敛时间保持在 500ms 以内,满足高可用性自动化网络的功能需求。

参 考 文 献

[1] 王平. 工业以太网技术[M].北京:科学出版社,2007

［2］ IEC62439/Ed 1. 0. High availability automation networks［S］. 2008

［3］ 国家技术监督局. GB/T 20171-2006. 用于工业测量与控制系统的 EPA 系统结构与通信规范［S］. 北京：中国标准出版社，2006

［4］ 颜幸尧，俞海斌，金建祥，等. EPA 实时以太网与标准化［J］. 自动化仪表，2005，26(9)：1－3

［5］ 冯冬芹. EPA 标准化进程、形势与今后的任务［J］. 自动化仪表，2006，27(9)：2－4

［6］ 用于工业测量与控制系统的 EPA 网络安全规范［S］. 2005

［7］ 陈磊. 从现场总线到工业以太网的实时性问题研究［D］. 杭州：浙江大学，2004

［8］ 田丽. EPA 实时性分析与调度研究［D］. 大连：大连理工大学，2005

［9］ 黎连业，王安，向东明. 交换机及其应用技术［M］. 北京：清华大学出版社. 2004

［10］ IEEE Std 802. 1D. Information technology——Telecommunications and information exchange between systems-Local and metropolitan area networks common specifications-part 3：Media access control(MAC)bridges IEEE［S］. 1998

［11］ IEEE Std 802. 1w-2001. IEEE standard for local and metropolitan area network-common specification-part 3：Media access control(MAC)bridges-amendment 2：Rapid reconfiguration IEEE［S］. 2001

［12］ IEC61158(all parts). Digital data communications for measurement and control-fieldbus for use in industrial control systems［S］. 2005

［13］ 马忠梅，徐英慧，叶勇建，等. AT91 系列 ARM 核微控制器结构与开发［M］. 北京：北京航空航天大学出版社，2003

［14］ 杜春雷. ARM 体系结构与编程［M］. 北京：清华大学出版社，2003

［15］ ARM Limited. ARM7TDMI(Rev4)Technical Reference Manual［S］. 2001

［16］ David S. ARM Architecture Reference Manual［M］. 2nd ed. New Jersey：Addison Wesley，2000

［17］ VIA Networking Technologies, Incorporated. VT6512(Version CD)datasheet［S］. 2006

［18］ VIA Networking Technologies, Incorporated. VT6108S Tahoe 8-port 10/100 base-TX/FX PHY/transceiver datasheet［S］. 2004

［19］ Silicon Storage Technology, Incorporated. 16mbit multi-purpose flash SST39LF160/SST39VF160 data sheet［S］. 2003

［20］ 朱斌. 基于 ARM7 处理器的 VxWorks BSP 的研究与实现及中间件网关的开发［D］. 北京：北京邮电大学，2005

［21］ Labrosse J J 著. 嵌入式实时操作系统 μC/OS-Ⅱ［M］. 邵贝贝译. 北京：北京航空航天大学出版社，2003

［22］ IEC61784. Profile sets for continuous and discrete manufacturing relative to field-bus use in industrial control systems［S］. 2007

［23］ Stevens W R. TCP/IP Illustrated Volume1：The Protocols［M］. New Jersey：Addison Wesley，1994

［24］ Wright G R, Stevens W R. TCP/IP Illustrated Volume2：The Implementation［M］. New Jersey：Addison Wesley，1995

[25] 阳宪惠. 工业数据通信与控制网络[M]. 北京:清华大学出版社. 2003

[26] Yang Q X, Zhang L H. A research on the automatic discovery technology of network Topology[J]. Biomedical Engineering and Informatics,2009;1—3

[27] 叶顺福. 网络拓扑发现算法的设计与实现研究[J]. 电脑知识与技术,2007;661—662

[28] 陈福,杨家海,扬扬,等. 网络拓扑发现新算法及其实现[J],电子学报,2008,36(8): 1620—1625

[29] Romit R,Bandyopadhyays,et al. A Distributed Mechanism for Topology Discovery in Ad Hoc Wireless Networks Using Mobile Agents[J]. Mobile and Ad Hoc Netuorking and ComPuting,2000;145,146

[30] 杨安义,朱华清,王继龙,等. 一种改进的基于 SNMP 的网络拓扑发现算法及实现[J]. 计算机应用,2007,27(10):2412—2413

[31] Keith S. The NIST process control security requirements forum(PCSRF)and the future of industrial control system security[R]. 2004

[32] Security for industrial process measurement and control——network and system security [S]. 2006

[33] Astic I,Festor O. A hierarchical topology discovery service for IPv6 networks[S]. 2002

[34] 黄晓波,潘雪增. 网络拓扑发现的算法和实现. 计算机应用与软件,2007,24(7):159—161

[35] Sheth P A. Build High Availability for New IP Networks[M]. New York:EE Times Communications Designline,2003

[36] 孙鑫,余安萍. VC++深入详解[M]. 北京:电子工业出版社,2006

[37] [美]Meyers S 著. Effective C++中文版[M]. 侯捷译. 北京:电子工业出版社,2006

[38] [美]Meyers S 著. More Effective C++中文版[M]. 侯捷译. 北京:中国电力出版社,2003

第4章 DRP 冗余协议的设计与开发

4.1 DRP 冗余协议概述

分布式冗余协议（distributed redundancy protocol，DRP）是基于 ISO/IEC8802-3、IEEE802.1 标准，工作于数据链路层的网络冗余技术。DRP 交换设备（这里指 EPA 交换机，简称交换机）首尾相连组成环网，当环网中的交换机或交换机间的链路发生单点故障时，DRP 协议能够在较短时间内确定性地检测到故障并恢复环网基本通信功能[1]。

DRP 协议组成的环网由多个交换设备组成，每个交换设备至少具有一对环端口和若干个交换端口，且都具有故障检测和恢复功能[2]。同时，环网内每个交换设备周期担任环网冗余管理的角色，即所有交换设备具有同等的管理功能，其管理角色是平等的，避免了冗余管理功能集在一个交换设备上可能带来的风险。

为了实现这种分布式冗余概念，DRP 协议采用确定性分时调度的机制，因此环网中的交换设备必须实现基于 IEEE1588 标准的精确时钟同步功能。

4.2 DRP 冗余网络结构

DRP 冗余网络结构有 DRP 单环网和 DRP 双环网两种实现方式。无论哪种实现方式，所有的交换设备都使用 IEEE1588 协议实现始终同步。

4.2.1 DRP 环端口

每一个交换设备至少有两个连接环网的环端口，每个支持 DRP 协议的环端口都具有如下三种状态：

（1）禁止。丢弃收到的所有数据帧。

（2）阻塞。丢弃收到的所有数据帧，除了以下几种类型帧：DRP 协议帧，如环网检测（RingCheck）帧、链路检测（LinkCheck）帧、链路警告（LinkAlarm）帧、链路改变（LinkChange）帧、设备申明（DeviceAnnunciation）帧、环网改变（RingChange）帧；PTP 同步帧。

（3）转发。所有的数据帧根据 IEEE802.1 标准转发。

4.2.2　DRP 单环网

在 DRP 单环网冗余网络中,每个交换设备有两个连接环网的环端口,叫做活动环端口,整个 DRP 单环网中只能将其中一个交换设备的一个环端口配置成阻塞状态,如图 4.1 所示交换设备 D1,并将所有其他 DRP 节点的活动环端口都配置成转发状态,如交换设备 D2~D8。

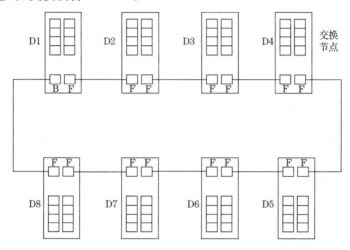

图 4.1　DRP 单环网冗余拓扑

4.2.3　DRP 双环网

在 DRP 双环网冗余网络中,每个交换设备至少有两对连接环网的环端口。如图 4.2 所示,一对为活动环端口(Ring1 中的端口),一对为备用端口(Ring2 中的

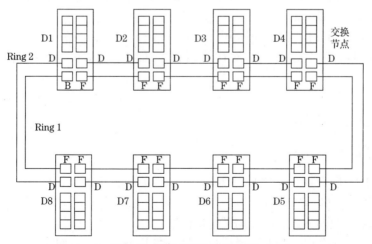

图 4.2　DRP 双环网冗余拓扑

端口)。环网中只有一个交换设备的一个活动环端口为阻塞状态,另一个活动环端口为转发状态,另外两个备用环端口则为禁止状态,如交换设备 D1。

4.3 DRP 协议运行原理

DRP 协议基于 ISO/IEC8802-3[3] 和 IEEE802.1 标准,应用于数据链路层和应用层之间,其通信模型和普通的主从式冗余环网协议基本类似,主要的区别在于 IEEE802.1D 之上的冗余协议不同[4,5]。

DRP 交换设备的环端口,与普通的主从式冗余环网协议一样,也有禁止、阻塞和转发等三种状态。在禁止和转发状态下,环端口功能与普通主从式冗余环网协议完全一样。只是在阻塞状态下,转发的数据帧不同。DRP 交换节点的环端口在阻塞状态下,需要转发的包括 PTP 同步帧和 DRP 协议帧,如 RingCheck 帧、LinkCheck 帧、LinkAlarm 帧、LinkChange 帧等。

在 DRP 环网进行周期通信以前,所有的交换设备使用 IEEE1588 协议实现始终同步,只能将其中一个交换设备的一个环端口配置成阻塞状态,并将所有其他交换设备的活动环端口都配置成转发状态。

4.3.1 启动过程

上电以后,每个交换设备初始化其两个活动环端口状态分别为阻塞、转发状态。每个交换设备首先按照 IEEE1588 协议进行时钟同步。

如果一个交换设备在限定时间内没有收到任何 RingCheck 帧,并且此交换设备是按照 IEEE1588 协议中所描述的直接连在环网外的最高级主时钟上,则此交换设备设置其 DRPDeviceNumber、DRPSequenceID 的值为 0x01,并且立刻向外发送 RingCheck 帧。

当通信周期的值为 0xFFFFFFFFFFFFFFFF 时,此交换设备不能发送任何 DRP 协议帧,否则会按照通信配置的信息发送 DeviceAnnunciation 帧和 LinkCheck 帧。

当 DRP 系统达到稳态时,只有 DRPSequenceID 最小的那个交换设备保持一个环端口状态为阻塞状态。

4.3.2 通信过程

当环网内的交换设备完成时钟同步,且相关配置正确无误(DRPSequenceID 不同,环网中只有一个环端口状态为阻塞,其余的环端口状态配置为转发等正确端口状态),按照预先组态的周期进行通信。

在一个 DRP 冗余环网中,通信过程被分成几个周期。如图 4.3 所示,交换设备按照 DRPSequenceID 的值从小到大的顺序,依次担任环网管理角色,进行周期通信。在一个周期内,只有一个交换设备可以发送 RingCheck 帧,可以称为周期交换设备,在 $t_{RingCheck}$ 时刻,周期交换设备发送 RingCheck 帧去测试环路状态,其他非周期交换设备收到此帧后进行转发,周期交换设备最终将从两个环端口收到自己发出的 RingCheck 帧;在 $t_{LinkCheck}$ 时刻,环网内每个交换设备都会向其邻居节点发送 LinkCheck 帧,来测试交换设备及交换设备间链路的状态,相应地,环网内每个交换设备也将收到其两个邻居设备发送过来的 LinkCheck 帧。

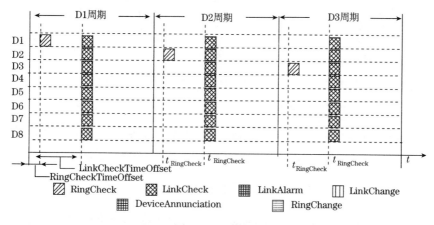

图 4.3　通信规程

4.3.3　故障检测与恢复

正常情况下,在一个周期内,每个交换设备都应该收到来自它相邻两个交换节点的 LinkCheck 帧。如果交换设备在 LinkCheck 帧接收超时时间内未能从其中一个环端口收到 LinkCheck 帧,则交换设备判定与该环端口连接的链路出现故障,将该环端口设置成阻塞状态并清除 FDB 表,同时向另一个环端口方向发送 LinkAlarm 帧。除了在本周期内发送 RingCheck 帧的交换设备外,环网中所有设备在环端口之间转发收到的 LinkAlarm 帧。

如图 4.4 所示,在 DRP 单环网中,交换设备 D3 和 D4 检测到故障,它们通过活动环端口向外发送 LinkAlarm 帧。此时在设备 D7 的周期内,D7 作为此时的周期交换机在收到链路警告帧后会发送 LinkChange 帧到环网中的每个交换设备,以改变环网的拓扑结构,恢复基本通信[6]。

1. DRP 单环网

在 DRP 单环网中,具体故障处理流程如图 4.5～图 4.7 所示。

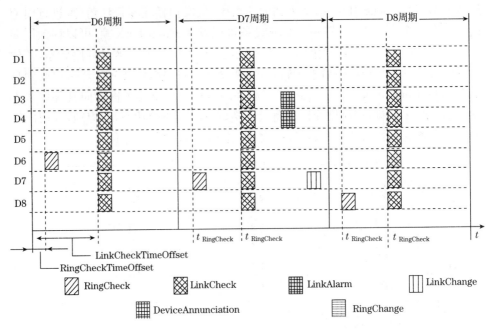

图 4.4　故障检测与恢复

第一步:判定故障,即在何种异常情况下,可以认定网络出现了故障。在这里,判定故障依据是,在确定的超时时间内,交换设备没有收到邻居设备所发送的 LinkCheck 帧。如图 4.5 所示。

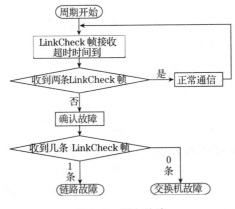

图 4.5　判定故障

第二步:交换设备判定故障后,会发送 LinkAlarm 帧,其余交换设备收到此帧后会进行相应的处理。如图 4.6 所示。

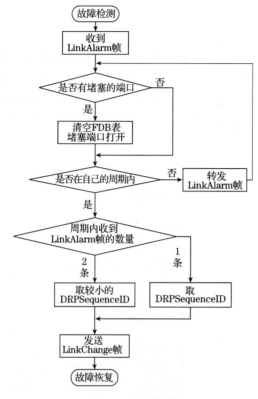

图 4.6　处理故障

第三步：周期交换设备发出 LinkChange 帧，将阻塞端口打开，恢复网络基本通信。如图 4.7 所示。

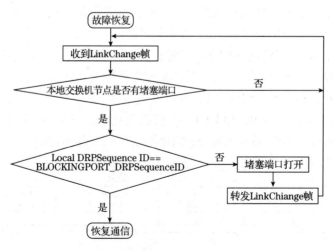

图 4.7　恢复故障

2. DRP 双环网

在 DRP 双环网中,交换设备检测故障的方法与 DRP 单环网中检测故障的方法相同,不同的是处理故障的方法[7]。交换设备会首先检测其备用链路是否工作正常,若备用链路正常,迅速将工作链路切换到备用链路,保障通信。若备用链路工作不正常,则处理方法同 DRP 单环网的故障处理。具体故障处理流程如图 4.8 所示。

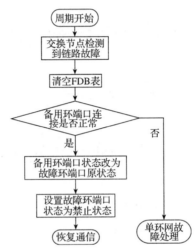

图 4.8　双环网故障处理流程

4.3.4　恢复时间

网络冗余性能的好坏通常用恢复时间的长短来衡量。恢复时间的定义为:从检测到故障到修复故障,直到恢复正常通信的时间总和。

从时间上看,理想情况下网络恢复过程如图 4.9 所示。参照前面所述处理故障的三个步骤,当 DRP 环网中有一条链路出现故障时,故障链路所连接的两个交换机由于在规定时间内没有收到对方所发送的 LinkCheck 帧,从而确认发生故障,往外发送 LinkAlarm 帧;相关的交换机收到此帧后,进行相应处理,周期交换机发出 LinkChange 帧,修复故障,改变网络拓扑,恢复基本通信。

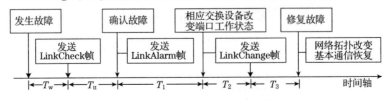

图 4.9　故障检测和恢复报文时序图

如图 5.9 所示,各时间段定义如下:

1) T_w

故障发生后,交换设备发送 LinkCheck 帧的等待时间。这个值不确定,理论最小值为 0,理论最大值等于一个通信周期。

2) T_L

交换设备确认故障后,进行故障恢复,直至下个通信周期再次发送 LinkCheck 帧的总时间,它表示为两条 LinkCheck 帧之间的时间,理论值等于一个通信周期的长度。则

$$T_L = T_1 + T_2 + T_3$$

式中,T_1 为 LinkCheck 帧接收超时时间,理论值等于 LinkCheck 接收超时时间;在实际应用中,还必须考虑交换设备处理、转发 DRP 相关报文产生的时延以及报文传输所需要的时间。

3) T_{pf}

相关 DRP 协议帧在交换设备内的总处理时间,其计算公式为

$$T_{pf} = T_{sLA} + T_{rLA} + T_{sLC} + T_{rLC} + T_{cFDB}$$

式中,T_{sLA} 为交换设备发送 LinkAlarm 帧的传输时延;T_{rLA} 为交换设备接收 LinkAlarm 帧后的处理时延;T_{sLC} 为交换设备发送 LinkChange 帧的传输时延;T_{rLC} 为交换设备接收 LinkChange 帧后的处理时延;T_{cFDB} 为交换设备清空 FDB 表所需要的时间。

4) T_{tt}

DRP 协议帧经过一个交换设备转发所需要的时间,其计算公式为

$$T_{tt} = T_{tLA} + T_{dLA} + T_{tLC} + T_{dLC}$$

式中,T_{tLA} 为 LinkAlarm 帧通过交换设备的两个环端口的转发时延;T_{dLA} 为发送 LinkAlarm 帧以前等待普通以太网时延;T_{tLC} 为 LinkChange 帧通过交换设备的两个环端口的转发时延;T_{dLC} 为发送 LinkChange 帧以前等待普通以太网时延。

5) T_T

报文在线路上传输的总时间,其计算公式为

$$T_T = T_{ph} \times L_{ph}$$

式中,T_{ph} 为报文传输 1km 所需的时间;L_{ph} 为 DRP 冗余环网中线路总长度(单位:km)。

综上所述,假设 DRP 冗余域中有 N 个交换设备,则 DRP 网络在单一故障条件下的最大恢复时间是可以确定性计算的,其计算公式为

$$T_r = T_w + T_L + T_{pf} + T_{tt} \times N + T_T$$

4.4 DRP 协议实现

DRP 协议定义了服务实体和协议实体，以及相应的管理框架。其通信模型如图 4.10 所示。

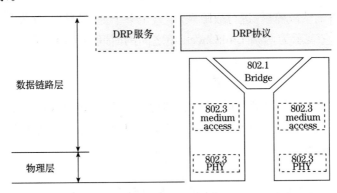

图 4.10 DRP 通信模型

DRP 协议是一个两层协议，如图 4.11 所示，DRP 协议里描述的有 DRP 服务实体和 DRP 协议实体两种实体，作为额外的一层被加入整个通信协议中，工作在数据链路层。共同完成处理 DRP 协议帧、管理冗余的功能。

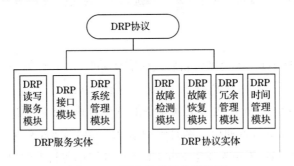

图 4.11 DRP 软件结构模块图

软件模块简介如下：

（1）DRP 服务实体包括 DRP 读写服务模块、DRP 接口模块和 DRP 系统管理模块三个模块。DRP 服务实体模块为应用层和系统管理提供外部可视的服务。DRP 读写服务模块为外界访问 DRP 管理信息提供通信接口，上下层接口模块分为上层接口和下层接口。上层接口负责将经 DRP 协议处理过后的数据帧传递给上层协议，下层接口负责从交换节点缓存池中获取到达交换节点的有效协议帧。DRP 系统管理模块存储了交换节点的所有信息。通过 DRP 读服务可以访问到系统管理模块中的各个对象,对象的具体值表明了交换节点的工作情况。通过 DRP 写服务可以修改除只读对象以外的所有对象,达到改变设备工作状态的目的。

（2）DRP 协议实体包括 DRP 故障检测模块、DRP 故障恢复模块、DRP 冗余管理模块和时间管理模块四个模块。DRP 协议实体模块定义了 DRP 协议帧的发送、接收等处理规程。DRP 故障检测模块主要对 RingCheck 帧、LinkCheck 帧进行处理,对环网内是否出现故障进行检测;DRP 故障恢复模块主要对 LinkAlarm 帧、LinkChange 帧进行处理,对环网内出现的故障进行确定性恢复;DRP 冗余管理模块主要对 DeviceAnnunication 帧、RingChange 帧进行处理,对新加入的交换节点或是对从故障中恢复的节点进行处理。时间管理模块主要对时钟同步、通信周期等进行设置、修改等处理,为通信的顺利进行提供保障。

4.4.1　DRP 服务实体的实现

DRP 服务实体包括 DRP 读写服务模块、上下层接口模块和 DRP 系统管理模块三个模块。上下层接口模块是交换节点与环网内其他节点进行通信的接口。下接口模块通过调用接口函数 RecvFromSwitch,从交换节点中获取完整的数据帧,并把交换节点中的数据帧复制到预先申请好的处理器内存单元中;同时通过调用下接口模块的接口函数 SendToSwitch,将经过 DRP 协议实体处理过后的数据帧发送到网络中。下层模块接口会判断该数据帧是否为 DRP 协议数据帧,如果是则交给 DRP 服务实体的读写服务、DRP 协议实体进行处理;否则就直接转发。

DRP 读服务模块从下层模块接口获取到从监控设备发送过来的 DRP 读服务之后,会从 DRP 系统管理模块提供的接口 DRP_Read 中获取交换节点中的 DRP 协议信息,并把这些内容映射到 DRP 读服务正响应报文中,并发送回请求端。如果请求服务发生错误,则读模块会给请求端发送一个 DRP 读服务负响应报文。DRP 写服务模块的处理流程与读模块类似,区别是写模块将调用 DRP_Write 接口访问并修改 DRP 系统管理模块的相关对象。如果修改成功写模块就会回复一个 DRP 写服务正响应报文给请求端,否则回复一个 DRP 写服务负响应报文。

DRP 系统管理模块对每个交换节点的 DRP 协议信息进行管理、修改。每个交换节点拥有唯一的 ID(DeviceID)编号,系统管理模块通过 DRP_Read 和 DRP_Write 与外界进行信息交互。

服务实体中用到的主要函数有:

1) 写服务判断函数

* 函数名称:void WriteSucceed(void)

* 功能说明:当写服务完成以后检查是否正确写入参数时调用。

＊返回值：success 则返回 0。

2）DRP 属性配置函数

＊函数名称：void SetDRPKeyPara(void)

＊功能说明：配置 DRP 关键属性时调用，如 DRPDeviceNmuber. DRPSequen-
　　　　　　ceID 和通信周期。

＊返回值：若 success 则返回 0。

3）DRP 端口状态配置函数

＊函数名称：void SetRingPortState(unsigned16 sta)

＊功能说明：配置节点端口状态时调用。

＊参数说明：设置端口状态类型号。

＊返回值：若 success 则返回 0。

4.4.2　DRP 协议实体的实现

　　DRP 协议实体包括 DRP 故障检测模块、DRP 故障恢复模块和 DRP 冗余管理模块三个模块。各模块分别对相应的 DRP 协议帧进行处理，负责其发送和接收。DRP 协议帧多以组播的形式在整个环网内传播。DRP 协议实体使用状态机机制实现，由定时器和外部事件来驱动。其共包括七种状态，分别为 Power_On、Unsynchronized、Ready、S_State1、S_State2、D_State1 和 D_State2。其状态机转换如图 4.12 所示。

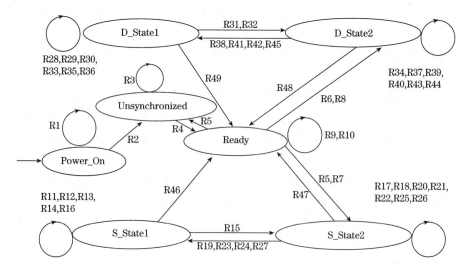

图 4.12　DRP 协议状态机转换

（1）Power_On（上电）。此状态下，Ring1Port1 为阻塞状态，Ring1Port2 为转发状态，未进行 DRP 相关信息配置。

（2）Unsynchronized（未同步）。相关 DRP 信息已配置，交换节点正处于时钟同步。此状态下，交换节点不能发送任何 DRP 协议帧。

（3）Ready（预备态）。本地时钟已经同步完成，交换节点等待加入 DRP 环网。此状态下，交换节点仅能发送 DeviceAnnunciation 帧。

（4）S_State1（单环状态 1）。交换节点处于单环网中。备用环端口不存在。在此状态下，两个活动环端口均处于转发状态。

（5）S_State2（单环状态 2）。交换节点处于单环网中。备用环端口不存在。此状态下，交换节点的一个环端口为转发状态，另一个为阻塞状态。

（6）D_State1（双环状态 1）。交换节点处于双环网中。备用环端口处于禁止状态。两个活动环端口的均为转发状态。

（7）D_State2（双环状态 2）。交换节点处于双环网中。备用环端口处于禁止状态。交换节点的一个环端口为转发状态，另一个为阻塞状态。

DRP 协议实体各模块状态转换表如表 4.1 所示。

表 4.1　DRP 协议实体各模块主要状态转换表

状态标识	当前状态	事件或条件	下一状态
R2	Power_On	写入端口 ID 及环端口状态得到正响应	Unsynchronized
R4	Unsynchronized	时钟同步完成	Ready
R5	Ready	单环网，配置完成，定时时间到	S_State2
R19	S_State2	收到 RingCheck 帧，本地序列 ID 较小	S_State1
R46	S_State1	时钟同步失败或有重复序列 ID 号	Ready
R6	Ready	双环网，配置完成，定时时间到	D_State2
R38	D_State2	收到 RingCheck 帧，本地序列 ID 较小	D_State1
R48	D_State1	时钟同步失败或有重复序列 ID 号	Ready

协议实体中用到的主要函数有：

1）定时器处理函数

＊函数名称：void DRPSendTimer(void)

＊功能说明：当主任务收到定时消息时候调用。若为 RingCheck 帧，则该函数就要设置 RingCheck 帧的发送时间及发送时限；若为 Link-Check 帧，则设置 LinkCheck 帧的发送时间及发送时限。

＊返回值：若 success 则返回 0。

2）DRP 协议帧发送函数

＊函数名称：UINT32 DrpOutput(psock，byPortId)

＊功能说明:通过环端口发送 DRP 协议帧。

＊参数说明:psock 为发送报文体;byPortId 为环端口 ID。

＊返回值:若 success 则返回 0。

3) DRP 协议帧接收函数

＊函数名称:UINT32 DrpRecvMsg(void ＊ drp_svc)

＊功能说明:接收协议帧,进入中断服务程序 ISR 后调用。该函数判断数据
　　　　　帧是哪一种 DRP 帧。

＊参数说明:drp_svc 为收到的数据帧的类型号。

＊返回值:若 success 则返回 0。

4) DRP 序列 ID 比较函数

＊函数名称:void DrpSequenceIDCompare(void)

＊功能说明:接收到相应 DRP 协议帧后调用。该函数判断本身节点 ID 同数
　　　　　据帧中 ID 的大小是哪一种 DRP 帧。

＊返回值:若 success 则返回 0。

4.5　系　统　测　试

软件测试是 DRP 冗余环网在实现阶段的一个重要组成部分,测试数据和结果为进一步查找系统实现问题和改进协议实现提供了重要依据。本节主要设计了 PTP 时钟同步精度测试、DRP 协议功能测试以及冗余功能测试,并对测试结果进行了分析[8,9]。

4.5.1　测试内容及目的

1. PTP 时钟同步精度测试

按照 DRP 协议规定,精确时钟同步的精度有以下 11 个等级:

0 表示没有精度要求;

1 表示时钟同步精度$<$1s;

2 表示时钟同步精度$<$100ms;

3 表示时钟同步精度$<$10ms;

4 表示时钟同步精度$<$1ms;

5 表示时钟同步精度$<$100μs;

6 表示时钟同步精度$<$10μs;

7 表示时钟同步精度$<$1μs;

8 表示时钟同步精度<100ns；

9 表示时钟同步精度<10ns；

10 表示时钟同步精度<1ns。

基于 IEEE1588 的精确时钟同步作为 DRP 协议实现的基础，同步的精度等级决定了最终 DRP 环网恢复时间，有必要对其进行准确的测试。

2. DRP 协议功能测试

主要测试 DRP 环网内交换节点能否按照协议规定在规定情况下发出规定的协议帧，如 RingCheck 帧和 LinkCheck 帧等。

根据 DRP 通信规程，当环网正常工作时，只有一个交换节点通过其两个环端口同时向两个方向组播 RingCheck 帧，其他的交换节点必须转发这个帧，发送的交换节点能从两个环端口都收到自己发出的 RingCheck 帧，即表明环是双向闭合、无故障的。RingCheck 帧的检测结果仅用于向网络管理者报告网络的健康情况。

在每个周期内，环中所有的交换节点同时向两边相邻交换节点多播发送 LinkCheck 帧，正常情况下，每个交换节点都应该收到来它相邻两个交换节点的 LinkCheck 帧。

3. DRP 冗余功能测试

主要测试在某个单点网络故障发生的情况下，DRP 单环网能否保障设备间的通信继续进行；或在备份环网正常情况下，双环网能否保证环网畅通，验证其是否拥有克服任一单点网络故障功能。

当环网出现故障时，发送 RingCheck 帧的交换节点无法收到自己发出的帧，发现故障的交换节点也无法收到其邻居节点发来的 LinkCheck 帧。在检测到故障以后，相应的交换节点发出 LinkAlarm 帧，发送 RingCheck 帧的交换节点收到此帧后，发送 LinkChange 帧，改变相应的节点端口状态，改变环网拓扑结构，保证通信正常。

4.5.2　测试环境

1. 测试工具说明

1）测试工具数目

三台 EPA 交换机、一台 EPA 集线器、一台 PC 机、两个 EPA 现场设备。

2) 测试工具功能

(1) EPA 交换机组成 DRP 单环网。

(2) PC 机接在 EPA 集线器上(便于捕获报文),通过 Ethereal 软件捕获测试网络上的 PTP 同步报文、DRP 协议报文进行分析。

(3) EPA 现场设备发送 EPA 报文,便于观测冗余环网的恢复。

2. 测试组网方式

DRP 协议属于网络冗余,可用于提升自动化网络的可用性[10],将 DRP 协议功能的测试放到一种具体的工业以太网环境中,这样能进一步提升测试的有效性,同时也能验证 DRP 协议与网络中其他协议的兼容性问题。

EPA 实时以太网是一种全新的适用于工业现场设备的开放性实时以太网标准,是中国工业自动化领域第一个被国际认可和接受的标准。将 DRP 协议软件实体嵌入 EPA 交换机的通信协议栈中[11],依托 EPA 网络对 DRP 协议实体进行测试。

图 4.13 说明了 DRP 冗余测试系统的组成结构图。该测试系统由一台 PC 测试机(监控上位机)、四台 EPA 交换机、一台 EPA 集线器、两个现场设备组成。设备间全部采用双绞线连接且总周长为 0.5km,其中交换机端口通信速度为 100Mbit/s,双绞线的传播速度为 $2.3×10^5$ km/s,通信周期 $T=50$ms;报文传输的总时间为 0.0217ms;根据交换芯片 VT6528 特性,交换机处理相关 DRP 报文的总时间为 5ms。

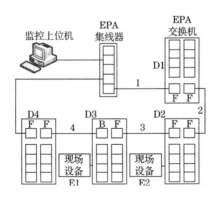

图 4.13　DRP 冗余测试系统的组成结构图

由恢复时间公式 $T_r=T_w+T_L+T_{pf}+T_{tt}×N+T_T$ 可得出故障恢复的最大时间为 108.028ms。

软件测试平台由 Ethereal 报文分析工具、ADS 调试代理、上位机测试软件 EPATEST 软件等组成。

4.5.3 PTP 时钟同步精度测试

1. 测试流程

PTP 时钟同步精度测试主要是测试环网中 DRP 节点的同步精度,确定其同步精度等级。其测试流程如下所示:

(1) 取四个 EPA 交换机,分别配置其 IP 地址为 128.128.3.51,128.128.3.123,128.128.3.124,128.128.3.125,其中 IP 地址为 128.128.3.51 的 EPA 交换机作为主时钟,另外三个 EPA 交换机作为从时钟。

(2) 四个 EPA 交换机组成 DRP 环网,在监控上位机通过 Ethereal 记录各个交换机收发 PTP 报文的情况。通过分析 Ethereal 的报文记录,可以观测出各交换机是否在进行同步。

(3) 使用 EPATest 可观测各从时钟和主时钟之间的偏差。

2. 测试结果及分析

(1) 上位机 PC 利用 Ethereal 软件捕获测试网络上的数据报文,如图 4.14 所示。

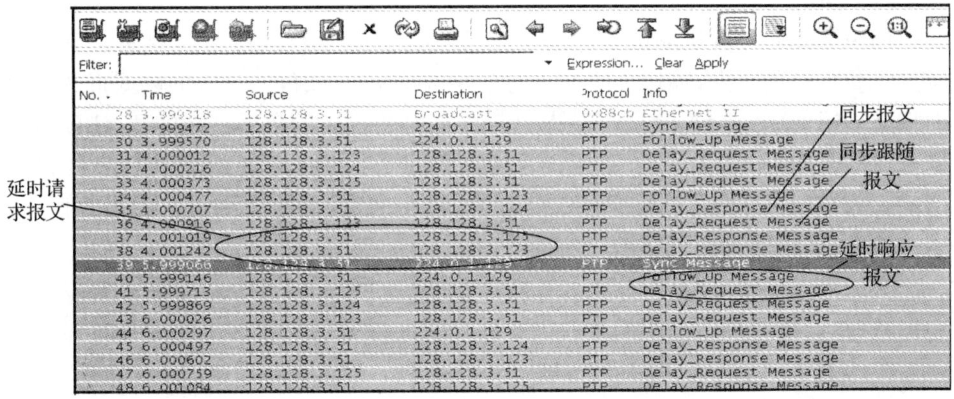

图 4.14 PTP 报文分析

根据 IEEE1588 时钟同步协议,在进行时钟同步时,先由主时钟采用广播的形式发出时钟同步报文,挂在该网段上的所有与主时钟在同一个域中的交换机节点都将收到该报文。交换机节点接收报文后,在某个同步周期的某个时刻发出反馈报文进行线路延时计算,进而实现精确时钟同步。

由图 4.14 所示,主时钟(IP 地址为 128.128.3.51)首先向外发出组播的同步报文,同步跟随报文;其余的交换机节点收到这两条报文以后,随即发出延时请求报文；主时钟收到延时请求报文后，随即回复延时响应报文，至此一个同步周期完成。

（2）使用 EPATEST 所观测到的时钟同步精度结果如图 4.15 所示。

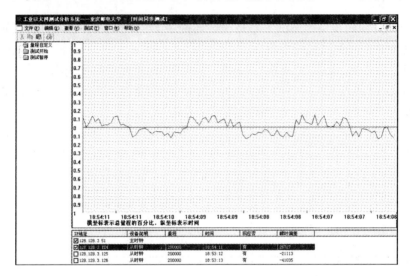

图 4.15　时钟同步测试结果

EPATEST 上位机测试软件由重庆邮电大学网络控制技术与智能仪器仪表重点实验室自主开发，使用 VC 进行编写，接收从测试软件发过来的数据报文。数据报文采用 UDP 协议，测试端口为 8988。同时将收到的数据进行处理，计算出每个 PTP 从时钟和主时钟之间的偏差，然后显示出来。同时在 PTP 测试软件视图区的上方显示总的测试周期数和当前的测试周期数，并将每个设备的最大偏差、当前偏差、平均偏差进行显示。

测试前先找到主时钟，分别计算从时钟的时间和主时钟时间的最大偏差和平均偏差，并且即时显示当前偏差，以 ns 为单位进行显示。测试过程中主时钟的偏差始终认为是 0，显示过程中为 x 轴。

如图 4.15 所示，测试结果为：设备与主时钟最大正偏差为 27096ns，最小负偏差为 -28786ns，平均误差为 28μs，达到 DRP 协议中所规定的时钟同步精度第 5 级。

4.5.4　DRP 协议功能测试

1. 测试流程

协议功能测试主要针对 DRP 环网建立后，测试环网内 DRP 节点是否按照协议要求在规定时间内发出相应的协议帧。其测试过程如下：

　　四个 EPA 交换机按如图 4.13 所示组成 DRP 单环网,分别配置其 MAC 地址:
00.11.22.33.02.64,00.11.22.33.02.65,00.11.22.33.02.66,00.11.22.33.02.67。

　　使 DRP 单环网正常工作,监控上位机通过 Ethereal 记录了每个周期的报文
发送过程。通过分析 Ethereal 的报文记录,可以观测出各交换机节点是否正常工
作,也就是观察在一个周期内是否有一个交换机节点发出 RingCheck 帧;是否收
到其相邻两个交换机节点发出的 LinkCheck 帧。这是一种通过观测结果来判断
模块功能是否起效并忽略设备内部处理细节的方法,也就是说在给定的测试环境
中和给定的输入条件下,看各个设备能否按照预期工作,如果能则表明该功能模
块起效,如果不能则证明功能模块部分或全部失效。

　　2.　测试结果及分析

　　上位机 PC 利用 Ethereal 软件捕获测试网络上的 DRP 协议报文,如图 4.16
和图 4.17 所示。

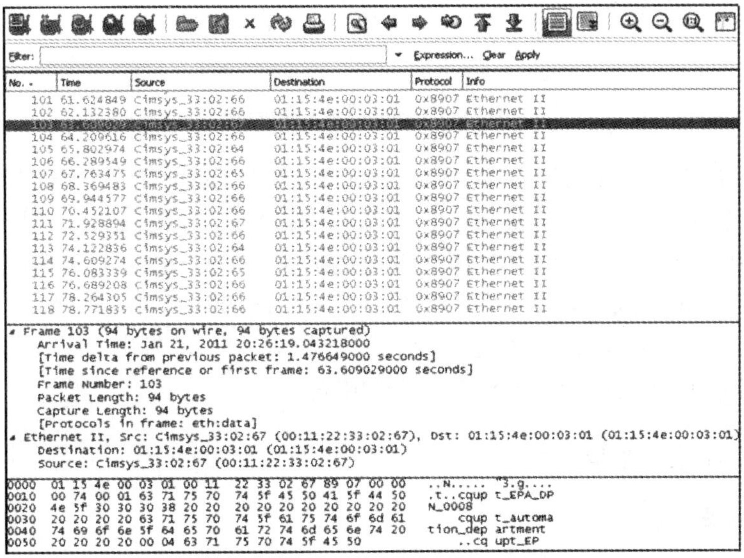

图 4.16　RingCheck 帧报文

　　图 4.16 所示捕获的报文为:MAC 地址为 00.11.22.33.02.67 发送的 Ring-
Check 帧报文,目的地址为组播地址 01.15.4e.00.03.01,报文长度为 94 字节,帧
类型号为 00。

　　图 4.17 所示捕获的报文为:MAC 地址为 00.11.22.33.02.66 发送的 Link-
Check 帧报文,目的地址为组播地址 01.15.4e.00.03.01,报文长度为 60 字节,帧
类型号为 01。

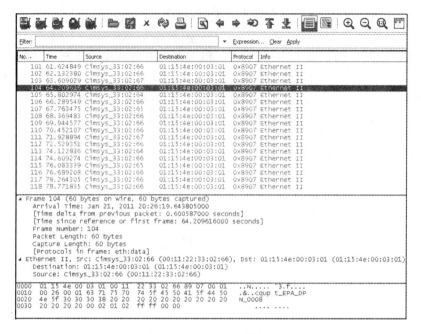

图 4.17　LinkCheck 帧报文

图 4.16 和图 4.17 是同一时刻 Ethereal 软件捕获测试网络上的 DRP 协议报文截图,当 MAC 地址为 00.11.22.33.02.67 的 DRP 节点发出 RingCheck 帧后,三个 DRP 节点在同一时刻发出 LinkCheck 帧,符合 DRP 协议的通信规程。

同一 MAC 地址发出的两条 LinkCheck 帧之间的时间间隔即为一个 DRP 通信周期,如图 4.17 所示,MAC 地址为 00.11.22.33.02.66 发出的两条 LinkCheck 帧,计算其时间间隔,与预设的 DRP 周期相等。

4.5.5　DRP 冗余功能测试

1. 测试流程

冗余功能测试主要测试在 DRP 环网中出现单点网络故障时,设备间的数据通信能否在较短时间内通过环网拓扑的改变而得到恢复。测试流程如下所示:

（1）四个 EPA 交换机按如图 4.13 所示组成 DRP 环网,分别配置其 MAC 地址:00.11.22.33.02.f1,00.11.22.33.02.f2,00.11.22.33.02.f3,00.11.22.33.02.f4。

（2）让 DRP 环网正常工作 5min 后,将环网中的一根连接某两个交换机之间的网线拔掉,人为制造一个链路故障。

（3）在监控上位机通过 Ethereal 记录了每个周期的测试过程,对其中的报文进行分析,并记录相关数据。

表 4.2 表示交换机之间不同地方的链路出现故障并恢复所需要的时间,链路编号 1、2、3 和 4,如图 4.13 中所示。

表 4.2　链路故障自愈时间测试结果

链路编号	链路故障自愈时间/ms	最大时间/ms
1	87.33	
2	78.43	
3	76.72	87.33
4	80.41	

2. 测试结果及分析

由表 4.2 可知,在测试环境下,1 号链路发生故障时所需的恢复时间最长为 87.33ms。根据恢复时间公式,从理论上可推导出,在此测试环境下冗余恢复时间为 108.028ms。恢复的时间要远小于理论值,符合预设要求。

4.6　本章小节

本章主要是分析基于 ISO/IEC8802-3、IEEE802.1 标准,工作于数据链路层的网络冗余技术 DRP 协议,给出 DRP 网络结构,针对 DRP 的设计和开发进行了详细介绍。对 DRP 协议的运行原理进行了详细说明,定义了理论上的网络链路故障恢复时间计算公式,着重描述了 DRP 协议的软件实现,最后提供系统测试方案对 DRP 协议各功能进行了具体测试及对应的具体结果分析。

参 考 文 献

[1] IEC62439/Ed 1.0. High availability automation networks[S]. 2008

[2] 姜瑞新,蔡凌,汪晋宽.冗余测试系统的设计和应用[J].仪器仪表学报,2005:608－609

[3] IEC61784-2. Additional profiles for ISO/IEC8802.3 based communication networks in real-time applications[S]. 2006

[4] IEEE Std 802.2 Logical Link Control[S]. 1985

[5] IEEE Std 802.1w-2001. IEEE standard for local and metropolitan area network-common specification-part 3：Media access control(MAC) bridges-amendment 2：Rapid reconfiguration IEEE[S]. 2001

[6] Rapid Spanning Tree Protocol. IEEE standard 802.1D[S]. 2007

[7] ISO/IEC9646-7 Corri 1-1997 Information technologyw-Open systems interconnection-conformance testing methodology and framework-part 7：Implementation Conformance State-

ments technical corrigendum1[S]. 1997

[8] Kirrmann H, Dzung D. Selecting a standard redundancy method for highly available industrial networks[J]. Factory Communication Systems, 2006:386—390

[9] 刑建春,王双庆,王平. Profibus 现场总线的冗余网络构建[J]. 仪器仪表学报, 2001, (S2): 242—244

[10] 裴波,张衡,等. 基于可靠拓扑的高可用性网络核心问题分析[J]. 计算机研究与发展, 2004, 41(11):1879—1888

[11] Labrosse J J 著. 嵌入式实时操作系统 μC/OS-II[M]. 第 2 版. 邵贝贝等译. 北京:北京航空航天大学出版社, 2003

第 5 章　PRP 协议的研究

5.1　协 议 概 述

PRP 协议[1]是工作在终端设备上的冗余协议,因此 PRP 冗余是一种节点冗余方式。该协议工作在链路层,冗余的代价就是使用了一个网络的简单复制。PRP 协议不依赖上层协议并对上层协议透明,适用于不同网络拓扑结构的工业自动化网络。通过节点的两个网络端口和接入的两个网络并行运行的方式,PRP 网络拥有零冗余恢复时间,适用于任何对实时性要求高的应用环境[2]。PRP 协议允许非冗余节点和冗余节点在同一个网络中同时存在,因此将该协议用于其他网络中时,就不存在设备间通信无法理解的问题。

5.2　网 络 结 构

在 PRP 网络中,一个终端节点被连接到两个相互独立且网络拓扑结构相同的网络中,同时这两个网络并行运行。图 5.1 所示为由两个交换局域网组成的一个冗余网络,这个网络的拓扑结构是任意的,如线型、环型、星型等。

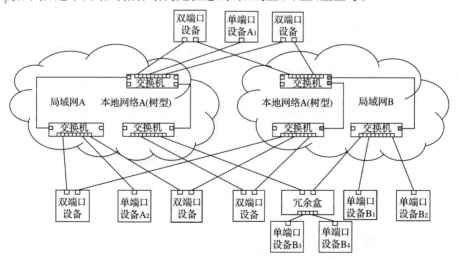

图 5.1　PRP 一般冗余网络拓扑结构

　　两个局域网在数据链路层具有相同的协议,但是允许它们在性能和传输时延上有所不同。PRP协议不依赖上层协议并对上层协议透明,适用于不同网络拓扑结构的工业自动化网络。两个局域网之间没有直接连接,因此如果其中一个局域网发生了故障,不会对另外一个造成影响。

　　一个运行PRP协议的双端口设备(DANP)同时连接到两个局域网中,而普通的单端口设备(SAN)连接到其中任一一个局域网中。SAN并不支持PRP协议。在网络中SAN可能是监控计算机、在线打印机或者普通非冗余通信节点等。DANP能够识别出整个网络中(包括局域网A、B)其他的DANP,DANP之间使用的是冗余通信方法。而DANP与SAN则是不带PRP协议的非冗余通信方,使得SAN能够理解DANP发送的数据帧。当DANP不能确定远程节点是否是DANP时,DANP将其作为SAN对待,这样可以确保通信报文能够被理解。SAN还可以通过一种称为冗余盒(redundancy box)的设备连接到两个网络中。在一些应用中,只有一些关键可用性设备需要双端口,如控制站点等,同时大多数设备都是单端口的。由于DANP同时使用两个网络适配器进行数据帧的发送和接收,同时两个局域网A、B也并行运行,这种设备和网络都并行运行的机制为PRP协议提供了零冗余恢复时间,使其适用于任何高实时性要求的应用环境。图5.2描绘了在线性拓扑结构或者总线型拓扑结构中,作为两个局域网的PRP网络。

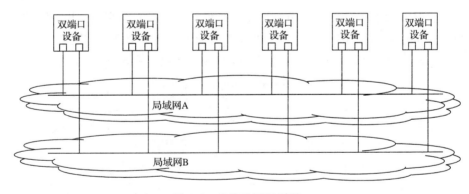

图5.2　总线型PRP网络

5.3　PRP协议运行原理

5.3.1　单点故障

　　在PRP协议中,两个局域网都假设是故障不相关的。协议提供的冗余可能被一些单点故障破坏,如同时导致两个网络都停机的电源或者直接连接线路故障。严格按照协议提供的安装引导进行网络的连接能够避免这些情况的发生。

5.3.2　节点通信协议栈模型

每个节点拥有两个并行运行的端口,两个端口通过链路冗余实体(link redundancy entity,LRE)被连接到同样的上层协议,如图 5.3 所示。

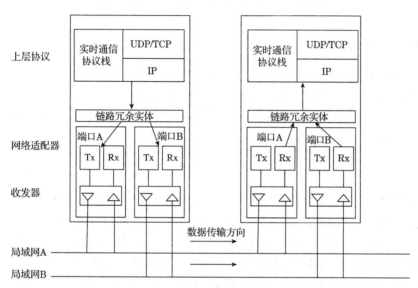

图 5.3　DANP 协议栈模型

LRE 作为额外的一层被引入通信协议栈之中,它有两个任务:处理复制数据帧和管理冗余。LRE 同时屏蔽了两个网络端口,使得上层协议能像普通情况一样工作。

在一个发送方节点中,当接收到来自上层协议的数据帧后,LRE 几乎在同一时间通过两个端口将数据帧发送出去。在接收方节点中,LRE 将一对数据帧中第一个到达的数据传递给上层协议,而将另外一个丢弃。

如果一个网络或者一个网络接口遭到了破坏,LRE 仍然能从另外一个网络中接收数据帧。因此,在只有单点网络故障发生的情况下,数据仍然可以通过另外一个网络传输。所以,PRP 协议具有零冗余恢复时间。

为了管理冗余,LRE 在普通以太网数据帧的尾部附加一个冗余标识符(redundancy check trailer,RCT)。RCT 包含了一组序列号来跟踪复制帧。另外,LRE 周期性地发送 PRP 管理帧,并且也评估从其他 DANP 那里收到的 PRP 管理帧。

5.3.3　网络管理

在整个网络(包括局域网 A、B)中,每个交换机和终端节点的 IP 地址和 MAC 地址都是唯一的[3,4]。这种配置使得冗余对上层协议透明。尤其是这样使得地址解析协议(ARP)能像 SAN 一样在 DANP 上工作。在网络中,DANP 是更合适的网络管理工具,因为 DANP 能够同时连接到两个局域网中的交换机和设备上。

5.3.4　复制帧处理

当接收到一对复制数据帧之后,LRE 有两种处理方法:①复制数据帧接收,在这种模式下发送方的 LRE 使用原始数据帧,而接收方的 LRE 会将两个数据帧都传递到上层协议;②复制数据帧丢弃,发送方 LRE 会在数据帧里面附带上 RCT,接收方 LRE 只上传一对数据帧中先到达的一个,然后过滤掉后到达的一个。

1. 复制数据帧接收

这种方法不会在链路层过滤掉多余的复制数据帧。发送者的 LRE 以非冗余的方式将一对相同的数据帧发送到两个局域网中。接收者的 LRE 将一对数据帧都传递给它的上层协议。在复制数据帧接收模式下,任何应用进程都必须能够自行处理复制数据帧。实际上,IEEE802.D(生成树协议)[5]就明确提出在重配置时期,不能保证对复制帧的处理。在传输层,TCP 协议本身就被设计成可以处理重复数据报文的。UDP 是无连接和无确认的,所有基于 UDP 的应用进程都被假设为能够处理复制帧。因为数据帧被复制在任何网络都可能发生。互联网管理协议如 ICMP 和 ARP 等是不受复制数据帧影响的,因为它们有自己的序列号。以发布者/订阅者原理运行的实时通信协议栈不会受复制数据帧的影响,因为只有最终值才会被保留。对于这种协议栈,复制接收能够增强其鲁棒性,因为当一个局域网中的数据帧丢失了,设备往往能从另一个局域网中接收到相同的另一个数据帧。这种简单的复制数据帧接收模式不提供冗余管理,同时通信协议栈会对一对相同的数据帧做出响应,所以该模式会增加设备的负担,降低协议栈的处理效率。

2. 复制数据帧丢弃

在链路层丢弃复制数据帧是一种更好的处理方法。丢弃复制数据帧有两个好处,第一是减少设备负担,提升协议栈处理效率;第二是增强故障发现能力和网络管理功能。在复制数据帧丢弃模式下,发送端在普通数据帧后附加 RCT(见图 5.4),接收端通过处理 RCT 来识别复制帧,并结合丢弃算法判断复制数据帧是否

需要丢弃。RCT 包括以下参数:16 位的序列号(SequenceNr)、4 位的网络标识符
(LAN)、12 位的链路数据帧长度(LSDU_size)。

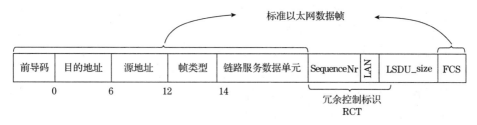

图 5.4　携带 RCT 的以太网扩展数据帧

(1) SequenceNr 的使用。每当 LRE 发送一个数据帧到一个特定的目的地址
时,它都会增加与这个目的地相对应的序列号,并且在两条 LAN 上同时发送数据
帧。接收 LRE 通过 RCT 能够识别复制帧。该方法同样考虑了 SAN 也在网络中
存在。SAN 节点的数据帧是不会被丢弃的。

(2) LAN 的使用。该区域有两个值:1010 表明数据帧来自局域网 A,1011
表明数据帧来自局域网 B。通过检验该区域,LRE 能够确定是否有安装错误
发生。

(3) LSDU_size 的使用。为了让接收者的 LRE 能够轻易地分辨数据帧来自
PRP 节点或者非 PRP 节点,发送方的 LRE 在数据帧之中附加了一个占 12 位区
域的 LSDU 长度。例如,如果数据帧携带了 100 个字节的 LSDU,那么 size 区域
就等于 LSDU+RCT:104＝100＋4。接收方 LRE 从整个数据帧的尾部开始扫
描。如果检测到最后 12 位与 LSDU 的大小相等,而且数据帧里的 LAN 标志位与
数据帧所在真实 LAN 的值匹配,那么该数据帧就是一个可以被接收方丢弃的候
选数据帧。

5.3.5　数据帧长度限制

附加 RCT 会使数据帧的长度超过 IEEE802.3 协议规定的最大有效值。为了
与 IEEE802.3-2005 兼容,DANP 上的通信软件如果使用复制数据帧丢弃模式,那
么有效载荷区域的长度必须被限制在 1496 字节以内。

5.3.6　丢弃算法

当 LRE 识别出候选数据帧之后,通过调用丢弃算法来判断是否丢弃掉该数
据帧。假设接收方接收到的数据帧的序列号是依次递增的。

在局域网 A(以下简称 LAN_A)中设置一个丢弃窗口,该窗口由连续序列号
组成。丢弃窗口上界是计数器值 ExpectedSeqA(但不包括 ExpectedSeqA),下界

是计数值 StartSeqA,整个窗口区间是左闭右开的。其中,ExpectedSeqA 表示网络 A 中期望得到的下一个数据帧的序列号,StartSeqA 表示网络 A 中该丢弃的数据帧的最小序列号。丢弃窗口由上述两个计数值界定,并具有最大尺寸 Smax。同样,在局域网 B(以下简称 LAN_B)中也有一样的丢弃窗口。

在接收时,LRE 始终会确保 ExpectedSeqA 的值比 CurrentSeqA 大 1,因为这样才能检查该网络中下一个期望的序列号;LAN_B 也是一样。

假设在局域网 A 上已经建立起一个非空的丢弃窗口(见图 5.5)。有一个来自局域网 B 的数据帧,该数据帧的序列号正好落在 A 的丢弃窗口之内,那么该数据帧将被丢弃。在其他所有情况下,该数据帧都将被接收并传递给上层协议。

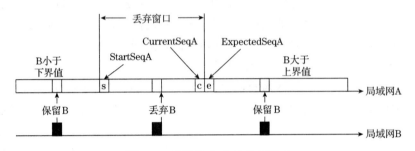

图 5.5　局域网 A 上的丢弃窗口

丢弃来自 LAN_B 的数据帧(图 5.5 丢弃 B)会缩小 LAN_A 丢弃窗口的范围。由于丢弃 B 表明从 LAN_B 开始不会再携带有比 CurrentSeqB 小的序列号的数据帧到达,因此增加 StartSeqA,使其比接收到的 CurrentSeqB 数值大 1。同时,B 的丢弃窗口被重置为 0(StartSeqB=ExpectedSeqB)。当 LAN_B 的传输速度明显滞后于 A 时,来自 A 的数据帧就不会被丢弃,如图 5.6 所示。

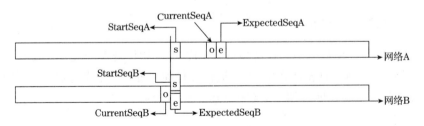

图 5.6　丢弃来自局域网 B 的数据帧

在图 5.6 的情况中,一些同样来自 LAN_A 的数据帧次到达,但是 LAN_B 没有任何数据帧。所有来自 LAN_A 的数据帧都将被接收,因为它们的 CurrentSeqA 在 LAN_B 的丢弃窗口之外,而且 LAN_A 的丢弃窗口将在接收到一个 LAN_

A 的数据帧之后增加一位。如果上述情况一直持续到丢弃窗口增加到最大值时，StartSeqA 也随之增加，这样可以滑动整个窗口，使得窗口不会失效。

当一个已接收到的数据帧落在另一个 LAN 的丢弃窗口之外，该数据帧将被接收而且接收该数据帧的 LAN 的丢弃窗口的范围将被减少到 1，这意味着仅有一个来自另一个 LAN 的拥有相同序列号的数据帧将被丢弃。同时另一个 LAN 上的丢弃窗口也将被重新设置为 0，表示没有数据帧会被丢弃，该情况如图 5.7所示。

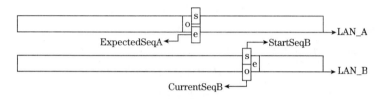

图 5.7　接收来自局域网 B 的数据帧

在绝大多数情况（两个 LAN 都无故障的情况）下，两条 LAN 同步而且两个丢弃窗口都减少至 0，意味着下一对到达数据帧中的第一个会被接收而紧跟着的第二个拥有相同序列号的数据帧将被丢弃，该情况如图 5.8 所示。

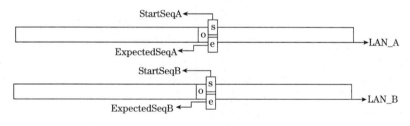

图 5.8　两个 LAN 同步

由于序列号计数器是 16 位，因此丢弃窗口的最大范围是 32768。而这个范围可以应对在最恶劣的工业环境下，链路所产生的链路时延。而对于没有按序到达的数据帧，同样是用上述方法来进行处理。需要注意的是，节点故障或者 LAN_A 和 LAN_B 的链路同时断开会使丢弃算法失效。

5.3.7　PRP 协议服务和 PRP 管理信息库

PRP 协议中共包括了 PRP 读写两种服务。写服务用于向一个 DANP 的 LRE 写入值；读服务用于从一个 DANP 的 LRE 读取其当前状态。PRP 管理信息库中储存了不同的对象，这些对象与读写服务的各个参数相对应。其参数如表 5.1所示。

表 5.1　PRP 管理信息库

参　数	说　明	对象标识
Node	LRE 中的节点名称	1
Manufacturer	LRE 制造商名称	2(只读)
Version	LRE 软件版本	3(只读)
MacAddressA	网络接口 A 的 MAC 地址	4
MacAddressB	网络接口 B 的 MAC 地址	5
AdapterActiveA	适配器 A 是否被激活,1 表示激活状态	6
AdapterActiveB	适配器 B 是否被激活,1 表示激活状态	7
DuplicateDiscard	如果该值为真,丢弃算法在接收时使用,而且 RCT 会在发送时添加	8
TransparentReception	如果该值为真,RCT 不会在传递给上层协议时去除	9
SwitchingEndNode	0:LRE 未配置为交换节点 1:LRE 配置为 SRP 交换节点 2:LRE 配置为 RSTP 交换节点 4:LRE 配置为 MRP 交换节点	10
CntTotalSentA	通过适配器 A 发送的帧个数	11
CntTotalSentB	通过适配器 B 发送的帧个数	12
CntErrorsA	在适配器 A 上发生的传输错误	13
CntErrorsB	在适配器 B 上发生的传输错误	14
CntNodes	节点表中节点的个数	15
NodesTableClear	如果该值为真,节点会定期清除,没有更新的节点表会被清除	16
NodesTable	在 NodeForgetTime 内探测到的所有节点的记录	17

管理信息库中节点表对象各参数如表 5.2 所示。

表 5.2　节点表参数

参　数	说　明	数据类型
MacAddressA	源节点适配器 A 的物理地址	6 字节
MacAddressB	源节点适配器 B 的物理地址	6 字节
CntReceivedA	适配器 A 接收到的数据帧总数	无符号整型
CntReceivedB	适配器 B 接收到的数据帧总数	无符号整型
CntKeptFramesA	在局域网 A 中保留的数据帧	无符号整型
CntKeptFramesB	在局域网 B 中保留的数据帧	无符号整型
CntErrOutOfSequenceA	在局域网 A 中,有数据帧没有按序接收	无符号整型
CntErrOutOfSequenceB	在局域网 B 中,有数据帧没有按序接收	无符号整型

续表

参　数	说　　明	数据类型
CntErrWrongLanA	适配器 A 接收到的错误帧个数	无符号整型
CntErrWrongLanB	适配器 B 接收到的错误帧个数	无符号整型
TimeLastSeenA	用于记录当本节点接收到远程节点发来的来自局域网 A 最后一个数据帧时间的时间戳	世界标准时间
TimeLastSeenB	用于记录当本节点接收到远程节点发来的来自局域网 B 最后一个数据帧时间的时间戳	世界标准时间
SanA	通过适配 A,表明远程节点是一个 SAN 或该远程节点使用复制接收模式	布尔型
SanB	通过适配 B,表明远程节点是一个 SAN 或该远程节点使用复制接收模式	布尔型
SendSeq	记录该节点发送给远程节点或发送到组播或广播地址的报文序列号	无符号短整型

5.4　硬件平台设计

5.4.1　DANP 硬件结构介绍

DANP 双网卡冗余设备的硬件电路结构示意图如图 5.9 所示。DANP 硬件结构从功能上主要分为四个部分,分别是 MCU 控制模块、网络控制器模块、存储器模块和供电模块。其中,MCU 控制模块选用 Atmel 公司的工业级芯片 AT91R40008 作为核心控制,主要是实现特定接口功能及执行相关控制操作;网络控制器模块选用 ASIX 公司的工业级以太网控制芯片 AX88796B,主要用来承担以太网现场设备的数据信息传输;存储器模块模块选用 SST 公司的 SST39VF160,实现对 DANP 的程序存储;电源模块部分主要完成整个系统的电源供应。其中,MCU 模块、存储器模块部分的电路设计连接,同高可用性 EPA 交换机硬件电路设计相关部分相似。

5.4.2　网络控制器模块设计

在 DANP 双网卡冗余设备中,选用两片 AX88796B 以太网控制器芯片来进行数据收发,其内部原理如图 5.10 所示。

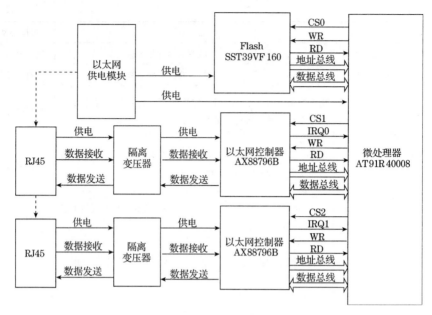

图 5.9　DANP 的硬件电路结构示意图

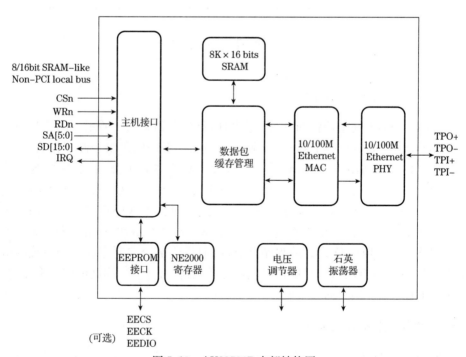

图 5.10　AX88796B 内部结构图

AX88796B 是一款针对嵌入式及工业以太网应用的低引脚数（LQFP-64）Non-PCI 以太网控制芯片。AX88796B 采用符合业界标准的 8/16 位 SRAM-like 主机接口，可与一般 8/16/32 位微控制器直接连接，无须任何外部逻辑线路。该组件内建符合 IEEE802.3/IEEE802.3u 协议的 10/100Mbit/s 以太网物理层（PHY）及媒体存取控制器（MAC），整合 8K×16bit SRAM 网络封包缓存器，以高效率的方式进行封包的储存、检索与修改。AX88796B 广泛支持各项规格，包括双绞线正反接线自动校正（HP Auto-MDIX）、网络唤醒、低功耗管理及 IEEE 802.3x/backpressure 流量控制。

AX88796B 支持 8/16 位 CPU 接口，包括 MCS-51 系列、80186 系列 CPU 及 ISA 总线，支持从模式 DMA 以减少 CPU 的负荷及突发存取模式用于高性能应用，同时具备可编程 Hold-off 定时器的中断接脚。此外，AX88796B 支持 LED 引脚，可方便地显示各种网络连接状态。

在本设计中，AX88796B 与 MCU 之间采用 ISA 8 位模式。片选引脚 CSn、读写信号 RDn、WRn、RSTn 均为低电平有效，分别与 AT91R40008 的相应引脚相连即可。AX88796B 的数据线 SD0～SD15 和 AT91R40008 的 DATA[0:15]相连，可通过软件配置为 16 位或 8 位 DMA 数据传输方式。AX88796B 的 IRQ 是可编程的，中断请求信号可通过配置选择其触发方式，AT91R40008 的中断触发方式必须和 AX88796B 的配置相一致。

对 AX88796B 的控制，即对其控制状态寄存器的操作，需要确定其基地址，基地址的选择必须根据 AT91R40008 的可编程外部总线 EBI 的地址和片选信号来确定。AT91R40008 的 EBI 处理位于地址空间 0x00400000～0xFFC00000 的访问操作，在访问过程中，它装饰产生外部器件的控制访问信号。当把网卡寄存器地址空间映射进 EBI 后，直接对 EBI 地址空间操作即可控制网卡的寄存器读写。对每个映射进 EBI 接口的外围器件，可以编程等待周期数、数据浮空时间、数据总线宽度（8 位或 16 位）。

其余重要功能引脚如 PME、EECE、EECK 等在本设计中悬空处理。图 5.11 为网络控制器 AX88796B 部分的电路图。

5.4.3　电源模块设计

在进行具体电路设计前，要对 DANP 各电压等级功率需求作统计，以确定电源转换芯片的输出能力是否能满足要求。统计数据如表 5.3。

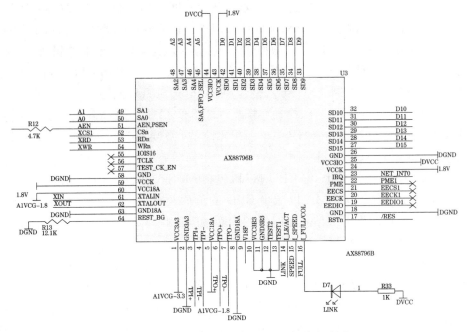

图 5.11　网络控制器 AX88796B 部分电路图

表 5.3　DANP 主要芯片功率消耗统计数据

芯片名称	芯片数	工作电压/V	极限电流值/mA	极限功率/mW
AT91R40008	1	3.3、1.8	16	81.6
SST39VF160	1	3.3	35	99
AX88796B	2	3.3	120×2＝240	792
系统总功率/mW		972.6		

　　在 DANP 的设计中所用电源直接通过以太网供电得到,即以太网在传送数据的同时输送电能。设备电源来自带有 UPS 电源的 EPA 网络,避免了出现系统掉电的情况。由于供电系统和数据传输公用一根网线,插上以太网线时,系统就上电复位。供电电压输入为 24V,但 MCU 的供电电压为 3.3V 和 1.8V,以太网控制器 AX88796 的供电电压要求为 3.3V。所以采用 LM2576-5.0V、AS1117-3.3V和 AS1117-1.8V 来转变电压。

　　LM2576-5.0V 是一个大电流的开关电源转换芯片,它可以提供一个 3A 的电流。7～40V 的宽电压范围输入电压,80％的高转换效率,以及体积小、工作稳定等优点使之得到广泛的应用。AS1117-XX 系列电源芯片能提供 1.5V、1.8V、2.5V、2.85V、3V、3.3V 和 5V 几种不同的电压值,AS1117 能提供最大 1000mA的输出电流和一个与 SCSI-Ⅱ标准相匹配的电压值,电压输出稳定,外部电路简单是 AS1117 的最大特点。

从表 5.3 中的统计数据可以看出，LM2576-5.0V 电压转换芯片和 AS1117-1.8V 电压转换芯片的最大输出功率均远大于 DANP 对相应电压等级的消耗功率要求，从而满足了整个系统对所有电压等级输出功率的要求。

在实际电路中，我们采用比较大的电容来进行滤波（用的是 $100\mu F$ 的电容，耐压值为 35V），对电源的处理比较彻底，峰值电压 5V 可以控制在 60mV 之内，对 3.3V 的电压可以控制在 40mV 以内。平稳的电压输出也为 MCU 和 AX88796B 的正常工作提供了良好的电压工作环境。

5.4.4　DANP 驱动模块的开发

DANP 驱动模块是协议软件开发人员和底层硬件系统之间的桥梁，使协议开发人员可以最大限度地脱离底层硬件转而专注于应用软件的设计。驱动程序屏蔽了底层的硬件细节，使上层软件通过驱动模块的接口函数就可以访问。底层驱动模块的设计主要包括 BSP 子模块、网络适配器驱动子模块和定时器驱动子模块三部分。其中，BSP 子模块、定时器驱动子模块两部分与 EPA 交换机完全相同，在此将着重介绍网络适配器驱动子模块。

DANP 的网络适配器是 AX88796B，其工作原理主要可分为以下几个部分。

1. 报文的发送和接收过程

1）报文的发送过程

源主机 1 通过远程的 DMA 通道将要发送的报文传送到网络适配器的内存中，本地的 DMA 将该报文传送到 MAC 层，再经由内部的 PHY 层发送至 RJ45 接口，进而将报文发送到网络中（需要说明的是，在报文到达网络适配器的 MAC 层后再到网络中的过程是由网络适配器内部控制完成的，接收的过程也同样如此，因此在软件实现上只需考虑对报文由主机到网络适配器内存和由网络适配器内存到 MAC 层之间的控制）。

2）报文的接收过程

当报文到达目的主机网络适配器的 MAC 层后，本地 DMA 先将到达 MAC 层的报文传送到网络适配器的内存中，目的主机 2 再通过远程 DMA 通道从网络适配器内存中读取报文。

源主机 1 发送一个报文到目的主机 2 的过程如图 5.12 所示。

图 5.12　网络适配器发送报文过程

2. 远程 DMA 的工作机制

对远程 DMA 通道的操作有两个模式:远程写和远程读。远程写模式将要发送的报文传送到网络适配器的内存中;远程读是将存放在网络适配器内存的接收缓冲环中的报文传送到主机中。

远程 DMA 由两个寄存器对控制:一个是远程起始地址寄存器对(RSAR0,RSAR1);另一个是远程字节计数寄存器对(RBCR0,RBCR1)。远程起始地址寄存器对用来存放将被传送的报文的起始地址;远程字节计数寄存器对用来指示将被传送的字节数。当一个远程 DMA 写操作启动时,远程 DMA 会把从 I/O 端口读到的数据写到网络适配器内存中。该数据写到网络适配器内存中的起始地址是由一对远程起始地址寄存器中保存的地址决定的,在每次传送后,这个地址就会相应地增加而字节计数就会相应地减少,当远程字节计数寄存器中的值减少为 0 时,传送就终止了。远程 DMA 读操作也是同样的工作原理。

3. 接收缓冲环结构

AX88796B 内部有一个 8K×16bit 大小的 SRAM。这片地址空间的一部分被保留用来存放一个缓冲环结构。本地 DMA 正是通过这个缓冲环结构来接收报文的。这个结构由一连串相邻的固定长度为 256 字节(128 个字)的缓冲区构成,这样的好处是其在存储长报文或者短报文之间提供了一个很好的兼容性,最大效率地使用内存。

由两个静态寄存器和两个工作寄存器来控制缓冲环的操作。分别是页起始地址寄存器(page start register)、页结束地址寄存器(page stop register)、当前页地址寄存器(current page register)和边界指针寄存器(boundary pointer register)。页起始地址寄存器和页结束地址寄存器定义了该缓冲环的物理边界。接收报文操作的 DMA 地址总是先从页起始地址寄存器里保存的地址开始,每当 DMA 地址到达页结束地址时,DMA 就会复位到页起始地址,这样就将缓冲区构造成以上所说的缓冲环结构。当前寄存器指向用来存储报文的第一个缓冲区,边界寄存器指向在缓冲环中未被主机读取的第一个报文,如果本地 DMA 的地址与边界指针寄存器存放的地址相等,则接收报文的过程就终止了。边界指针寄存器还用来从缓冲环中移除一个报文,并且当一个报文被移除时,指针所指向的地址也跟着向前移动。这样,当前页寄存器如同一个写指针,边界指针如同一个读指针。当一个报文到达时,从当前页寄存器中保存的指定地址开始存储这个报文。如果第一个 256 字节的缓冲区不够存储这个报文,DMA 会执行一个前向连接来连接下一个缓冲区以存储这个报文的剩余部分。一般以太网的报文长度在 64~1536 字节之间,对于一个最大长度的报文,使用 6 个缓冲区则可以存储这个报文的全部内容。连接时缓冲区必须是连续的,一个报文总是会被存储在相邻的缓冲区里。在下一个缓冲区被连接前,会执行两个比较关系。第一个是比较下一个缓冲区的 DMA 地址是否和页终止寄存器的内容相等,若相等,则 DMA 地址被恢复到缓冲环结构的第一个缓冲区地址,即页起始地址寄存器中保存的地址。第二个是比较 DMA 地址和边界指针寄存器的内容是否相等,如果相等,则接收报文终止。

所以,在 DMA 进入下一个相邻的 256 字节缓冲区之前,这个地址将被检验其是否与 PSTOP 或边界指针相等,如果都不相等,则将允许 DMA 使用下一个缓冲区。如果缓冲环已经被填充并且 DMA 地址到达了边界指针地址,则即将到来的报文将被 AX88796B 终止。那么,先前被接收的报文仍然在缓冲环中,并没有被破坏。在网络环境严重过载时,本地 DMA 通道可能被关闭。为了保证这样的情况不会发生,在所有缓冲环的缓冲区将要溢出时会发出一个软件复位。

4. 驱动程序设计与实现

AX88796B 的网络适配器驱动程序是处理器 CPU 和网络适配器硬件的接口,因此编写网络适配器驱动程序模块应满足以下主要功能:网络适配器的初始化;中断处理;报文的接收和发送;监测和处理网络适配器出现的异常。

在网络适配器的初始化过程中,除了完成对相关寄存器的定义与赋值外,还要完成对接收缓冲环的构造。

中断的处理和 MCU 关联密切,本平台采用的 MCU 是 Atmel 公司的 AT91RM40008,在软件中必须先配置好网络适配器的片选线和中断信号线。网络上报文到来时,网络适配器将其保存在内存中,同时触发一个中断。处理器接收到中断信号后,进入中断处理程序。在中断处理程序中读 AX88796 的中断状态寄存器来判断是何种类型的中断,如果读出值的最低位为 1,则代表是报文接收中断,这时需触发一个消息,进入读网络适配器函数。读网络适配器函数的功能是将网络报文从网络适配器的内存接收到主机中,接着向上层传递,并进行相应的处理。

一个报文的发送过程就是通过调用写网络适配器函数,将报文发送到网络适配器的内存中去。然后将 AX88796B 的控制寄存器(CR)的发送位(TXP)位置 1,即将报文发送。网络适配器驱动的程序流程如图 5.13 所示。

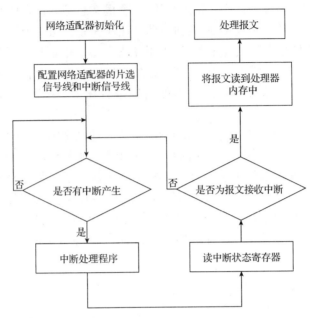

图 5.13　网络适配器驱动的程序流程图

5.5　协议软件设计

PRP 协议工作在数据链路层,是一个两层协议。PRP 协议里描述的 LRE 是设备冗余功能和网络管理功能的集合。LRE 作为额外的一层被加入整个通信协议中,工作在数据链路层。LRE 有两个任务:处理复制数据帧和管理冗余。

5.5.1　链路冗余实体结构设计

根据 PRP 协议中链路冗余实体所要完成的任务,链路冗余实体包括复制数据帧处理模块、PRP 管理信息库、PRP 链路层访问实体。链路冗余实体的组成模块如图 5.14 所示。

软件模块简介如下:

(1) 复制数据帧处理模块。它包括复制数据帧识别、丢弃窗口和冗余控制标识(RCT)处理模块。为了处理冗余复制数据帧,LRE 会在每个数据帧后添加一个 RCT。每当 LRE 发送一个数据帧到一个特定的目的地址时,它都会增加与这个地址相对应的序列号。LRE 将分析接收到的数据帧最后 12 位,并将所计算的值与链路数据帧长度进行比较。如果这个值与链路数据帧长度相等,那么该数据帧就来源于一个 DANP,否则数据帧来源于普通的 SAN。当 LRE 识别出复制数据

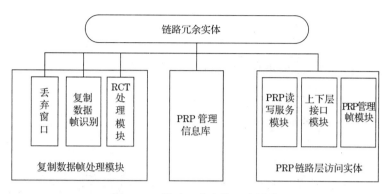

图 5.14　链路冗余实体组成模块

帧之后，将把 RCT 中的序列号参数传递给丢弃窗口，丢弃窗口根据丢弃算法来判断是否丢弃掉该数据帧。

（2）PRP 管理信息库。它存储了 LRE 的所有信息。通过 PRP 读服务可以访问到管理信息库中的各个对象，对象的具体值表明了 LRE 的工作情况，特别是节点表中存储了本地节点与远程节点的通信关系。通过 PRP 写服务可以修改除只读对象以外的所有对象，达到改变设备工作状态的目的。

（3）PRP 链路层访问实体。它描述通信对象、服务以及上下层接口模块。PRP 读写服务模块为外界访问 PRP 管理信息库提供通信接口，上下层接口模块分为下层接口和上层接口。上层接口负责将经 LRE 处理过后的数据帧传递给上层协议，下层接口负责从端口 A、B 中获取到达网络适配器的有效数据帧。PRP 管理帧模块负责发送和接收 PRP 管理帧。

5.5.2　PRP 链路层访问实体的实现

PRP 链路层访问实体包括 PRP 读写服务模块、PRP 管理帧模块、上下层接口模块。上下层接口模块是整个 LRE 与外界进行通信的接口。下层接口模块通过调用接口函数 RecvFromEthernet，从网络适配器中获取完整的数据帧，并把网络适配器中的数据帧复制到预先申请好的处理器内存单元中；同时 LRE 通过调用下层接口模块的接口函数 SendToEthernet，将经过 LRE 处理过后的数据帧发送到网络中。在接收时，下层接口模块会判断该数据帧是否为 PRP 协议数据帧，如果是则交给 PRP 链路层访问实体的读写服务、PRP 管理帧模块进行处理；否则就直接交给复制数据帧模块处理。PRP 链路层访问实体分用数据帧的过程如图 5.15 所示。

PRP 读服务模块从下层接口模块获取到从监控设备发送过来的 PRP 读服务之后，会从 PRP 信息库提供的接口 PRPMIB_Read 中获取管理信息库的内容，把

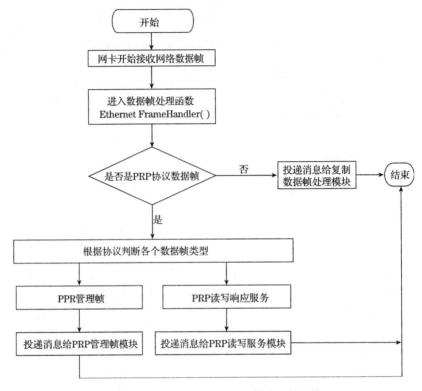

图 5.15　PRP 链路层访问实体分用数据帧

这些内容映射到 PRP 读服务正响应报文中,并发送回请求端。如果请求服务发生错误,则读模块会给请求端发送一个 PRP 读服务负响应报文。PRP 写服务模块的处理流程与读模块类似,区别是写模块将调用 PRPMIB_Write 接口访问并修改 PRP 管理信息库的相关对象。如果修改成功则写模块就会回复一个 PRP 写服务正响应报文给请求端,否则回复一个 PRP 写服务负响应报文。

　　PRP 管理帧模块负责 PRP 管理帧的发送和接收,PRP 管理帧是以组播的形式在整个网络中传播的。它帮助 DANP 向网络中其他的 DANP 声明自己的身份、状态,以此区分网络中的 SAN。由于 PRP 管理帧同时在两个本地局域网中传输,所以其有助于 DANP 探测到网络中的故障。PRP 管理帧模块使用状态机机制实现,由定时器和外部事件来驱动。其共包括三种状态,分别为监听态、发送态、接收态。其状态机转换如图 5.16 所示。

　　监听态:LRE 初始化之后,模块所处的状态。在该状态下,LRE 等待 PRP 管理帧的到达;同时也在等待 PRP 管理帧发送间隔,为发送 PRP 管理帧做准备。

　　发送态:LRE 通过两个适配器将 PRP 管理帧发送到两个网络中。

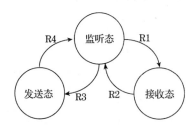

图 5.16　PRP 管理帧模块

接收态：LRE 解析、处理接收到的 PRP 管理帧。当 LRE 接收到远程节点发送的 PRP 管理帧之后，LRE 则会记录 PRP 管理帧中的相关信息。PRP 管理帧模块状态转换表如表 5.4 所示。

表 5.4　PRP 管理帧模块状态转换表

状态标识	当前状态	事件或条件	下一状态
R1	监听态	远程 DANP PRP 管理帧达到	接收态
R2	接收态	PRP 管理帧处理完毕	监听态
R3	监听态	本地 DANP PRP 管理帧发送时刻到	发送态
R4	发送态	本地 PRP 管理帧发送完成	监听态

1）PRP 管理信息库的实现

PRP 管理信息库的每个对象拥有唯一的 ID 编号，管理信息库通过 PRPMIB_Read 和 PRPMIB_Write 与外界进行信息交互。在这两个接口中，不同的对象是用不同的索引号来访问的，对象 ID 号与索引号形成一一对应的关系。ID 号为 1～16 的基本信息存储在 1～16 号索引点，节点表对象存储在 17 号开始的索引点，且节点表的个数是动态变化的。在外界访问节点表对象之前，PRP 管理信息库会根据 ID 16 的 CntNodes 来判断这次访问是否合法，若所要访问的索引号不大于 17 加上 CntNodes 的和的值，则合法。对 PRP 管理信息库的访问主要有初始化、对象的遍历查找、子索引点的读写。整个 PRP 管理信息库的逻辑关系如图 5.17 所示。

索引入口	对象
1	1
2	2
⋮	⋮
16	16
17	17
⋮	⋮
17+ CntNodes	17+ CntNodes

图 5.17　PRP 管理信息库的结构

2）节点表的建立与删除

节点表中存储了本地节点与远程节点的通信关系，节点表的个数会随着网络中设备的数量以及其间的通信关系发生变化，因此节点表的数量和节点表中的参数是动态变化的。为了有效地存储管理节点表，在 LRE 中使用链表形式来存储节点表信息。这既能安全地存储节点表，又能方便地动态添加或者删除节点表。节点表链表共有五个操作：链表初始化、添加节点表、删除节点表、链表遍历、链表删除。根据通信角色节点表又分为接收节点表链表和发送节点表链表，其中发送节点表链表又分为单播、组播、广播三种。同时在接收节点表中，根据设备的不同类型，又分为冗余设备节点表和非冗余设备节点表。这两种节点表的参数是相同的，区别则是冗余设备节点中 SanA 和 SanB 的值都为零，而非冗余设备节点中 SanA 和 SanB 有一个为零。需要注意的是，接收节点表和发送节点表的有效参数是不同的。接收节点表在响应 PRP 读服务时，会被映射到读响应报文中。而发送节点表则是为 LRE 在附加 RCT 时提供序列号信息。

对于接收节点表链表，当本地 DANP 第一次接收到陌生远程节点发送的数据帧之后，LRE 便会申请一块内存空间来存储第一个节点表，该节点也就是接收节点表链表的头节点。同时链表的头指针 RecvNodeTblListHead 也会指向该节点表。LRE 通过调用这个头指针来完成对整个链表的操作。而 PRP 管理信息库的 17 号索引就存放了 RecvNodeTblListHead。当外界访问管理信息库时，LRE 使用该指针遍历整个链表，并将所有接收节点表信息映射到响应报文中。

接收节点表链表建立之后，每当接收到新的数据帧之后，LRE 会以数据帧中源 MAC 地址为参数在整个接收链表中进行查询，如果该地址已存在则更新相应节点表信息，否则创建新的节点表实体。在每个 NodeForgetTime 周期，LRE 都会遍历一次接收节点表链表，如果发现有节点表的信息在 NodeForgetTime 内没有发生更新，则删除该节点表。如果链表的头节点没发生变化，LRE 则会更新头节点。接收节点表的存储形式如图 5.18 所示。

图 5.18　接收节点表链表

发送节点表链表与接收节点表链表相似，只是 LRE 不会去动态清除发送链表，因为设备发送到不同设备，不同组播、广播地址的时间是不确定的。发送链表只用来跟踪相应节点或者地址的序列号。

5.5.3　复制数据帧处理模块的实现

复制数据帧的处理是建立在冗余管理有效并且 LRE 工作在复制数据帧丢弃状态的基础上的,其任务主要是三个:第一,在向其他 DANP 发送单播或向特殊地址发送广播、组播时,在普通以太网数据帧尾部添加 RCT 并更新相应地址节点表信息;第二,识别接收到的数据帧,根据 RCT 中的参数信息判断该数据帧是否是复制帧;第三,在识别出复制帧之后,将复制帧当前序列号传递给丢弃窗口,丢弃窗口遵循丢弃算法的原则对复制帧进行处理,判断该数据帧是否保留,并在完成保留或者丢弃后更新相应网络上的丢弃窗口。

1) RCT 的添加

当上层协议数据帧到达 LRE 之后,RCT 处理模块会读取数据帧目的地址(单播、组播、广播)对应的节点表。如果节点表中设置了 SanA 和 SanB 中的一个,则使用相应的适配器无变化地发送数据帧;如果同时设置了 SanA 和 SanB,则使用两个适配器无变化地发送数据帧;如果 SanA 和 SanB 都没有设置,则在 LSDU 和 FCS 之间填充 RCT,再通过两个适配器发送到相应的 LAN 之中。

2) 复制数据帧的识别

接收方 LRE 从整个数据帧的尾部开始扫描。如果检测到最后 12 位与 LSDU 的大小相等,且数据帧里面的 LAN 与数据帧所在的 LAN 匹配,那么该数据帧就是一个可以被接收方丢弃的复制数据帧。同时 LRE 还会获取 RCT 中的当前序列号,并将其传递给丢弃窗口,为判断是否丢弃该数据帧做准备。

3) 丢弃窗口的实现

每当 LRE 建立了一个远程 DANP 的接收节点表,LRE 也会同时建立与这个节点表相对应的三个丢弃窗口,分别为单播丢弃窗口、组播丢弃窗口、广播窗口。每个丢弃窗口包含如下参数:ExpectedSeqA、ExpectedSeqB、StartSeqA、StartSeqB、CurrentSeqA、CurrentSeqB。其中,ExpectedSeqA 表示局域网 A 中期望得到的下一个数据帧的序列号,StartSeqA 表示局域网 A 中该丢弃的数据帧的最小序列号。丢弃窗口由上述两个计数值界定,并具有最大尺寸 Smax。CurrentSeqA 表示来自局域网 A 数据帧的当前序列号。同理,ExpectedSeqB、StartSeqB、CurrentSeqB 作用于局域网 B。复制数据帧模块将 RCT 的 SequenceNr 传递给丢弃窗口之后,丢弃窗口就按照第 5.3.6 小节所述原理,对复制数据帧进行处理。而每个窗口的初始化发生在本地 DANP 第一次接收到新的远程节点发送过来的数据帧(包括单播、组播、广播)时。需要注意的是,丢弃窗口始终是丢弃一对拥有相同序列号的数据帧中的一个。丢弃窗口的工作流程如下:

(1) 判断是否需要初始化丢弃窗口。当本地 DANP 第一次接收到该远程节点发送的该类型(单播、组播、广播)的数据帧时,初始化丢弃窗口。则 StartSeqA、

StartSeqB 被设置为 sNr，ExpectedSeqA、ExpectedSeqB 被设置为比 sNr 大 1。初始化好两个丢弃窗口之后，接收该数据帧，并通过上层接口模块进入上层协议，否则直接进入第(2)步。

（2）判断数据帧的 sNr 是否落在 LANA 的丢弃窗口之内，如果该序列号落在丢弃窗口之内就丢弃掉该数据帧；否则接收该数据帧，并传递给上层协议处理。

（3）根据第(2)步的结果，进行丢弃窗口的调整。假设来自 LANB 的数据帧被丢弃，那么就有如下公式：

$$StartSeqA = CurrentSeqB + 1 \tag{5.1}$$
$$StartSeqB = ExpectedSeqB = CurrentSeqB + 1 \tag{5.2}$$

假设 LANB 的数据帧被接收，那么就有如下公式：

$$StartSeqA = ExpectedSeqA \tag{5.3}$$
$$StartSeqB = CurrentSeqB \tag{5.4}$$
$$ExpectedSeqB = CurrentSeqB + 1 \tag{5.5}$$

同样，对于来自 LANA 的数据帧也有相同的步骤。

5.6　PRP　测　试

软件测试是 PRP 冗余系统在实现阶段的一个重要组成部分，测试数据和结果为进一步查找系统实现问题和改进协议实现提供了重要依据。本节设计了以下两部分测试内容，并对测试结果进行了分析。

（1）PRP 链路冗余实体复制数据帧处理功能的测试。测试内容包括在两个局域网络都健康的情况下，测试 PRP 链路冗余实体工作在复制数据帧丢弃模式下能否识别出复制数据帧，并根据丢弃算法丢弃掉后到达的复制数据帧。验证其是否具备协议规定的在复制数据帧丢弃模式下的功能。

（2）PRP 冗余链路实体冗余功能的测试。测试内容包括在某个单点网络故障发生的情况，PRP 冗余链路实体能否使设备间的通信继续进行。验证其是否拥有克服任一单点网络故障功能。

5.6.1　测试环境

PRP 协议是一种用于提升自动化网络可用性的冗余协议，将 PRP 链路冗余实体的测试放到一种具体的工业以太网环境中，这样能进一步提升测试的有效性，同时也能验证 PRP 协议与网络中其他协议的兼容性问题[6]。

EPA 实时以太网是一种全新的适用于工业现场设备的开放性实时以太网标准，是中国工业自动化领域第一个被国际认可和接受的标准。将 PRP 协议软件实体嵌入 EPA 现场设备的通信协议栈中，依托 EPA 网络对 PRP 链路冗余实体进行测试。

图 5.19 说明了 PRP 冗余测试系统的组成结构图。该测试系统由两台 PC 测试机、两台 EPA 集线器、四个 DANP 组成。其中,IP 地址为 128.128.3.10 的为主设备,其他为从设备。

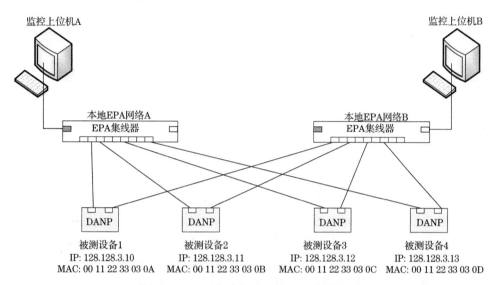

图 5.19　PRP 冗余测试系统的组成结构图

软件测试平台由 Ethereal 报文分析工具、CodeWarrior for ARM Developer Suite 和 ADS 调试代理软件等组成。

5.6.2　测试例的设计

在 IEC62439 的 PRP 协议中,并没有就冗余的相关测试提出具体的方法或者建议。要对 PRP 冗余进行全面有效的测试,就必须充分理解该协议并结合 EPA 网络的特点。测试用例的设计是至关重要的:第一,测试用例必须能够全面检测 PRP 链路冗余实体的各个功能,包括 RCT 添加与解析、LRE 识别复制数据帧能力、丢弃窗口算法功能、节点端口冗余以及冗余恢复时间五个部分;第二,测试用例使用的通信报文应该使用与 EPA 协议相关的报文,通过设备间 EPA 报文的交互,可以测试出 PRP 协议对上层 EPA 协议是否有影响。

PRP 的零恢复时间是由 DANP 的 LRE 同时使用两个网络适配器且两个网络并行运行来确保的。两个 DANP 之间不管是发送还是接收数据帧,处理的都是一对相同的复制数据帧,但对于接收方来说只需要接收其中一个。当两个网络中的一个出现任何故障导致 DANP 无法使用该网络进行通信时,DANP 仍能同时使用另外一个健康的网络进行通信,使得始终有一个有效的数据帧在局部故障发生时也能到达另一个 DANP。因此,完全实现 PRP 协议的网络,就能获得这个零恢复时间。但当需要具体去测试冗余恢复时间时,理论上的零值是无法获得的,并且是无法测量的[7]。所以,基于这个原因,再考虑到 EPA 设备传输现场数据的特点,在 EPA 网络中以 EPA 网络对冗余时间的需求来测试 PRP 冗余恢复时间。

5.6.3　复制数据帧处理功能测试

1. 复制数据帧处理功能测试流程

基于前面部分的叙述,设计一个用于 LRE 复制数据帧处理功能测试的测试例。被测设备 1(IP 地址为 128.128.3.10)是测试的发起方,称为主设备,其他设备称为从设备。

(1) 主设备以固定周期 1s 向 A、B 两个网络同时广播 EPA 事件通知服务报文,报文中的 DestinationAppID 为 1000,SourceAppID 和 SourceObjectID 均为 2000,事件号 EventNumber 字段为 11,表明是 PRP 丢弃算法功能测试事件,事件数据 EventData 填充"event notice service"字符串。同时该数据帧携带了 RCT。

(2) 当网络中的从设备接收到该报文后,经过 LRE、IP、UDP、EPA 层处理,从设备通过两个网络端口发送复制 EPA 事件通知确认请求服务报文给主设备作为响应,并在回复数据中填充"event notice service ack"字符串。同时该数据帧携带了 RCT。

(3) 主设备在收到从设备发送的 EPA 事件通知确认请求服务报文后,以 EPA 事件通知确认服务正响应报文作为整个测试事件的最终确认报文,完成一个测试周期。同时该数据帧携带了 RCT。测试流程如图 5.20 所示,图中 FA 是在网络 A 中传输的报文,FB 是在网络 B 中传输的报文。

2. 测试结果分析

两个网络中的监控上位机通过 Ethereal 记录了每个周期的测试过程。通过分析 Ethereal 的报文记录,可以观测出各设备的 LRE 是否正常工作,也就是发送方是否正确添加了 RCT,接收方是否正确地识别出复制数据帧,并通过丢弃窗口丢弃掉了后到达的复制数据帧。通过观测结果来判断模块功能是否起效,并忽略设备内部处理细节,也就是说在给定的测试环境中和给定的输入条件下,看各个设备能否按照预期工作;若能则表明该功能模块起作用,若不能则证明功能模块部分或全部失效。

主设备在两个本地 EPA 网络上广播携带了 RCT 的 EPA 事件通知服务报

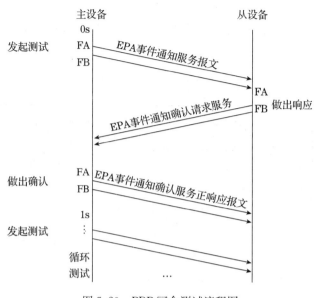

图 5.20　PRP 冗余测试流程图

文,那么各个从 EPA_DPN 就会在两个端口获取相同的复制 EPA 事件通知服务报文。

　　在接收到复制 EPA 事件通知服务报文后,有两种情况发生。第一,各个从设备能够成功地识别出复制 EPA 事件通知服务报文以及过滤掉后到达的一个报文,那么各个从设备就能够通过两个端口向主设备回复一次 EPA 事件通知确认请求服务报文。因此,使用 Ethereal 获取报文时,就只会在一个网络的一个测试周期中,观测到一次各个从设备回复给主设备的复制 EPA 事件通知确认请求服务报文。第二,各个从设备未能识别出复制 EPA 事件通知服务报文或者识别出复制 EPA 事件通知服务报文,但是其丢弃窗口未能正常运行导致设备将一对复制数据帧都接收了,那么使用 Ethereal 获取报文时,就只会在一个网络的一个测试周期中,观测到两次各个从设备回复给主设备的复制 EPA 事件通知确认请求服务报文。

　　当主设备接收到各个从设备发回的复制 EPA 事件通知确认请求服务报文后,有两种情况发生。其具体情况与从设备处理主设备发送的复制 EPA 事件通知服务报文类似。主设备 LRE 按照协议规定起作用后,通过 Ethereal 获取报文时,就只会在一个网络的一个测试周期中,观测到一次主设备回复给各个从设备的复制 EPA 事件通知确认正响应服务报文,否则会观测到两次。整个测试过程涵盖了通信双方内容正确加载、解析 RCT,识别复制数据帧,并通过丢弃窗口过滤掉后到达的复制数据帧。

图 5.21 为在依照图 5.19 所搭建的测试环境下的 Ethereal 报文记录。通过本地 EPA 网络 B 上面的报文记录,我们可以发现主从设备的 LRE 都能正确地处理复制数据帧。

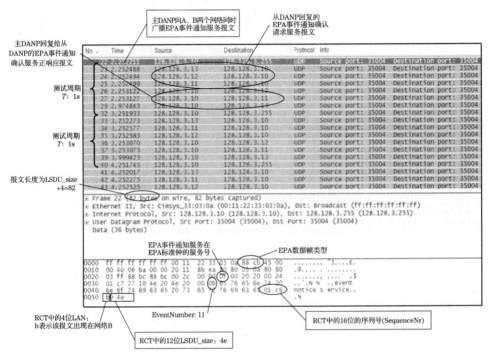

图 5.21 LRE 复制数据帧处理功能测试报文记录

同样,在本地 EPA 网络 A 中也能捕获到相同的报文记录。通过第 5 章的 PRP 监控管理软件也可以证明,被测设备的 LRE 能正确处理复制数据帧。同时,通过测试报文记录发现主从设备顺利地完成了在 EPA 报文附加 RCT 的情况下的交互,说明 PRP 协议对于上层协议是透明的,PRP 链路冗余实体对原通信协议栈未产生任何影响[8]。

5.6.4 PRP 冗余功能测试

1. 冗余功能测试流程

冗余功能测试流程[9]与复制数据帧处理功能测试流程类似,只是会在测试系统运行一段时间之后,在某个测试周期中破坏掉主设备的一个端口,模拟单点网络故障的发生,并在其后的周期中观察主设备 LRE 能否使用另一个端口恢复通信。测试流程如图 5.22 所示。

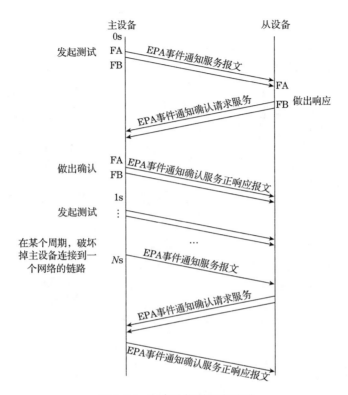

图 5.22　冗余功能测试流程图

2. 测试结果分析

在没有破坏掉主设备接入本地 EPA 网络的链路之前,系统的运行状态和复制数据帧处理功能测试中所描述的是一致的。当模拟故障发生之后,在主设备发生链路故障的本地 EPA 网中,通过 Ethereal 可以观测到两种情况。第一种情况,LRE 冗余功能起作用,主设备通过另外一个健康的网络继续保持与各个从设备的通信。这时在有链路故障的本地 EPA 网络中,通过 Ethereal 可以观测到在每个周期内各个从设备仍在每个周期向主设备发送一次复制 EPA 事件通知确认请求服务报文。这样说明主从设备仍然在健康的网络完成测试通信流程。第二种情况,LRE 冗余功能失效,主设备未能通过另外一个健康的网络继续保持与各个从设备的通信,说明主设备未能克服单点网络故障。这时在两个本地 EPA 网络中都无法观测到任何和测试相关的报文。图 5.23 是该测试用例中通过 Ethereal 记录下的通信报文。

如图 5.23 所示,在主设备连接到 A 网络的链路被破坏掉之后,在 B 网络中仍能观测到上述的第一种情况,证明 LRE 冗余功能起作用。

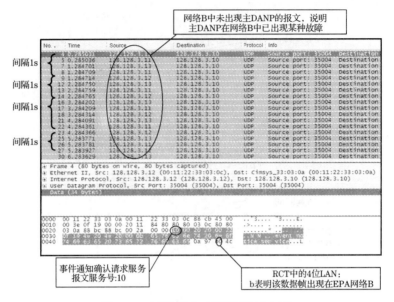

图 5.23　LRE 冗余功能测试报文记录

5.6.5　PRP 恢复时间测试

1. EPA 网络中 PRP 恢复时间获取

本书所述 PRP 协议是应用在 EPA 网络的,所以测试 PRP 协议在 EPA 网络环境中的恢复时间对 EPA 冗余技术研究更具价值。在 EPA 网络中,现场设备之间的通信数据可以分为两种。一种是周期数据,是指与过程有关的数据,如需要按控制回路的控制周期传输的测量值、控制值,或功能块输入、输出之间需要按周期更新的数据。也就是说,现场设备之间的通信是以固定周期进行的。另一种是非周期数据,是指用于以非周期方式在两个通信伙伴间传输的数据,如程序的上下载数据、变量读写数据、事件通知、趋势报告等数据,以及诸如 ARP、RARP、HTTP、FTP、TFTP、ICMP、IGMP 等应用数据。非周期是指设备间的通信是随机的。在实际的工业控制应用中[10],现场设备之间的通信多是与过程相关的通信,如 AI、AO、DI、DO 功能块之间的通信等。而非周期通信则多发生在现场设备与监控 PC 之间,如 EPA 现场设备与 EPA 组态软件之间的相关通信操作,组态软件通过读写服务、域上载、域下载等服务监控现场设备。而 PRP 的冗余则发生在都具备双网络适配器且嵌入 PRP 链路冗余实体的 EPA 现场设备中[11,12]。

基于上述事实,有如下描述:在 EPA 网络中,EPA_DPN 之间发生周期通信,在一个周期的某一时刻 EPA_DPN 使用的两个独立网络中任意一个发生单点网络故障,导致造成 EPA_DPN 之间通信失败,EPA_DPN 在之后紧接着的 N 个(N =1,2,3,…)周期使用另一状态健康的网络恢复通信所需要的时间可视为 PRP 在 EPA 网络中的恢复时间。

2. EPA 网络中 PRP 恢复时间测试流程

EPA 网络中 PRP 恢复时间测试流程与第 5.6.4 小节所述的流程是完全一致的,只是需要观测并记录经过多少时间后 EPA_DPN 通过冗余部件恢复通信。同时为了便于观测时间值,移除被测设备 3、4。在测试过程中,EPA_DANP 之间的通信周期使用集合 T_c＝{100ms,80ms,40ms,20ms,16ms,14ms,12ms,10ms,8ms,5 ms,2ms}的各元素值。通信周期的值在理论上是能无限趋近于零的,但是限于设备自身处理报文速度以及报文在网络传输中的时间消耗,存在一个有极限的通信周期。在实际应用中,T_c 中的最小值 2ms 已远远小于过程控制系统对冗余恢复时间所要求的最小值。

3. 结果分析

图 5.24 所示为通信周期为 20ms 和 2ms 的报文记录。同时通过 Ethereal 提供的时间值,可以精确地观测到 EPA_DPN 的 PRP 恢复时间。

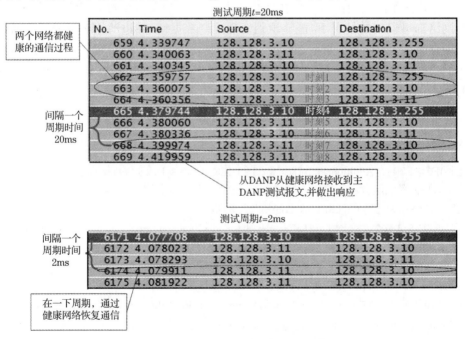

图 5.24　PRP 冗余恢复时间测试记录

在图 5.24 中,时刻 1 到时刻 6 为两个网络都健康情况下的两个通信周期。到时刻 7 时,捕获到一条由从设备发送给主设备的复制 EPA 事件通知确认请求服务报文。而时刻 6、7 之间的 19.638ms 内(一个周期,略微的偏差与设备自身定时器、网络时延以及 Ethereal 时间戳偏差有关)没有捕获到任何主设备发生给从设备的复制 EPA 事件通知服务报文,但在时刻 7 捕获了由从设备 2 发送给主设备的复制 EPA 事件通知确认请求服务报文。说明从设备在时刻 6、7 之间收到了来自主设备通过另一个健康网络发送过来的复制 EPA 事件通知服务报文。且 6、7 之间的时间差正好与测试周期吻合,同样使用测试集合 T_c 中的其他值也有相同结果。同时我们可以进一步细化区间,也就是将集合 T_c 中各元素之间的差值再划分。例如,$T_m = \{100\text{ms}, 98\text{ms}, 96\text{ms}, 94\text{ms}, 92\text{ms}, \cdots, 80\text{ms}\}$,以 2ms 为间隔进行测试。大量测试结果表明,恢复时间和通信周期之间是一种线性关系,且比例系数趋近与 1。因此,我们可以近似认为实际上 PRP 协议在 EPA 网络中的恢复时间可以视为 EPA_DANP 之间通信的周期。同样,随着通信周期的缩小,PRP 恢复时间也随之缩小,最后到达零恢复时间[13]。

5.7　冗余测试总结

上述两个测试用例的结构表明了 PRP 链路冗余实体在两个网络适配器和两个网络都可以用的情况下,能够识别发现复制数据帧,并过滤掉一对相同数据帧中后到的一个;在整个网络出现单点故障的情况下,PRP 链路冗余实体使用另一个健康的网络和网络适配器在故障发生的下一时刻恢复通信,到达零冗余恢复时间。

参 考 文 献

[1] IEC 62439/Ed 1. 0. High availability automation networks[S]. 2008

[2] IEC 61784-2. Additional profiles for ISO/IEC 8802. 3 based communication networks in real-time applications[S]. 2006

[3] IEEE Std 802. 2. Logical Link Control[S]. 1985

[4] IEEE Std 802. 1w-2001. IEEE standard for local and metropolitan area network-common specification-part 3: Media access control(MAC) bridges-amendment 2: Rapid reconfiguration IEEE[S]. 2001

[5] IEEE Std 802. 1D. Rapid Spanning Tree Protocol [S]. 2007

[6] ISO/IEC 9646-7 Corri 1-1997 Information technology-open systems interconnection-conformance testing methodology and framework-part 7: Implementation conformance statements technical corrigendum 1[S]. 1997

[7] Kirrmann H, Dzung D. Selecting a standard redundancy method for highly available industri-

al networks[J]. Factory Communication Systems,2006:386－390

[8] Kirrmann H,Hansson M,Müri P. IEC 62439 PRP:bumpless recovery for highly available, hard real-time industrial networks[S]. 2007

[9] 姜瑞新,蔡凌,汪晋宽.冗余测试系统的设计和应用[J].仪器仪表学报,2005:608－609

[10] 刑建春,王双庆,王平. Profibus 现场总线的冗余网络构建[J].仪器仪表学报,2001,(S2): 242－244

[11] 王平.工业以太网技术[M].北京:科学出版社,2007

[12] 冯冬芹,金建祥,褚健."工业以太网及其应用技术"讲座第 3 讲:以太网与现场总线[J].自 动化仪表,2003,24(6):65－70

[13] 陆爱林,冯冬芹,荣冈,等.工业以太网的发展趋势[J].自动化仪表,2004,25(2):1－4

第6章　STP协议的开发与应用

6.1　概　　述

工业实时自动化网络(以下简称 EPA 网络)的迅速发展使得网络结构越来越复杂,要求越来越高。工业自动化控制系统装置与仪器仪表间相互通信的工业控制网络通信标准 EPA 标准[1],可以用来解决工业自动化网络实时通信、总线供电、可靠性与抗干扰、远距离传输、网络安全以及基于以太网控制系统的体系结构等难题。工业实时以太网两层网络中存在自愈需求,并且这种要求合理:当某一条链路发生故障时,需要一条冗余链路立刻接管网络中的所有工作[2]。但两层环路的问题大多出现在具有冗余和负载功能的网络架构中,冗余线路的存在容易引入网络中的环路,而环路的存在又容易引发网络中的广播风暴。若采用手动关闭其中一条链路或所有冗余链路的方式,则网络就没有了冗余性可言。

为了保证 EPA 网络中的链路冗余,并且抑制广播风暴在两层数据网络中存在的弊端,IEEE 制定了 IEEE802.1d 生成树协议(spanning tree protocol,STP)。

STP 协议[3]是由 Sun 微系统公司著名工程师 Perlman 发明设计的一种两层管理协议,它通过分布式计算使得网络活动拓扑结构为树型结构,并通过有选择性地阻塞网络冗余链路来达到消除网络两层环路的目的,从而有效地防止 EPA 网络中回路的出现,避免帧的无限循环和重复接收所导致的广播风暴。同时,由于对冗余链路端口的管理是活动性的,因此 STP 协议具有一定的链路冗余备份功能。EPA 网络中一些网络设备(本章以典型应用 EPA 网桥为例)使用该方法能够达到两层交换的理想境界:冗余和无环路运行。

STP 协议的优点在于结构简单、实现不复杂、适用于小型的网络结构。但随着应用的深入及网络技术的发展,它的缺点也在应用中暴露了出来,主要表现在收敛速度上。当拓扑结构发生变化时,新的配置消息要经过一定的时延才能传播到整个网络,这个时延称为转发延时,协议默认值为 15s,而生成树稳定的时间至少是转发时延的两倍。针对基本 STP 协议的缺点,出现了一些改进型的 STP 协议(RSTP、MSTP 等)。本章重点讨论的问题是基于基本 STP 协议的,包括 STP 协议的原理、STP 协议应用系统架构以及 STP 协议在 EPA 网络中的实际应用(EPA 网桥等)。

6.2　STP 协议原理

6.2.1　STP 协议生成树算法

STP 协议算法[4,5]执行思路是：不论 EPA 网络设备和 EPA 网桥之间采用何种物理连接方式，它们都能够自动发现一个没有环路的树型拓扑网络，并且确定有足够的连接通向整个网络的每一部分。EPA 网络中的所有网络节点要么进入转发状态，要么进入阻塞状态，这样就建立了整个局域以太网的生成树网络。初始上电或网络结构发生变化时，EPA 网桥都将对自动化网络生成树拓扑重新计算。这时，为稳定网络生成树拓扑结构需选择一个根桥，从一点传输数据到另一点，出现两条以上路径时只能选择一条距离根桥最短的活动路径。STP 协议的此种控制机制可以协调多个 EPA 网桥共同工作，使工业自动化网络可以避免因为一个网络节点的故障而导致整个网络的连接功能丢失，而且冗余设计的网络环路不会出现广播风暴。

STP 协议的基本原理是：通过在 EPA 网桥之间传递一种特殊的协议报文（在 IEEE802.1D 中这种协议报文被称为配置消息）来确定网络的拓扑结构。该配置消息桥协议数据单元（bridge protocol data units，BPDU）包含足够的信息以保证完成 STP 协议算法的计算。简单来讲，STP 协议就是通过 EPA 网桥之间互相交换 BPDU 包，实现在整个局域以太网络中构建一个无回路的网络逻辑交换拓扑结构。它首先通过生成树算法选举一个 EPA 网桥作为根网桥，然后根据各个 EPA 网桥到达根网桥的路径开销选择各交换节点到达根网桥的最优路径，同时阻断网络中其他次优路径（冗余链路）而形成逻辑上无环路的树形结构，一旦网络链路或网络节点发生故障，EPA 网桥之间就相互发送控制信息（拓扑变化通知 BPDU包）重新构造协议信息，再次形成无环路的交换拓扑结构。然后各 EPA 网桥在此网络拓扑结构上高速转发数据包。

STP 协议运行生成树算法（STA），把自动化网络中的环形结构改变为树型结构。生成树算法实现过程具体可归纳为以下三个步骤：

（1）选择根网桥。依据 EPA 网桥 ID（由 2 字节 EPA 网桥优先级和 6 字节 EPA 网桥 MAC 地址组成），其取值范围为 0～65535，默认为 32768。值越小，优先级越高。

（2）选择根端口。选择顺序为：到根网桥的根路径成本最低；直连的网桥 ID 最小；端口 ID 最小。

（3）选择指定端口。选择顺序为：根路径成本最低；所在的 EPA 网桥 ID 的值最小；端口 ID 的值较小。

EPA 网桥之间通过 BPDU 来交换网桥 ID、根路径成本等信息。BPDU 利用一个 STP 组播地址——01-80-C2-00-00-00 作为它的一个目的地址。所有支持 STP 协议的 EPA 网桥都会接收并处理收到的 BPDU 报文,报文数据区里携带了用于 STP 协议计算的所有有用信息[6]。执行了生成树算法以后,EPA 网桥的协议实体将根据生成树算法的结果更新端口状态及转发实体数据库,以决定 EPA 网桥端口的工作状态,最终建立树型 EPA 网络拓扑结构。

6.2.2　STP 协议分析

STP 协议基于以下几点:由一个唯一的组地址(01-80-C2-00-00-00)标识一个特定局域以太网的所有 EPA 网桥,这个组地址能被所有的 EPA 网桥识别;每个 EPA 网桥有一个唯一的桥标识(bridge identifier);每个 EPA 网桥的端口有一个唯一的端口标识(port identifer)。

对 STP 协议配置进行管理还需要:对每个 EPA 网桥协调一个相对的优先级;对每个 EPA 网桥的每个端口协调一个相对的优先级;对每个端口协调一个路径花费。

在自动化网络中,具有最高优先级的 EPA 网桥被称为根网桥。其中,每个 EPA 网桥端口都有一个根路径花费,根路径花费是指网络中该 EPA 网桥到达根网桥所经过的各个跳段的路径花费总和。在一个 EPA 网桥中,具有根路径花费值最低的端口称为根端口,若有多个端口具有相同的根路径花费,则具有最高优先级的端口为根端口。

在每个局域以太网中都有一个 EPA 网桥被称为指定网桥,它属于该局域以太网中根路径花费最少的 EPA 网桥。把局域以太网和指定网桥连接起来的端口就是该局域以太网的指定端口。如果指定网桥中有两个以上的端口连在这个局域以太网上,则具有最高优先级的端口被选为指定端口。下面以 EPA 网络中 STP 协议在 EPA 网桥中应用的简单网络拓扑结构为例进行说明,如图 6.1 所示。

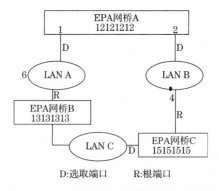

图 6.1　EPA 网桥应用简单网络拓扑结构

由于 EPA 网桥 A 具有最高优先级(桥标识最低),因此被选为根网桥,所以 EPA 网桥 A 是 LAN A 和 LAN B 的指定网桥;假设 EPA 网桥 B 的根路径花费为 6,EPA 网桥 C 的根路径花费为 4,那么 EPA 网桥 C 被选为 LAN C 的指定网桥,亦即 LAN C 与 EPA 网桥 A 之间的消息通过 EPA 网桥 C 转发,而不是通过 EPA 网桥 B。LAN C 与 EPA 网桥 B 之间的链路是一条冗余链路。

6.2.3　STP 协议 BPDU 报文

工业自动化网络中,运行于网络设备中的 STP 协议发挥的重要作用是由网络设备间通过 BPDU 报文通信来完成的。在正常情况下,工业实时自动化网络中 EPA 网桥之间交换包含配置信息的配置 BPDU 包,而当检测到网络拓扑结构变化时则要发送拓扑变化通知 BPDU 报文。EPA 网桥之间定期发送 BPDU 报文来交换 STP 配置信息,以便能够对网络的拓扑、花费或优先级的变化做出及时响应。BPDU 报文分为两种类型:配置 BPDU(configuration BPDU)和拓扑变化通知 BPDU(topology change notification BPDU)。包含配置信息的 BPDU 包称为配置 BPDU;检测到网络拓扑结构变化时发送的 BPDU 包称为拓扑变化通知BPDU。

BPDU 报文中配置 BPDU 编码格式如图 6.2 所示。

图 6.2　配置 BPDU 编码格式

配置 BPDU 报文消息封装格式如图 6.3 所示。

其中,各相应字段的意义如下:

协议标识(protocol identifier):0000 0000 0000 0000,标识该 BPDU 为 STP 协议的 BPDU。

协议版本(protocol version identifier):0000 0000,标识 STP 协议的版本号,数字越大,版本越新。例如,0000 0010 代表快速 STP 协议。

报文类型(BPDU type):0000 0000,标识该 BPDU 报文是配置 BPDU。

协议标识	（占用 2 字节）
协议版本	（占用 1 字节）
报文类型	（占用 1 字节）
标志位字	（占用 1 字节）
根桥 ID	（占用 8 字节）
根路径开销	（占用 4 字节）
桥 ID	（占用 8 字节）
端口 ID	（占用 2 字节）
消息时间	（占用 2 字节）
最大生存时间	（占用 2 字节）
Hello 时间	（占用 2 字节）
发送延迟	（占用 2 字节）

图 6.3　配置 BPDU 消息封装格式

标志位字：字段的第 8 位是拓扑变化确认位 TCA，第 1 位是拓扑变化位 TC。

标识：根桥标识(root identifier)里面封装的是根桥(root bridge)的 EPA 网桥标识，桥标识里面封装的是发送此 BPDU 报文的 EPA 网桥标识。EPA 网桥标识由 2 个字节的优先级和 6 个字节的 MAC 地址组成。

根路径开销(root path cost)：标识网桥到根网桥总的路径开销。

端口标识：由一个字节的优先级和一个字节的端口号组成，其中端口号在特定 EPA 网桥中必须唯一。

定时器值：最大生存时间(max age)、Hello 时间(Hello time)、转发延时(forward delay)的值都由根设置，所有网桥 BPDU 或交换机 BPDU 都采用同样的值。当消息时间大于最大生存时间时，此配置消息将被丢弃，以防止 BPDU 报文无休止地在网络中传递。Hello 时间是 EPA 网桥转发配置信息的时间间隔。转发延时是为了避免在拓扑变化过程中网络出现环路而将一个端口从阻塞状态进入转发状态做的时间延迟。

对于配置 BPDU，超过 35 个字节以外的字节将被忽略掉；对于拓扑变化通知 BPDU，超过 4 个字节以外的字节将被忽略掉。

BPDU 报文中拓扑变化通知 BPDU 编码如图 6.4 所示。

协议标识	协议版本标识	BPDU 类型

图 6.4　拓扑变化通知 BPDU 编码

拓扑变化通知信息的报文格式如图 6.5 所示。

协议标识	（占用 2 字节）
协议版本	（占用 1 字节）
报文类型	（占用 1 字节）

图 6.5　拓扑变化 BPDU 消息封装格式

协议标识、协议版本：字段意义同配置 BPDU，在此不再加以复述。

报文类型：1000 0000，标识该 BPDU 是拓扑变化 BPDU。

6.2.4　STP 协议运行机理

1. 形成生成树的决定性因素

在 STP 协议中，形成一个生成树所必需的决定性因素有以下几点：

1）决定根网桥

（1）开始时，所有 EPA 网桥都认为自己是根网桥。

（2）EPA 网桥向与之相连的 LAN 广播发送配置 BPDU，其 root_id 与 bridge_id 的值相同。

（3）当 EPA 网桥收到另一个 EPA 网桥发来的配置 BPDU 后，若发现收到的配置 BPDU 中 root_id 字段的值大于该 EPA 网桥中 root_id 参数的值则丢弃该帧，否则更新该 EPA 网桥的 root_id、根路径花费 root_path_cost 等参数的值，该 EPA 网桥将以新值继续广播发送配置 BPDU。

2）决定根端口

一个 EPA 网桥中根路径花费的值最低的端口称为根端口。

若有多个端口具有相同的最低根路径花费，则具有最高优先级的端口为根端口。若有两个或多个端口具有相同的最低根路径花费和最高优先级，则端口号最小的端口为默认的根端口。

3）确定 LAN 的指定网桥

（1）开始时，所有 EPA 网桥都认为自己是该 LAN 的指定网桥。

（2）当 EPA 网桥接收到具有更低根路径花费的（同一个 LAN 中）其他 EPA 网桥发来的 BPDU 时，该 EPA 网桥就不再宣称自己是指定网桥。如果在一个 LAN 中，有两个或多个 EPA 网桥具有同样的根路径花费，那么具有最高优先级的 EPA 网桥被先确定为指定网桥。在一个 LAN 中，只有指定网桥可以接收和转发帧，其他 EPA 网桥的所有端口都被设置为阻塞状态。

（3）若指定网桥在某个时刻收到了 LAN 上其他 EPA 网桥因竞争指定网桥而发来的配置 BPDU，则该指定网桥将发送一个回应的配置 BPDU，以重新确定指定网桥。

4）决定指定端口

在 LAN 的指定网桥中,与该 LAN 相连的端口为指定端口。若指定网桥有两个或多个端口与该 LAN 相连,则具有最低标识的端口为指定端口。

除了根端口和指定端口外,其他端口都将置为阻塞状态。这样,在决定了根网桥、EPA 网桥的根端口,以及每个 LAN 的指定网桥和指定端口后,一个生成树的拓扑结构也就确定了。

5）生成树拓扑变化

拓扑信息在网络上的传播有一个时间限制,这个时间信息包含在每个配置 BPDU 中,即为消息时限。每个 EPA 网桥存储来自 LAN 选取端口的协议信息,并监视这些信息的存储时间。在正常稳定状态下,根网桥定期发送配置消息以保证拓扑信息不超时。如果根网桥失效了,其他 EPA 网桥中的协议信息就会超时,从而新的拓扑结构很快在网络中传播。

当某个 EPA 网桥检测到拓扑变化时,它将向根网桥方向的指定网桥发送 BPDU,以 BPDU 定时器的时间间隔定期发送 BPDU,直到收到了指定网桥发来的确认拓扑变化信息(这个确认信号在配置 BPDU 中,即拓扑变化标志置位),同时指定网桥重复以上过程,继续向根网桥方向的 EPA 网桥发送 BPDU。这样,BPDU 最终传到根网桥。根网桥收到这样一个通知,其自身改变了拓扑结构,它将发送一段时间的配置 BPDU,在配置 BPDU 中拓扑变化标志位被置位。所有的 EPA 网桥将会收到一个或多个配置信息,并使用转发延迟参数的值来老化过滤数据库中的地址。所有的 EPA 网桥将重新决定根网桥、EPA 网桥的根端口,以及每个 LAN 的指定网桥和指定端口,这样生成树的拓扑结构也就重新确定了。

6）STP 协议的端口状态

STP 协议端口分为五种状态:禁用、阻塞、监听、学习、转发。处于各种状态下时 STP 协议所完成的功能如下所述。

(1) 禁用。关闭端口。

(2) 阻塞。不能接收或传输数据,不能把 MAC 地址加入它的地址表,只能接收 BPDU。

(3) 监听。由根端口或指定端口担任,不能接收或传输数据,不能把 MAC 地址加入它的地址表,只能接收或发送 BPDU。

(4) 学习。在转发延时计时时间(默认 15s)后,端口进入学习状态。不能传输数据,但可接收或发送 BPDU,可学习 MAC 地址并加入它的地址表。

(5) 转发。在下次发送延时计时时间(默认 15s)后,端口进入转发状态,能接收或传输数据,能学习 MAC 地址并加入它的地址表,也可接收或发送

BPDU。

下面以 EPA 网桥为例,给出 STP 协议工作后各端口状态的关系,如图 6.6 所示。

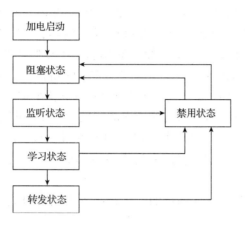

图 6.6　EPA 网桥各端口状态的关系

EPA 网桥在运行 STP 协议后各端口工作状态很相似,在正常操作中,一个端口或者处于转发状态,或者处于阻塞状态,转发端口提供了一条到根网桥的最低代价的路径;而当一个设备发现网络拓扑发生变化时,会产生两种过渡状态。在拓扑变化期间,端口会暂时进入监听和学习状态。

所有端口在开始时都处于阻塞状态以避免产生回路,如果算法发现一条更低代价的通往根网桥的路径,端口将保持阻塞状态,阻塞状态下的端口仍能接收BPDU。

当网络端口作为指定端口或根端口时,将从阻塞状态转入监听状态,当一个端口处于过渡性的监听状态时,它能够检查 BPDU 数据包。该状态实际上用来表示端口已经做好发送准备,但在发送前还需等待一段时间以保证不会因此而产生一个回路。

当端口处于学习状态时,它能够根据在端口上监听到的 MAC 地址刷新它的 MAC 地址表,但不转发数据帧。

在转发状态下,端口可以发送和接收数据。

端口从阻塞状态转换到转发状态通常需要 50s 时间,通过调节生成树计时器可以调整这一时间。通常计时器被设定为缺省值,它使得网络有足够的时间收集到关于网络拓扑的所有正确信息。一个端口从监听状态变换到学习状态或是从学习状态变换到转发状态所需要的时间称作转发延迟。

2. STP 功能实现的具体步骤

1）建立并维护一个网络动态拓扑结构

STP 根据 LAN 内各个网络设备的连接状况建立一个网络动态拓扑结构，该结构建立后，数据包只通过指定端口进行传输，其他端口将被自动阻塞掉；被阻塞的端口将不接收或转发一般的数据包，但仍然可以接收和转发 BPDU 包。建立一个稳定的拓扑结构将由每个 EPA 网桥的标识符、每个 EPA 网桥各个端口所对应的通路的路径值、每个 EPA 网桥各个端口的标识符等因素决定。当 EPA 网桥启动后，便向与其相连的网段发送 BPDU 包，并通过相连网段接收其他 EPA 网桥所发送的 BPDU 包，在 BPDU 包中包含了本网桥的信息和与其他 EPA 网桥交互得来的信息、通过交换得到的 BPDU 包。STP 完成的功能如下：

（1）通过比较各个 EPA 网桥的标识符找到根网桥（标识符最低），它是 STP 算法的核心和起始点。

（2）计算 EPA 网桥各个端口对应的到根网桥通路的路径值，找到一个端口，使其对应的该路径值最低，这个端口就是该 EPA 网桥的根端口。规定根端口对应的最低路径值为该 EPA 网桥到根网桥的路径值。计算并找出每个 EPA 网桥的根端口和每个 EPA 网桥到根网桥的路径值。

（3）通过第（2）步计算出的各个 EPA 网桥到根网桥的路径值，为每一个网段指定一个指定网桥，使该 EPA 网桥到根网桥的路径值最低，指定网桥内与对应网段相连的端口称为指定端口，每一个网段对应一个指定网桥和一个指定端口。

在确定 EPA 网桥的根端口和网段对应的指定端口时，如果有两个或两个以上的端口对应的路径值相同，则比较它们各自所在的 EPA 网桥的标识符，选取较低的一个；如果在一个 EPA 网桥内，则比较它们各自的端口标识符。通过以上算法，整个网络的动态拓扑结构就完全确定下来了。

2）发布拓扑信息并配置 STP

各个 EPA 网桥将通过互发 BPDU 包交换拓扑信息来实现上述算法，发送和接收 BPDU 包遵从以下机制：

（1）启动时，各个 EPA 网桥认为自己是根网桥，并定期与其相连的所有 LAN 发送拓扑信息。

（2）EPA 网桥收到 BPDU 包后，将其与自己的配置信息进行比较，然后保存并发布它认为配置等级高的拓扑信息。

通过以上拓扑信息的交互，STP 可以迅速了解并确定整个拓扑结构，在所有的 EPA 网桥都接收了根网桥的标识符并建立了其他相关参数之后，STP 将配置每一个 EPA 网桥,使不同网段间的数据流只通过与网段对应的指定端口和相应 EPA 网桥的根端口,所有其他端口将被阻塞掉。

3) STP 的重新配置

一旦整个网络的拓扑结构稳定下来,所有的 EPA 网桥将监听由根网桥定时发来的监听 BPDU(Hello BPDU)包。如果一个 EPA 网桥在一段时间内没有收到 Hello BPDU 包,则该 EPA 网桥将认为根网桥不存在或它与根网桥的连接已中断。这时它会发送一个 SNMP 的 Trap 包通知网络管理员,并发出一个通知拓扑改变的 BPDU 包通知其他 EPA 网桥该变化信息。然后各 EPA 网桥就会从缓存内查询原拓扑结构的状态信息。如果发现取不到状态信息或状态信息已更改,则所有 EPA 网桥将按照上述配置过程重新配置 STP 的状态信息。

6.3　硬件平台设计

6.3.1　EPA 网桥硬件结构介绍

EPA 网桥的硬件电路[7]结构示意图如图 6.7 所示,从功能上主要分为四个部分,分别是 MCU 控制模块、网络控制器模块、存储器模块和供电模块。其中,MCU 控制模块主要是实现特定接口功能及执行相关控制操作;网络控制器模块[8]主要用来担负自动化网络现场层和过程监控层设备的数据信息传输;存储器模块实现对 EPA 网桥的程序存储;供电模块主要完成整个系统的电源供应。

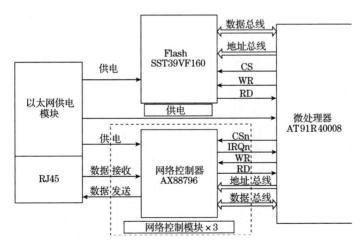

图 6.7　EPA 网桥的硬件电路结构示意图

6.3.2 网络控制器模块设计

EPA 网桥中选用三片 AX88796B 以太网控制器芯片来进行数据转发,它们与 MCU 之间采用总线连接的方式,利用 MCU 不同的片选信号进行芯片选通以控制网络控制芯片完成各种操作。

单个网络控制芯片的外围电路原理图如图 6.8 所示。从图中可以看出,芯片采用外部时钟为其提供工作基准时钟,本电路选用的是 25MHz 片外时钟。通过总线、片选及读写控制信号与 MCU 控制器相连,完成网络控制芯片与 MCU 之间

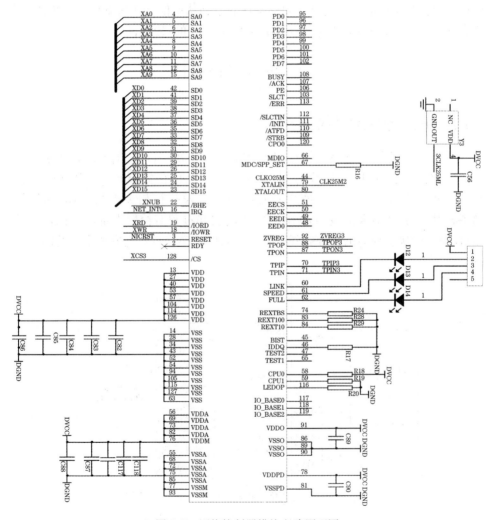

图 6.8　网络控制器模块电路原理图

的数据交换。TPOP、TPON、TPIP、TPIN 与网络隔离器的相应引脚相连,之后再由网络隔离器将数据传送到网络上。本电路提供了三个芯片状态指示灯:D12、D13 和 D14。它们代表的状态分别是:连接通断状态指示、10M/100M 速度指示、全双工或半双工状态指示。

6.4　STP 协议软件设计

STP 协议属于高层协议实体,运行于数据链路层(LLC),属于第二层网络管理协议。运行生成树算法时,高层协议实体可以直接调用二层网络管理实体提供的服务,并能读取或更改转发实体数据库中维护的信息,如从转发实体中读取或修改某端口的状态信息。图 6.9 是 STP 协议运行于 MAC 层的参考模型。

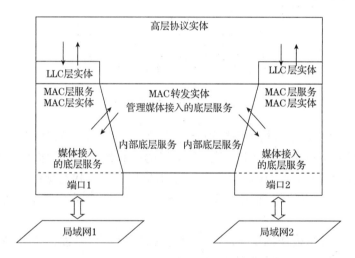

图 6.9　STP 协议运行在 MAC 层的体系结构

为了实现 STP 协议的功能[9],运行 STP 协议的 EPA 网桥之间会进行一些信息交流,这些信息交流单元被称为 BPDU。BPDU 是一种两层报文,为了便于互操作,IEEE 802.1d 中对它的目的 MAC 做了说明。STP 协议中 BPDU 的目的 MAC 是多播地址 01-80-C2-00-00-00,所有支持 STP 协议的 EPA 网桥都会接收并处理收到的 BPDU 报文,报文数据区里携带了用于生成树计算的所有有用信息。实现生成树算法[10]时,EPA 网桥从端口接收 BPDU,并交由 EPA 网桥 STP 协议实体。执行了生成树算法以后,EPA 网桥的协议实体将根据算法的结果更新端口的状态并更新转发实体数据库,以决定 EPA 网桥端口的工作状态,从而建立生成树拓扑结构。

6.4.1　生成树模块功能划分

作为一个软件实现,生成树模块的功能划分如图 6.10 所示。

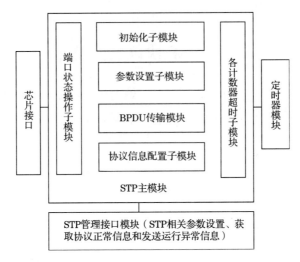

图 6.10　生成树功能模块划分

从功能上而言,生成树子系统划分为 STP 主模块、STP 管理接口模块和定时器模块。STP 主模块完成 STP 算法和协议的所有操作:初始化 STP 模块、收发BPDU 包、根据 BPDU 包构建动态拓扑结构、完成对端口状态操作、响应物理链路状态变化、响应 STP 管理接口模块对 STP 主模块参数设置、侦听拓扑结构变化[11]。

STP 管理接口模块减少 STP 与管理子系统的耦合,增强模块可移植性设计,对外部系统提供一个透明、操作简单的接口。

定时器模块是 STP 的各定时器的一个共性抽象模块,为算法的正常运行提供定时服务,结构比较简单。

6.4.2　生成树算法模块主要流程

首先是根桥的选择:在 EPA 网桥上电启动时,都是假定自己为根桥,它所有跟 LAN 中连接的端口都为选取端口,网桥向所有的选取端口定时发送 BPDU 配置报文。此时,报文体中的根标识与桥标识相同,根路径花费为 0,消息生存时间时间也为 0。当 EPA 网桥收到另一网桥的配置报文时,如果此配置报文的根标识比此网桥的大时,则丢弃此配置报文,更新该 EPA 网桥的根标识、根路径花费等参数的值,该网桥将以新值继续向选取端口广播发送配置BPDU[12]。

另外,EPA 网桥的根端口选择过程如下:根桥选取后,根桥定时向选取端口发送配置报文 BPDU,桥接的 LAN 中的其他 EPA 网桥会收到配置报文,这些 EPA 网桥会把收到的配置报文 BPDU 中的根路径开销最小的那个端口作为该网桥的根端口(root port)。如果有多个端口具有相同的最低根路径花费,则具有最高优先级的端口为根端口。若有两个或多个端口具有相同的最低根路径花费和最高优先级,则端口号最小的端口为默认的根端口。网桥从根端口接收到配置报文后,会从网桥的选取端口发送配置报文[13]。在选取端口发送配置报文时,它会修改报文的根路径花费、桥标识、端口标识和消息生存时间。

在网络拓扑结构没有达到新一轮的动态平衡[14]之前,EPA 网桥之间通过如下机制来转发 BPDU。在接收到其他 EPA 网桥发送的配置 BPDU 报文后,STP 算法中的数据处理流程如图 6.11 所示。当一个端口收到配置 BPDU 时,首先根据与自己的优先级进行比较来判断是否需要更新已有的记录,如果需要则记录并更新本地原有的网络配置信息。如果本地网桥为根桥,则发送拓扑变化通知;如果不是,则根据收到的高优先级的报文配制 BPDU 报文发送出去。

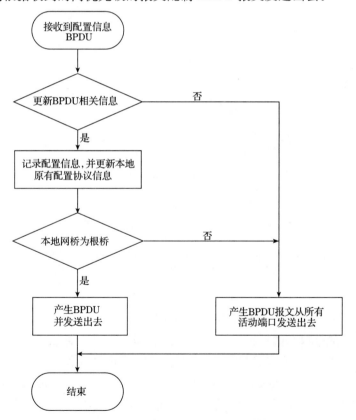

图 6.11　EPA 网桥接收到 BPDU 后的数据处理流程图

　　EPA 网桥发送完 BPDU 后,通过网络传播的配置信息有一个有效时间,此时间为配置报文 BPDU 中的最大生存时间。EPA 网桥会保存端口中的信息,并时刻监视这些信息的存储时间。在正常的情况下,根桥定时发送配置报文 BPDU,以使存储的信息不会超时。如果端口的信息超时,EPA 网桥会尝试使此端口为 LAN 的选取端口,并把从根端口接收到的配置报文 BPDU 由此端口发送出去。如果 EPA 网桥的根端口的信息超时,网桥的其他端口会被选择为根端口。如果根桥失效,EPA 网桥将接收不到根桥发送过来的配置信息,它会假定自己为根桥。进而新的拓扑结构很快就在网络中形成。

　　由于网络中的传播会存在时延,因此拓扑生成树不能发生很快的变化。当生成树决定一个端口需要进入转发状态时,它首先会使端口进入学习状态,在这个时间内等待新的配置信息到来。当协议定时器到时,端口状态会进入学习状态,在这个时间内更新过滤数据库中的 MAC 地址信息。在协议定时器到时后,端口才进入转发状态。具体在 STP 算法中,STP 端口状态相互转换状态如图 6.12 所示。

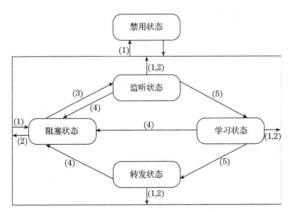

图 6.12　STP 端口状态相互转换状态图

(1)端口控制,通过管理或初始化;(2)端口禁用,通过管理或端口失效;(3)算法选择指定端口或根端口;
(4)算法选择端口;(5)协议定时器(逾期)(转发定时器)

　　特别值得注意的是,在 STP 算法中,EPA 网桥的端口只有属于根端口或者选取端口时,才能够参与数据帧的转发,其余端口状态都为阻塞状态。

　　当 LAN 中非根桥的 EPA 网桥改变了有效拓扑结构时,它会在根端口定时发送 BPDU,直到收到确认报文。LAN 中的选取网桥接收到此 BPDU,会重复此过程。如果根桥收到 BPDU 或者它自己改变有效拓扑结构时,根桥会在一段时间内发送带拓扑改变标志的配置 BPDU,此时间为最大生存时间与转发延时的和。当非根桥的 EPA 网桥接收到带拓扑改变标志的配置 BPDU 时,EPA 网桥会把转发延时作为过滤数据库中的动态表项的 AGE 时间,当再收到不带拓扑改变标志的配置 BPDU 时,EPA 网桥恢复过滤数据库中的动态表项的原有 AGE 时间。这样 EPA 网桥就可以迅速老化过滤数据库中的动态表项。检测拓扑变化的能力能够被启动/禁止,这可通过设置变化检测使能参数来达到目的。

　　EPA 网桥检测到新一轮网络拓扑变化后的数据处理流程如图 6.13 所示。当 EPA 网桥检测到拓扑变化后,首先会判断自己是否是根桥。如果本地网桥是根桥,则向所有端口广播拓扑检测标志位和拓扑变化标志位被置位了的 BPUD 报文,并启动拓扑变化定时器,直到定时器超时后复位标志位并结束;如果本地网桥不是根网桥,则启动拓扑变化通知定时器,并以定时器的计时时间为间隔向根端口方向周期发送 BPDU,直至收到指定网桥回复的确认信息后复位标志位并停止定时器。

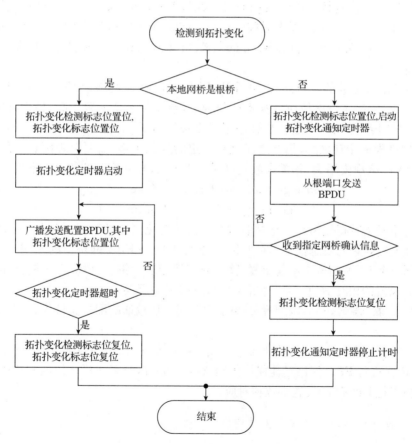

图 6.13　EPA 网桥检测到网络拓扑变化后的数据处理流程图

6.4.3　STP 协议主要参数定义

关于 EPA 网桥中软件 STP 的协议栈部分,由于其代码庞大且烦琐,现在只对其中的主要参数及主要函数进行简单的说明,方便读者对 EPA 网桥中软件 STP 协议栈的理解。

STP 生成树模块软件设计主要代码包含在工程里的 STP 文件夹中,包含三个文件:stp. c;stpoutput. h;stpoutput. c。其中,stp. c 为生成树算法的主体部分,用于完成实现算法功能的所有运算;stpoutput. c 包含两个函数,分别是配置 BP-DU 与拓扑变化 BPDU 的发送函数,建立了生成树算法实体与 EPA 网桥其他软件模块的接口。

对于每个特定的 EPA 网桥,需要在 stp. c 里对其进行参数配置。主要需要配置的参数包括网桥 ID(bridge_id)、最大时间(bridge_max_age)、网络延迟时间(bridge_forward_delay)、握手时间(bridge_hello_time)、拓扑变化时间(topology_change_time)、保持时间(hole_ time)、端口 ID(port_id)和路径开销(path_cost)等。

需要配置参数的主要意义:网桥 ID 用于标示 EPA 网络中 EPA 网桥身份,对于不同的 EPA 网桥次值应分配不同的数字,数字越小优先级越高;最大时间、网络延迟时间和握手时间几个参数是用于生成树计算的重要参数,这几个参数对 EPA 网络规模非常敏感,相互之间也有一定的约束关系,需要合理配置。总的来讲,EPA 网络规模增大,相关参数值也应适当加大,相互之间的约束关系为

$$2 \times (\text{bridge\_forward\_delay}) \geqslant \text{bridge\_max\_age}$$
$$\text{bridge\_max\_age} \geqslant 2 \times (\text{hole\_time} + 1)$$

拓扑变化时间是拓扑变化时根桥发送拓扑变化消息的时间;保持时间用于防止端口太过频繁的发送报文;端口 ID 用于标识同一 EPA 网桥中的不同端口,数值在同一个 EPA 网桥中不能重复;路径开销用于表示链路好坏,关于链路速率与 path_cost 值的相互对应关系,作者可自行查阅相关资料。

对于每个端口,还应该配置单独的 IP 地址,IP 地址的配置文件为工程文件里面的 tcpip. c。

在工程包含的 epa. c 文件里面,rcvbpdu_tocfg 和 rcvtcnbpdu_tocfg 两个函数为 STP 算法与 EPA 网桥其他模块的报文接收接口,与第一段介绍的配置 BPDU 和拓扑变化 BPDU 的发送函数相对应。

1. 程序中用到的主要数据结构体

1) 配置 BPDU

```
typedef struct
```

```
{   Bpdu_type       type;
    Identifier      root_id;
    Cost            root_path_cost;
    Identifier      bridge_id;
    Port_id         port_id;
    Time            message_age;
    Time            max_age;
    Time            hello_time;
    Time            forward_delay;
    Flag            topology_change_acknowledgment;
    Flag            topology_change;
} Config_bpdu;
```

2) 拓扑变化 BPDU

```
typedef struct
{   Bpdu_type   type;
} Tcn_bpdu;
```

3) EPA 网桥参数

```
typedef struct
{   Identifier      designated_root;
    Cost            root_path_cost;
    Int             root_port;
    Time            max_age;
    Time            hello_time;
    Time            forward_delay;
    Identifier      bridge_id;
    Time            bridge_max_age;
    Time            bridge_hello_time;
    Time            bridge_forward_delay;
    Boolean         topology_change_detected;
    Boolean         topology_change;
    Time            topology_change_time;
```

```
    Time              hold_time;
} Bridge_data;
```

4）端口参数

```
typedef struct
{   Port_id         port_id;
    State           state;
    Int             path_cost;
    Identifier      designated_root;
    Int             designated_cost;
    Identifier      designated_bridge;
    Port_id         designated_port;
    Boolean         topology_change_acknowledge;
    Boolean         config_pending;
    Boolean         change_detection_enabled;
} Port_data;
```

5）定时器参数

```
typedef struct
{   Boolean         active;
    Time            value;
} Timer;
```

2. 程序中用到的主要函数

1）void initialisation()
参数说明：无。
该函数初始化 EPA 网桥配置的各个参数，建立各种操作所需的软定时器。
2）void initialize_port(int port_no)
参数说明：port_no 为传递的参数，代表具体操作的端口号。
该函数用来初始化各个端口，建立与端口任务相关的软定时器。
3）transmit_config(int port_no)
参数说明：port_no 为 EPA 网桥相应发送端口。

该函数为配置消息函数。

4) send_config_bpdu(int port_no,Config_bpdu ＊ bpdu)

参数说明：port_no 为 EPA 网桥相应发送端口。

该函数为配置消息发送函数。bpdu 为指向要处理的数据的指针。

5) topology_change_detection()

参数说明：无。

该函数为拓扑变化发送函数。

6) received_config_bpdu(int port_no,Config_bpdu ＊ config)

参数说明：port_no 为收到消息的端口号，config 为传递给函数指针。

该函数为接收配置 BPDU 处理函数，然后对报文进行相应处理。

7) received_tcn_bpdu(int port_no,Tcn_bpdu ＊ tcn)

参数说明：port_no 为收到消息的端口号，tcn 为指向要处理的数据的指针。

该函数为拓扑变化处理函数。

6.5　STP 协议的应用

本章提出的 STP 协议可以有效地解决 EPA 网络中的 EPA 网桥应用[15]过程中可能出现的报文无限循环和保证 EPA 网络可靠性的问题。将 STP 协议应用在 EPA 网桥中，可以保证任意两个 LAN 之间只有唯一路径。一旦 EPA 网桥商定好生成树，EPA 网络间的所有数据通信传送都遵循此生成树，而其他链路将被阻塞，成为备份链路。由于从每个源到每个目的地只有唯一的路径，故不可能再有循环，从而有效地避免了广播风暴的发生。同时由于冗余链路的存在，因而也在一定程度上提高了网络的可靠性。

当前 EPA 网络中，STP 协议的应用有很多方面。例如，若要实现 EPA 网桥的桥接功能而不允许 EPA 网络中存在环形回路，则在 EPA 网络中对每个 EPA 网桥端口维护的子模块中运行生成树算法，通过阻塞一些冗余链路端口将带冗余链路的网络结构修剪成一个无环路的树形拓扑，来避免 EPA 网络中出现环路。一旦活动链路失效，生成树算法会自动调整拓扑结构重新构造出一个树形拓扑，由此达到链路备份的目的，EPA 网络也具备了一定的网络容错能力。现在假设拥有一个实际的 EPA 工业以太网络拓扑结构，如图 6.14 所示。

假定 EPA 网络拓扑结构如图 6.14 所示，EPA 网络中存在不允许的回环网络。系统上电后，EPA 网桥之间通过相互发送 BPDU 报文获得 EPA 网络的拓扑信息，并根据链路的优先级选择最健壮的链路作为生成树的"树枝"。假定 EPA 网桥 1 的优先级最高，网段 E 由 EPA 网桥 4 到 EPA 网桥 1 的链路路径开销最小，那么 EPA 网桥 1 将成为根网桥，EPA 网桥 4 将成为 E 网段的指定网桥，工作

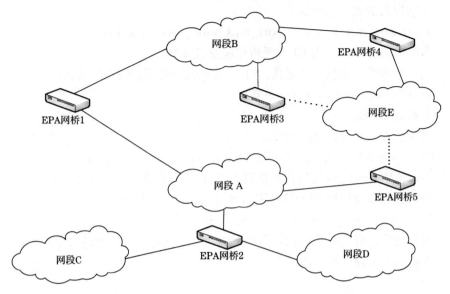

图 6.14　EPA 工业以太网络拓扑结构

在 EPA 网桥 3 和 EPA 网桥 5 中的生成树算法实体通过对 EPA 网桥 3 和 EPA 网桥 5 的相应端口进行阻塞，使 EPA 网络变成如图 6.15 所示的无回环生成树网络。被阻塞链路将成为冗余备份链路。

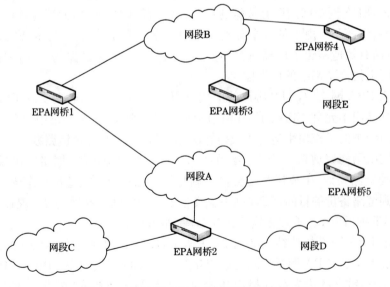

图 6.15　STP 修剪后的 EPA 网络拓扑示意图

如果 EPA 网络中由于意外或人为因素使得 EPA 网桥(EPA 网桥 4)不再工作,那么 E 网段将暂时无法与其他网段通信。生成树算法会自动恢复被阻塞的链路,重新修剪出通畅的通信链路,从而使 EPA 网络具有一定的链路冗余功能。重新修剪后的 EPA 网络拓扑结构如图 6.16 所示。

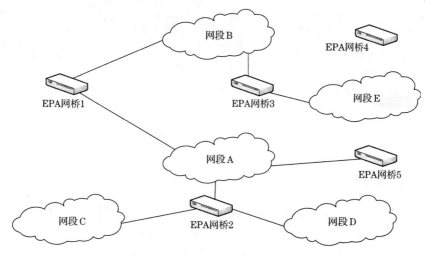

图 6.16　故障恢复后的 EPA 网络拓扑示意图

6.6　系　统　测　试

6.6.1　网络故障容错测试平台

搭建一个简单的 EPA 网络冗余系统,通过该 EPA 网络系统对本章讨论的 STP 协议进行测试,在此系统测试平台上运行包含 STP 模块的 EPA 网桥软件来验证 STP 协议的功能。在系统正常工作之后,通过人为制造网络故障并分析 EPA 网桥对此行为的响应来检验加了 STP 功能的 EPA 网桥的故障容错能力[16]。

对于网络故障测试平台的搭建,其故障容错测试系统如图 6.17 所示。该结构中有两个网段(局域网网段 A 和 B),网段间通过两个 EPA 网桥构成两条通信链路,属于网段 A 的 PC 机通过 EPA 网桥与网段 B 的 EPA 设备通信。该结构内的 EPA 网桥都能运行 STP 协议。STP 通过计算可以得出:网桥 A 在网络中有最低的标识符,所以被选为根桥;网桥 A 是根桥,它就是局域网网段 A 和 B 的指定网桥。EPA 网桥的端口 1 与局域网网段 A 相连,所以端口 1 是局域网网段 A 的指定端口;相应的,端口 2 是局域网网段 B 的指定端口。网桥 B 的端口被阻塞,由此 EPA 网络的拓扑结构确定下来了。然后 STP 根据上述算法,使在不同网段之间通信的数据流只通过相应网段对应的指定端口与相应 EPA 网桥。

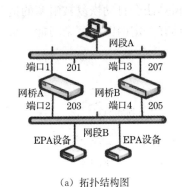

(a) 拓扑结构图　　　　　　　　　　(b) 实物连线图

图 6.17　故障容错测试系统

6.6.2　测试结果分析

试验时,利用 Ethereal 抓包软件对上述示例进行了检测。结果发现,在没有运行各桥接器的 STP 协议选项时,该 EPA 网络中数据包的流量明显加大。对所抓的包进行解包分析发现,局域网网段 A 发给局域网网段 B 的数据包在网桥 A 和 B 之间反复回传,而且回传的数据包不断增加。启动各 EPA 网桥的 STP 协议,运行该 EPA 网络后发现,EPA 网桥首先以广播的形式发送 BPDU 包。解析该包时发现,它是一个配置 BPDU 包,里面存放了该网络的配置信息。该信息显示的结果与上述示例分析的结果相同。然后,通过分析 Ethereal 抓包可以知道,网桥 B 迅速处于阻塞状态,网段之间没有回传的数据包,整个 EPA 网络长时间内稳定运行。当人为关掉桥接器 A 时,Ethereal 立刻捕捉到网桥 B 发出的通知拓扑改变的 BPDU 包,数据包开始通过桥接器 B,由此可知桥接器 B 已由阻塞状态变为连通状态,整个 EPA 网络长时间内也保持稳定运行。使用 Ethereal 工具对数据发送和计算机发送报文的抓包截图如图 6.18 所示。

下面对该图进行分析。图 6.18(a)表明设备上线工作后网桥端口为 207 的接收发送 UDP 报文情况,可以看出设备发送与网桥转发 UDP 报文时间相差约 2s,报文方式采用广播报文发送方式。图 6.18(b)表明两个 EPA 网桥在网络链路中同时工作时,根据不同端口优先级的不同来选用不同端口(207 与 201 端口),从图中可以容易看出当端口 207 发生异常情况后,备份链路 201 端口立即开始工作,切换时间大约 6s,满足要求,从而保证整个网络的正常工作。

通过比较易看出采用 STP 生成树算法后的 EPA 网桥在网络中的工作情况,以及 EPA 网桥接收发送报文的前后工作状态。

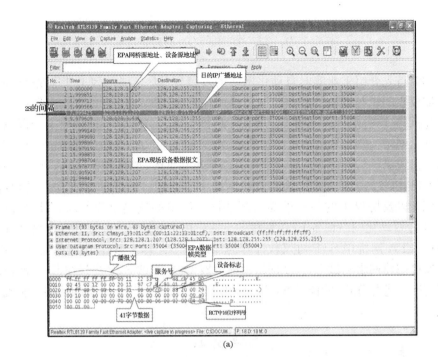

(a)

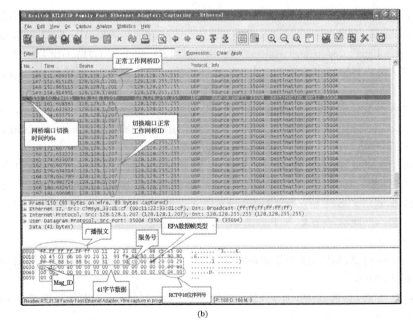

(b)

图 6.18　使用 Ethereal 工具对数据发送和计算机发送报文的抓包截图

6.7　本　章　小　结

　　本章首先介绍工业实时自动化网络的发展现状。工业自动化控制系统装置与仪器仪表间相互通信的工业控制网络通信标准 EPA 标准,可以用来解决工业自动化网络实时通信、总线供电、可靠性与抗干扰、远距离传输、网络安全以及基于自动化网络控制系统的体系结构等难题,然而工业实时自动化网络中仍然存在引起广播风暴等一些问题。针对这一问题提出在 EPA 网络设备(EPA 网桥等)中采用 STP 协议的方法克服工业自动化网络中的问题。然后对 STP 协议的概况、基本原理以及协议中的一些重要问题进行了简单的阐述。接着以 STP 协议在EPA 工业自动化网络设备 EPA 网桥的具体应用为载体,通过对 EPA 网桥硬件平台设计、EPA 网桥中 STP 协议软件等的详细介绍诠释了 STP 协议的具体应用。最后通过搭建网络测试平台,从网络中抓取数据包,测试 STP 协议在 EPA 网桥的运行情况并进行分析,验证了 STP 协议在工业自动化网络中解决的问题及实现的功能。

参 考 文 献

[1] China state bureau of quality and technical supervision. GB/T 20171-2006. China state standard "EPA system architecture and communication specification for use in industrial control and measurement systems"[S]. 2006//国家质量技术监督局. GB/T 20171-2006. 中华人民共和国国家标准"用于工业测量与控制系统的 EPA 系统结构与通信规范"[S]. 2006

[2] Oliveira V G,Farkas J,Salvador M R,et al. Automatic discovery of physical topology in ethernet networks [C]//Proceedings of the 22nd International Conference on Advanced Information Networking and Applications,2008:848-854

[3] 张占国,刘淑芬,包铁,等. 基于 STP 协议的物理网络拓扑发现算法[J]. 计算机工程,2008,34(6):98—100

[4] 吕俏,刘启文. STP 协议原理的算法与实现[J]. 华中理工大学学报,2000,28(1):65—67

[5] 王震宇,马晓军,蒋烈辉. STP 协议与生成树设计优化[J]. 信息工程大学学报,2003,4(1):66—68

[6] Labrosse J 著. 嵌入式实时操作系统 μC/OS-II[M]. 邵贝贝译. 北京:北京航空航天大学出版社,2003

[7] 向敏,徐洋,杨震斌,等. 基于 EPA 技术的网桥设计[J]. 工业控制计算机,2006,19(12):1—2

[8] IEEE 802.1Q. IEEE standards for local and metropolitan area networks:Virtual bridged localnetworks[S]. 1998

[9] 刘海华,王萍萍. 基于生成树算法的链路层拓扑发现研究[J]. 计算机技术与发展,2008,

　　　18(5):101－104

[10] 李延冰,马跃,等. 基于生成树的链路层拓扑发现算法[J]. 计算机工程,2006,32(18):
　　　109－110

[11] Li B,He J S,Shi H H. Improving the efficiency of network topology discovery[C]//Pro-
　　　ceedings of the 4th International Workshop on Mobile Commerce and Services,2008:189－
　　　194

[12] 王作芬,王芙蓉. 以太网交换机中生成树协议的实现[J]. 数据通信,2000,(4):54－56

[13] 陈福,杨家海,扬扬. 网络拓扑发现新算法及其实现[J]. 电子学报,2008,36(8):1620－1625

[14] 徐立波,孙连科,许琪,等. 基于 STP 的均衡负载网络设计与实现. 沈阳工程学院学报:自
　　　然科学版,2009,5(4):366－369

[15] IEEE 802. 1Q. IEEE standards for local and metropolitan area networks:Virtual bridged
　　　local networks[S]. 1998

[16] 刘洪霞,赵保华. 基于协议实现的网络安全测试[J]. 小型微型计算机系统,2007,28(4):
　　　619－621

第7章　高可用性自动化网络拓扑发现与故障诊断

7.1　概　　述

随着高可用性自动化网络技术的迅速发展,伴随 EPA 标准及技术的推广应用形成了 EPA 工业实时控制自动化网络,其网络规模不断扩大,结构越来越复杂,功能越来越强大,资源分布程度和共享程度也显著提高;考虑 EPA 工业自动化网络的高可靠性和安全性等特殊性质,其网络中的任何故障都将对网络性能乃至生产安全造成严重损害。因此,及时地发现 EPA 工业控制网络和设备的故障是网络管理者最为关心的问题。优良的网络管理由于能够为网络管理员提供网络中良好的信息来源,减少网络故障,缩短网络失效时间,提高效率等,让人们真正体会到工业实时控制以太网带来的便利和利益。为此,迫切需要一种功能完善、安全可靠、方便灵活的网络管理工具加强网络管理。网络拓扑发现与故障诊断技术[1]是网络管理中的重要技术内容,本章重点介绍 EPA 工业控制网络的网络拓扑发现与故障诊断技术。

网络拓扑发现是指发现网络实体的实际物理连接,即能够获得路由器与子网、交换机与子网、交换机与交换机、交换机与路由器、交换机与主机之间的互连关系。实时自动化网络的网络拓扑发现是指能够获得集线器、交换机、网桥等网关设备和现场设备信息及它们之间的互连关系。故障诊断即在网络拓扑发现的基础上,发现故障,了解故障发生的原因、地理位置信息等,并排除故障。

逻辑网络拓扑发现是指找出网络层节点之间的连接关系,包括路由器与路由器、路由器与子网之间的连接关系,因此也称为路由拓扑发现。反映在所生成的拓扑图中,表现为只包括路由器与子网两种节点,并且子网节点至少与它的缺省路由器相邻。

网关(路由器)的一个端口可以连接一个子网,也可以同其他的路由器相连。当一个子网内的某一个主机向其他子网发送数据时,数据包首先到达本子网的缺省路由器,然后缺省路由器检查数据包中的目的地址,以决定是否转发给路由表中的下一个路由器,下一个路由器再进行类似的操作。以此类推,数据包将最终到达目的主机。由上述路由器的工作原理可知,无论采用何种路由协议,网络中的路由器都能够明确知道其邻近的路由器,这就是所有逻辑网络拓扑发现算法[2]

的理论基础。

在工业自动化网络中,网络的规模明显小于信息网络规模,网络拓扑结构也较简单,所以它的网络拓扑发现没有信息网络那么复杂,下面利用 EPA 网络来详细讨论此问题。

7.2　基本网络管理协议

7.2.1　SNMP 协议

SNMP 协议(simple network management protocol)[3~5]首先是由互联网工程任务组(Internet Engineering Task Force,IETF)定义的一套网络管理协议。该协议基于简单网关监视协议(simple gateway monitor protocol,SGMP)发展而来。一个管理工作站可以通过 SNMP 协议远程管理所有支持这种协议的网络设备,如监视网络状态、修改网络设备配置、接收网络事件警告等。SNMP 协议是基于 TCP/IP 的 Internet 的一个标准网络管理协议,由于能够保证管理信息在任意两点中传送,便于网络管理员通过网络上任何节点的检索信息检测故障,完成故障诊断、网络规划及报告生成等而被广泛接受与使用。SNMP 的最大优点在于采用轮询机制,提供最基本的功能集且只要求无连接的传输层协议 UDP。

基于 TCP/IP 的网络管理包含网络管理站(又称管理进程)和被管的网络单元(又称被管设备)两个部分。在 SNMP 协议中,把被管设备端和管理相关的软件叫做代理程序或代理进程。管理站一般都是可以显示所有被管设备的状态,如连接是否掉线、各种连接上的流量状况等。

管理进程和代理进程之间通信有两种方式:一种是管理进程向代理进程发送请求,询问一个具体的参数值;另一种是代理进程主动向管理进程报告有某些重要的事件发生。管理进程除了向代理进程询问某些参数值以外,还可以按要求改变代理进程的参数值。

基于 TCP/IP 的网络管理包括三个组成部分:

(1) 一个管理信息库(management information base,MIB)。所有代理进程、被查及修改的参数都包含在这里面。

(2) 有关 MIB 的公用结构和表示符号。管理信息结构(structure of management information,SMI)。

(3) 简单网络管理协议(simple network management protocol,SNMP)。管理进程和代理进程之间的通信协议。

1. SNMP 基本原理

SNMP 采用了 C/S 模型的代理/管理站模型这一特殊形式。通过管理工作站与 SNMP 代理相互间的交互工作完成对网络的管理与维护。SNMP 管理工作站（主代理）关于 MIB 定义信息的各种查询由每个 SNMP 从代理负责回答。图 7.1 列出了 NMS 公司网络产品中 SNMP 协议的实现模型。

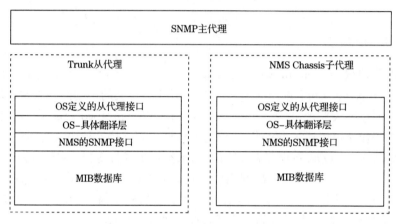

图 7.1　SNMP 协议的某实现模型

SNMP 代理和管理站通过 SNMP 协议中的标准消息进行通信，每个消息都是一个单独的数据报。SNMP 使用 UDP 作为第四层协议（传输协议），进行无连接操作。SNMP 消息报文包含两个部分：SNMP 报头和协议数据单元 PDU。数据报文结构如图 7.2 所示。

版本标识符	团体名	PDU

图 7.2　SNMP 报文格式

（1）版本标识符（version identifier）。确保 SNMP 代理使用相同的协议，每个 SNMP 代理都直接抛弃与自己协议版本不同的数据报。

（2）团体名（community name）。用于 SNMP 从代理对 SNMP 管理站进行认证。如果网络配置成要求验证，SNMP 从代理将对团体名和管理站的 IP 地址进行认证；如果失败，SNMP 从代理将向管理站发送一个认证失败的 Trap 消息。

（3）协议数据单元（PDU）。PDU 指明了 SNMP 的消息类型及其相关参数。

2. 管理信息库

IETF 规定的 MIB 是所有进程包含的并且能够被管理进程进行查询和设

置的信息集合。由对象识别符（object identifier，OID）唯一指定。MIB 是一个树型结构，SNMP 协议消息通过遍历 MIB 树型目录中的节点来访问网络中的设备。

3. SNMP 的五种消息类型

关于管理进程和代理进程之间的交互信息，SNMP 定义了五种操作：

（1）Get-Request 操作。从代理进程处提取一个或多个参数值。

（2）Get-Next-Request 操作。从代理进程处提取一个或多个参数的下一个参数值。

（3）Set-Request 操作。设置代理进程的一个或多个参数值。

（4）Get-Response 操作。返回一个或多个参数值。这个操作是由代理进程发出的。它是前面 SetRequest 操作的响应操作。

（5）Trap 操作。代理进程主动发出的报文，通知管理进程有某些事情发生。

五种基本操作也即五种 PDU 类型。其中，GetRequest、GetNextRequest、GetResponse 和 SetRequest 都使用相同的 PDU 格式，如图 7.3 所示。

PDUType	RequestID	ErrorStatus	ErrorIndex	VarBindList

图 7.3　SNMPv1 的 PDU 格式（除 Trap 外）

（1）PDUType：PDU 类型。占用 1 个字节，该值用来说明数据包使用的 PDU 类型，如 GetRequest 命令的值为 0xA0，GetNextRequest 的值为 0xA1。

（2）RequestID：请求标识符。由管理进程设置的一个 4 字节的整数值。代理进程在发送 GetResponse 报文时也要返回此请求标识符，使得管理进程能够识别返回的响应报文对应于哪一个请求报文。

（3）ErrorStatus：错误状态。由代理进程响应时设置的 1 字节的整数值，值的范围为 0～5。

（4）ErrorIndex：错误索引。由代理进程响应时设置的 1 字节的整数值，它指明有差错的变量在变量列表中的偏移。

（5）VarBindList：变量绑定列表。指明一个或多个被管对象的名和对应的值，在 GetRequest 或 GetNextRequest 报文中，被管对象的值应被忽略。

当代理检测到预定义的事件发生或出现错误时，会主动发给管理端 Trap 报文以通知该信息，Trap 报文的格式如图 7.4 所示。

Type	Enterprise	Agent-Address	Generic-Trap	Specific-Code	TimeStamp	VarBindList

图 7.4　SNMPv1 的 Trap 报文的 PDU 格式

（1）Type：PDU 类型。Trap 报文的 PDU 类型值为 0xA5。

（2）Enterprise：企业名称。填入 Trap 报文的网络设备的对象标识符。

（3）Agent-Address：代理 IP 地址。

（4）Generic-Trap：SNMP 预定义的标准事件编码。该值的范围为 1～6。

（5）Specific-Code：企业自定义的事件编码。只有当 Generic-Trap 的值为 6 时，该项才有意义，否则为 0。

（6）TimeStamp：时间戳。指明自代理进程初始化到 Trap 报告的事件发生时所经历的时间，单位为 10ms。

（7）VarBindList：变量绑定列表中包含了附加的实现信息。

SNMP 协议最重要的指导思想就是要尽可能简单，缩短研制周期，其应用包括监视网络性能、检测分析网络差错和配置网络设备等。在网络正常工作时，SNMP 可以实现统计、配置和测试等功能。当网络出现故障时，实现差错检测和恢复功能。虽然 SNMP 是在 TCP/IP 基础上的网络管理协议，但是也可以扩展到其他类型网络设备上。

SNMP 发展至今经历了几个不同版本的功能改进，从第一个版本 SNMPv1 到 SNMPv2 以至于后来 SNMPv3，功能得到越来越多的完善。SNMPv1 和 SNMPv2 版本是目前网络设备对 SNMP 协议支持最多的两个版本。SNMPv2 在数据报文和 PDU 格式方面，除了 Trap 格式与 SNMPv1 不同以及比 SNMPv1 增加了 InformRequest、GetBulkRequest 和 Report 三种协议操作外，其余部分相同。

7.2.2　ARP 协议

IP 数据包是通过以太网来发送的，由于以太网设备是以 49 位以太网地址传输以太网数据包，而并不识别 32 位的 IP 地址，因此需要将 IP 目的地址转换成以太网目的地址来保证数据包的正常发送。这一过程是通过这两种地址之间的某种静态或算法的一张表的映射来完成的。地址解析协议（address resolution protocol，ARP）就是用来确定这种映射的协议。ARP 为 IP 地址到对应的硬件地址之间提供一种动态映射。

ARP 工作时，发送一个含有目的 IP 地址的以太网广播数据包。目的主机或另一个代表该主机的系统用一个含有 IP 和以太网地址的数据包对目的数据包做出应答。这一过程中，发送者会对这个地址进行高速缓存来节约多余的 ARP 通信。

以太网上的 ARP 报文如图 7.5 所示。图 7.5 是一个用以太网地址转换 ARP 报文的实例，图中每一行 32 位，也就是用 4 个 8 位数组表示。

硬件接口类型字段指明了发送方向已知的硬件接口类型，以太网的值为 1。协议类型字段指明了发送方提供的高层协议类型，IP 为 0x0806。硬件地址长度

硬件类型		协议类型	
硬件地址长度	协议长度	操作	
发送方首部地址			
发送方首部地址		发送方IP地址	
发送方IP地址		目标首部地址	
目标首部地址			
目标IP地址			

图 7.5　以太网上的 ARP 报文格式

和协议长度指明了硬件地址和高层协议地址的长度,这样可以保证 ARP 协议在任意硬件和任意协议的网络中使用。操作字段用来表示报文的目的,ARP 请求为 1,ARP 响应为 2,RARP 为 3,RARP 响应为 4。

当发出 ARP 请求时,发送方除了要填好发送方首部和发送方 IP 地址,还要填写目标 IP 地址。当目标机器收到这个 ARP 广播包时,就会在响应报文中填上自己的 48 位主机地址。

使用 ARP,让设备把 IP 地址转换成真实的硬件地址。为得到一个 IP 地址所绑定的硬件地址,一个主机会发送一个 ARP 请求包,包中包含它希望转换的 IP 地址,发送到一个多点广播地址,让网络上所有的设备都能收到。具有这个 IP 地址的目标主机用一个 ARP 响应来应答,这里面包括了此目标主机的物理硬件地址。

ARP 协议工作的具体流程如下:

(1) 当设备有一个 IP 数据报要发出去时,查看目的地址是否属于同一网络。

(2) 如果属于同一网络,则检查 ARP 表格有没有对方的 IP 和 MAC 地址对。

(3) 如果有对方的 IP 和 MAC 地址对,那直接在该数据报中添加对应的 MAC 地址并发送出去。

(4) 如果 ARP 表格中找不到对方的 IP 和 MAC 地址对,则向网络发出一个 ARP Request 广播数据报,查询对方的 MAC 地址,此数据报里面包含发送端的 MAC 地址。

(5) 当网络上面的设备接收到该广播,检查 IP 是否和自己的一致,如果不一致则忽略。

(6) 如果一致则先将发送端的 MAC 和 IP 更新到自己的 ARP 表格中。

(7) 然后返回一个 ARP Reply 数据报给对方。

(8) 发送端接收到 ARP Reply 数据报之后,也会更新自己的 ARP 表格。

(9) 然后用此记录进行通信。

(10) 否则宣告通信失败。

ARP 报文被封装在以太网帧头部中传输,内容包括:

(1) 硬件类型:表明 ARP 实现在何种类型的网络上。

(2) 协议类型:代表解析协议(上层协议)。这里,一般是 0800,即 IP。

(3) 硬件地址长度:MAC 地址长度,此处为 6 个字节。

(4) 协议地址长度:IP 地址长度,此处为 4 个字节。

(5) 操作类型:代表 ARP 数据包类型。0 表示 ARP 请求数据包,1 表示 ARP 应答数据包。

(6) 源 MAC 地址:发送端 MAC 地址。

(7) 源 IP 地址:代表发送端协议地址(IP 地址)。

(8) 目标 MAC 地址:目的端 MAC 地址(待填充)。

(9) 目标 IP 地址:代表目的端协议地址(IP 地址)。

ARP 应答协议报文和 ARP 请求协议报文类似。不同的是,此时以太网帧头部的目标 MAC 地址为发送 ARP 地址解析请求的主机 MAC 地址,而源 MAC 地址为被解析的主机 MAC 地址。同时,操作类型字段为 1 表示 ARP 应答数据包,目标 MAC 地址字段被填充为目标 MAC 地址。

7.2.3　ICMP 协议

IP 协议由于不能保证数据包被送达,因此不是一个可靠的协议,所以要保证数据包被送达则应该由其他模块来完成。其中一个重要的模块就是网络控制报文(ICMP)协议模块。

ICMP 协议是用于网关和主机传送控制信息或差错信息的协议,它经常被认为是 IP 层的一个组成部分,用来传递网络中的差错报文。ICMP 报文通常被 IP 层及以上高层协议使用。ICMP 报文是在 IP 数据报内部被传输的,ICMP 正式规范参见 RFC792。

当网络传送 IP 数据包发生错误时,如主机不可达、路由不可达等,ICMP 协议会把错误信息封包,然后传送回给主机让主机来处理错误,从而保证建立在 ICMP 层以上的高层协议是安全的。ICMP 数据包由 8 位的错误类型、8 位的代码、16 位的校验和组成,前 16 位组成了 ICMP 所要传递的信息。

尽管大多数情况下,错误的数据包传送应该给出 ICMP 报文,但是在某些情况下不产生 ICMP 错误报文。例如:

(1) 不是 IP 分片的第一片。

(2) 目的地址是广播地址或多播地址的 IP 数据报。

(3) ICMP 差错报文不会产生 ICMP 差错报文。

(4) 作为链路层广播的数据报。

(5) 源地址不是单个主机的数据报。这就是说,源地址不能为零地址、环回地址、广播地址或多播地址。

ICMP 协议可以实现故障隔离和故障恢复功能。在网络传输过程中,网络本身的不可靠可能会发生许多突发事件而导致数据传输失败。网络层的 IP 协议是一个无连接的协议,它不会处理网络层传输中的故障;而位于网络层的 ICMP 协议却恰好弥补了 IP 的缺陷,它使用 IP 协议进行信息传递,向数据包中的源端节点提供发生在网络层的错误信息反馈。

ICMP 的报头长 8 字节,结构如图 7.6 所示。

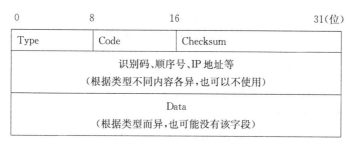

图 7.6　ICMP 报头结构

(1) 类型(Type)。标识生成的错误报文,它是 ICMP 报文中的第一个字段。

(2) 代码(Code)。进一步地限定生成 ICMP 报文,该字段用来查找产生错误的原因。

(3) 校验和(Checksum)。存储了 ICMP 所使用的校验和值。

(4) 未使用:保留字段,供将来使用,初始值设为 0。

(5) 数据(Data)。包含了所有接收到的数据报的 IP 报头,还包含 IP 数据报中前 8 个字节的数据。

ICMP 协议提供的诊断报文类型如表 7.1 所示。

表 7.1　ICMP 诊断报文类型

类型	描　述
0	回应应答(ping 应答,与类型 8 的 ping 请求一起使用)
3	目的不可达
4	源消亡
5	重定向
8	回应请求(ping 请求,与类型 8 的 ping 应答一起使用)
9	路由器公告(与类型 10 一起使用)
10	路由器请求(与类型 9 一起使用)

类型	描　述
11	超时
12	参数问题
13	时标请求(与类型 14 一起使用)
14	时标应答(与类型 13 一起使用)
15	信息请求(与类型 16 一起使用)
16	信息应答(与类型 15 一起使用)
17	地址掩码请求(与类型 18 一起使用)
18	地址掩码应答(与类型 17 一起使用)

ICMP 提供多种类型的消息为源端节点提供网络层的故障信息反馈,它的报文类型可以归纳为以下五个大类:

(1) 诊断报文(类型 8,代码 0;类型 0,代码 0)。

(2) 目的不可达报文(类型 3,代码 0~15)。

(3) 重定向报文(类型 5,代码 0~4)。

(4) 超时报文(类型 11,代码 0~1)。

(5) 信息报文(类型 12~18)。

ICMP 协议大致分为两类:一种是查询报文;另一种是差错报文。其中,查询报文有以下两种简单应用:ping 查询,子网掩码查询(用于无盘工作站在初始化自身时初始化子网掩码);时间戳查询(可以用来同步时间),差错报文携带在数据传送发生错误的时间。ICMP 在实际网络通信中的典型应用包括两种。

1) ping

ping 可以说是 ICMP 最著名的应用。当用户登录某一个网站而登录不上时,通常会 ping 一下这个网站,ping 会显出一些有用的信息。

ping 这个单词源自声呐定位,而这个程序的作用也确实如此,它利用 ICMP 协议包来侦测另一个主机是否可达。原理是用类型码为 0 的 ICMP 发送请求,收到请求的主机则用类型码为 8 的 ICMP 回应。根据 ping 程序来计算间隔时间,并计算有多少个包被送达,用户就可以判断网络大致的情况。

ping 还给用户一个看主机到目的主机的路由的机会。这是因为,ICMP 的 ping 请求数据报文在每经过一个路由器时,路由器都会把自己的 IP 放到该数据报文中,而目的主机则会把这个 IP 列表复制到回应 ICMP 数据包中发送回主机。但是,IP 头所能记录的路由列表毕竟有限,如果要观察路由,那么需要使用更好的工具,这就是 Traceroute(Windows 下面的名字叫做 Tracert)。

2）Traceroute

Traceroute 是用来侦测主机到目的主机之间所经路由情况的重要工具，也是最便利的工具。尽管 ping 工具也可以进行侦测，但是因为 IP 头的限制，ping 并不能完全记录下所经过的路由器。Traceroute 正好填补了这个缺憾。

Traceroute 的原理如下。它收到目的主机的 IP 后，首先给目的主机发送一个 TTL＝1 的 UDP 数据包；当经过的第一个路由器收到这个数据包以后，就自动把 TTL 减 1；而 TTL 变为 0 以后，路由器就把这个包抛弃了，并同时产生一个主机不可达的 ICMP 数据报给主机。主机收到这个数据报以后再发送一个 TTL＝2 的 UDP 数据报给目的主机，然后激发第二个路由器给主机发送 ICMP 数据报文。如此往复，直到到达目的主机。这样，Traceroute 就拥有了所有的路由器 IP，从而避开了 IP 头只能记录有限路由 IP 的问题。

7.3　高可用性自动化网络拓扑发现与故障诊断方法

随着 EPA 标准的日渐成熟，以及 EPA 现场总线网络在工业控制系统中的广泛应用，EPA 网络的监控组态面临着更高的要求和挑战。高可用性自动化网络拓扑发现是高可用性自动化网络管理和规划的重要内容，以往的高可用性自动化网络组态软件缺乏对网络组成对象以及物理连接关系的准确定位与性能分析。因此，必须有一个完善的网络监控组态系统来保证高可用性自动化网络的高效性、实时性和可靠性。

高可用性自动化网络拓扑发现是进行高可用性自动化网络管理以及监控组态的基础。只有实时准确的网络拓扑发现技术[4]才能及时迅速对网络故障进行诊断，从而使得 EPA 工业控制网络实时、安全可靠地运行。对此，人们针对 EPA 工业现场控制网络提出了一种基于被动探测和主动探测技术的网络拓扑发现算法[5]。该算法在实际的 EPA 工业控制网络应用中，对实时有效的高可用性自动化网络的故障诊断取得了良好的工程效果。

7.3.1　高可用性自动化网络拓扑发现

实时自动化网络拓扑发现[6]的基本方法是利用自动化网络自身的特点，借助于 EPA 协议中已有的服务与协议，即 EPA 管理实体服务中设备声明服务和应用访问实体服务中的事件通知服务来完成对 EPA 工业控制网络的拓扑发现、还原与网络故障诊断。主要采用被动探测技术与主动探测技术相结合的方法来实现 EPA 物理网络拓扑发现[7]。

1. 被动探测技术

被动探测技术是通过监测特殊的 EPA 网络报文（EPA 事件通知服务报文和

EPA 设备声明报文)来采集信息,并发送到 EPA 监控组态软件动态生成网络拓扑结构。该技术的优点是只向 EPA 监控组态软件递交实时的网络拓扑信息,不产生额外的网络流量开销。

EPA 桥接设备采用被动探测技术周期性地向上位机发送 EPA 设备声明报文。EPA 桥接设备声明报文被转发时,设备声明报文跳数(hop)增加 1,组态上位机能够根据设备声明报文的跳数字段来判断该桥接设备在网络拓扑中的物理位置。组态上位机根据设备声明报文特定字段信息判断该设备具体类型来为绘制网络拓扑提供拓扑信息。

EPA 现场设备亦采用被动探测技术周期性地向上位机发送 EPA 设备声明报文。EPA 桥接设备根据 EPA 现场设备声明报文收集网络拓扑信息,并保存到 EPA 桥接设备的网络管理信息库(NMIB)中。当 EPA 桥接设备的 NMIB 发生改变时,就会发送 EPA 事件通知服务报文通知监控组态上位机。监控组态上位机调用 EPA 读服务来读取 EPA 桥接设备新增加的拓扑信息,更新 NMIB。这样,监控组态上位机就可以收集到 EPA 桥接设备及 EPA 桥接设备所连接的 EPA 现场设备的拓扑信息。监控组态上位机再根据 EPA 桥接设备中 NMIB 的拓扑信息绘制 EPA 桥接设备,以及与 EPA 桥接设备所连接的 EPA 现场设备的物理网络拓扑结构。

2. 主动探测技术

主动探测技术是通过 EPA 桥接设备主动向所管理的网络发送探测包(ICMP报文),并采集返回的信息,进行分析后最终形成网络的拓扑。这种技术的优点是简单、快速和可靠地发现 EPA 网络拓扑。不仅可以用于搜索活动节点,还可以检测可达性,具备网络诊断功能。

EPA 桥接设备采用主动探测技术定时查询所连接的 EPA 现场设备的状态。EPA 桥接设备定时依次 ping 桥接设备端口邻接设备对象中的设备,根据是否返回报文判断设备所处状态,如果设备状态表发生了变化,那么修改 EPA 桥接设备中的 NMIB 并向监控组态上位机发送事件通知报文。

3. 网络拓扑发现算法

EPA 网络拓扑发现主要是根据桥接设备(EPA 网桥和 EPA 交换机)来完成对 EPA 网络设备的发现。EPA 桥接设备向监控组态上位机发送拓扑信息及事件通知报文,由上位机中的 EPA 监控组态设备软件完成网络拓扑发现,重构 EPA 物理网络拓扑结构。监控组态设备首先将接收到的 EPA 网络中的桥接设备以及现场设备中设备声明信息保存到其开辟的软件缓冲区中。当桥接设备向其发送网络拓扑发现事件通知服务时,监控组态设备立即向该桥接设备发送读服务,读取该 EPA 桥接设备中网络拓扑管理信息库中的相应设备信息。桥接设备回复后,根据其读服务回复信息以及监控组态设备软件缓冲区中保存的设备声明信息,将相应的设备挂接在该桥接设备的对应端口上。桥接设备之间的拓扑还原,需要根据算法计算与判断,利用设备声明信息中的 hop 值,以及从桥接设备中网络拓扑管理信息库中获取的邻接设备信息来进行拓扑还原。

EPA 组态监控设备根据 hop 值来进行判断,具体算法流程如图 7.7 所示。

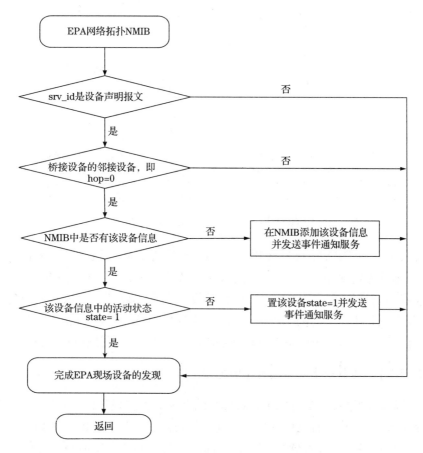

图 7.7　EPA 网络拓扑发现算法流程图

下面具体分析拓扑发现还原算法在 EPA 工业控制网络中的应用。

如图 7.8 所示,EPA 组态监控设备根据桥接设备的设备声明信息中的 hop 值来进行判断,如果 hop=0,则表明桥接设备与监控组态设备直接相连,如图 7.8 中的桥接设备 1 和 2。若 hop≠0,则说明该桥接设备是经过了其他的桥接设备后连接到监控组态设备的,如图 7.8 中的桥接设备 3,其 hop=1,表明该桥接设备的设备声明信息在经过了一个桥接设备转发后到达组态监控设备。还原桥接设备 3

需要读取桥接设备 2 的网络拓扑管理信息库中的邻接设备信息,根据相应的信息条件将桥接设备 3 挂接在桥接设备 2 对应的端口上。同理,如果桥接设备 4 挂接在桥接设备 3 上,根据 hop 值以及桥接设备 3 的网络拓扑管理信息库中的相应信息还原出桥接设备 4。

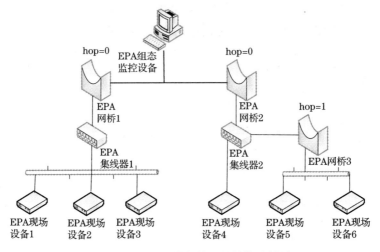

图 7.8　　EPA 网络拓扑还原结构示例图

　　发现并还原 EPA 桥接设备和 EPA 现场设备是根据"就近原则"来进行算法运算的,即首先发现并还原 hop=0 的桥接设备或现场设备,其次是 hop=1 的桥接设备或现场设备,接着是 hop=2 的桥接设备或现场设备······依次遍历搜索下去,直到发现并还原所有的 EPA 桥接设备或现场设备。根据 hop 值以及各个的NMIB 信息,在监控组态设备上发现并还原出整个 EPA 物理网络拓扑图。

7.3.2　高可用性自动化网络故障诊断方法

　　工业控制网络设备管理的主要目标是能够灵活管理现场设备,及时发现设备故障及系统异常,从而有效保证控制系统高效稳定地运行。目前对现场总线协议已经设计出很多设备管理软件,而 EPA 标准作为新兴的在实时自动化网络中广泛应用的标准确缺乏该种设备管理软件,针对这种情况,结合 EPA 网络拓扑发现自身特点,利用 EPA 网络拓扑发现诊断技术设计出的设备管理软件能够有效地对 EPA 网络中的 EPA 设备进行监视、配置、故障诊断和统一管理,这样大大提高了工业现场设备的故障诊断发现的效率。

　　网络故障诊断应该实现三方面的目标:确定网络故障位置,恢复网络的正常运行;发现网络部署配置中的欠佳之处,改善和优化网络的性能;检测网络运行状况,预测网络通信质量。网络故障诊断以网络原理、网络配置和网络运行技术为基础,从故障现象出发,利用网络诊断工具获取诊断信息,找出网络故障点,查找问题的根源,排除故障,恢复网络正常运行。

通过前面叙述我们可以了解到,ICMP 协议用于在 IP 主机、路由器之间传递控制消息(控制消息是指网络通不通、主机是否可达、路由是否可用等网络本身的消息。这些控制消息虽然并不传输用户数据,但是对于用户数据的传递起着重要的作用)。另外,ICMP 的基本功能是对网络进行测试。结合这一特点能够有效完成 EPA 网络中的拓扑诊断工作。EPA 网络拓扑的诊断主要是在 EPA 工业现场的桥接设备收集完邻接设备信息以后,在规定的时间间隔内采用 ICMP 协议,与其邻接设备进行交互,查询其链路或邻接设备是否工作正常,然后做出相应的响应。如果其邻接设备拓扑发生变化,则使用事件通知服务通知 EPA 监控组态设备,以便监控组态设备并做出相应的网络拓扑更正与还原。

使用 ICMP 协议来进行网络诊断,主要是要适应工业自动化网络的高实时性要求。ICMP 协议可传递差错信息如目的地不可达、构造 ICMP 回显请求报文、确定目的主机是否在线等。在 EPA 工业实时以太网络的拓扑诊断中,通过向网络中的网络拓扑信息管理库中的邻接设备的 IP 地址发送 ICMP 回显请求报文,根据是否返回回显响应报文实时地确定在线现场设备与桥接设备的工作状态,达到诊断的目的。

ICMP 能够提供网络的诊断信息,并根据这些诊断信息进行出错处理。在本网络诊断方案中,我们采用了 ping 命令所使用的类型 0 与类型 8 的 Echo、Echo Reply 和类型 3 的 Destination Unreachable(目的地不可到达)三种类型来进行网络拓扑诊断与还原。整个 EPA 网络中 ICMP 的诊断过程流程如图 7.9 所示。

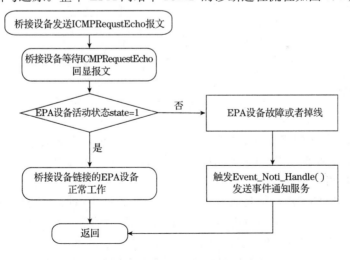

图 7.9　EPA 网络拓扑诊断流程图

由图 7.9 可知,我们可以根据 EPA 网络中的设备所发出的 ICMPRequstEcho 报文情况,发送相应的回送请求,从而判断出当前 EPA 设备所处的活动状态,根据这一状态可以有效地判断出 EPA 设备是否出现故障,来完成 EPA 网络的设备故障诊断的情况。

7.4　软　件　设　计

7.4.1　结构图

EPA 桥接设备软件结构框架如图 7.10 所示,其软件系统结构[8]主要由操作系统模块、底层驱动模块、安全机制模块、RIP 路由模块、EPA 网络拓扑发现模块以及 EPA 协议栈模块等组成。当 EPA 桥接设备接收到网络中的数据报文时,底层驱动模块将接收到的数据报文向上层转发,并判断该数据报文是否为 EPA 安全报文。经过 EPA 安全机制处理模块后,把数据报文送到 EPA 通信协议栈进行处理,如果此数据报文是 EPA 数据报文,则将此数据报文递交给 EPA 网络拓扑发现模块进行处理。然后依次通过其他模块进行相应的处理。

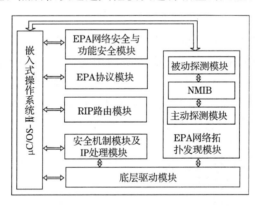

图 7.10　EPA 桥接设备软件模块结构图

考虑到 EPA 网络现场工业环境的特点,这里在 RIP 协议基础上做了些改进,使其更符合工业现场以太网的工作环境。因此,有必要在这里为读者详细介绍一下改进后的 RIP 协议。

EPA 网关的路由功能是通过在 EPA 通信协议栈中添加路由模块完成的。通过对 RIP 协议进行相应的简化和改进,来提高运行效率和减少网络上报文传输的信息量。EPA 系统中,路由协议数据单元采用改进后的 RIP 消息格式,而不采用标准的 RIP 协议报文。增加的路由模块不会对系统的性能产生明显的影响,并且对上层所有应用程序透明,这样使得 EPA 通信协议栈不需要做任何修改。

RIP 协议在 EPA 网关(路由设备)上的实现具体改进如下:

(1) 工业现场设备在接入 EPA 网络后,一般变动极少,很少有频繁上线和下线的动作发生,因此在具体实现过程中取消了 RIP 协议对过时路径所采用的垃圾收集计时器,减少资源消耗。也就是说,一旦超过计时器所设定的 180s 时间还没有收到关于过时路径的路由表项信息,就认为 EPA 路由设备已经掉线,同时将这个表项标志位置为无效,而不需要继续等待垃圾收集的 120s 时间。

(2) 考虑到 RIPv1 和 RIPv2 的兼容,将 RIP 发送报文格式中的第三个数据项(保留的数据项)作为 EPA 系统中所要广播的路由表项的数目,同时每次传递的报文长度依据所要传递的路由表项做相应的修改;相应地,在接收路由表的程序中,读取这个数据项,同时仅仅只是处理这个数据项所代表的路由表项数目,而不需要每次处理固定长度的数据,而这其中有很大部分都是无效的空表项,这样就减少了在 EPA 网络上传输的 EPA 路由信息报文长度和报文在程序中处理的时间。

(3) 在 EPA 路由表项得到更新的同时,立即发送路由更新消息,而不是等到 30s 时间到,这样能够迅速方便地显示整个网络的路由状态。

(4) RIP 报文包含在 UDP 数据报中,参考 EPA 网关的 EPA 通信协议栈在 EPA 标准中的相关规定,添加了 RIP 路由模块中 EPA 网关的协议栈。只在 UDP 之上添加了 RIP 的部分,仍保持了 EPA 网关原有的协议栈。

7.4.2　参数定义

EPA 被动探测技术中的设备声明服务报文是一个非证实服务,借用其编码中的几个保留字段,修改和补充用于桥接设备对其邻接设备拓扑的发现,其中修改了 device_type 的类型,由原先的只表示两种设备类型修改成表示四种设备类型。修改后的编码为:0x00——非安全的现场设备;0x01——带安全的现场设备;0x10——非安全的桥接设备;0x11——带安全的桥接设备。利用一个保留字段作为设备声明服务,经过桥接设备的 hop 值,其初始值为 0,当该设备声明报文每经过一次桥接设备时,hop 值就增加 1,监控组态设备根据该值以及桥接设备中网络拓扑管理信息库中相关信息还原出现场设备的拓扑结构。

EPA 设备声明服务是非证实服务,EPA 设备以 Annunciation Interval 为周期发送此服务请求,通知组态应用软件其在网络上的存在。多数情况下,这条服务以广播的形式发送。利用其编码中的几个保留字段,通过修改和补充用于桥接设备对其邻接设备拓扑的发现,修改了 device_type 的类型,由原先只表示两种设备类型修改成表示四种设备类型。修改后的编码如表 7.2 所示。

表 7.2　设备声明报文中 device_type 的定义

编码	编码的含义
0x00	非安全的现场设备
0x01	带安全的现场设备
0x10	非安全的桥接设备
0x11	带安全的桥接设备

EPA 事件通知服务用来传输事件通知,即产生的事件通过调用 EPA 事件通知服务来发送到接收设备。这是一个无证实服务,该服务采用组播或广播方式发送到其他设备上。当桥接设备收集到其端口的邻接设备的信息或其端口的邻接设备的信息有所变化时,通过 EPA 事件通知服务来通知监控组态设备,以便其对网络拓扑结构进行实时更新,邻接设备信息的事件通知服务报文的格式如图 7.11 所示。

图 7.11　事件通知服务报文格式

事件通知服务报文中各参数说明如表 7.3 和表 7.4 所示。

表 7.3　事件通知服务参数说明

服务名	服务说明	服务标识符
DST_APP	目的功能块应用实例	20
SRC_APP	源功能块应用实例	1600
SRC_OBJ	源对象	0
EVENT_NUM	网络拓扑发现事件	14:设备掉线(或故障)通知;15:设备上线(或在线)通知

表 7.4　DATA 的数据结构参数说明

参数名称	字节大小
桥接设备的端口号 ID	4
桥接设备端口的邻接设备的 IP 地址	4
邻接设备在桥接设备的网络拓扑管理信息库中的索引号	2

在该 EPA 工业控制网络中,桥接设备与监控设备约定:DST_APP 目的功能块应用实例标识符为 20;SRC_APP 源功能块应用实例标识符为 1600;SRC_OBJ 源对象标识符为 0;EVENT_NUM 网络拓扑发现事件序号包含 0x20 设备掉线

(或故障)通知和 0x21 设备上线(或在线)通知;DATA 的数据结构包含桥接设备的端口号 ID(4 字节)、桥接设备端口的邻接设备的 IP 地址(4 字节)和邻接设备在桥接设备的网络拓扑管理信息库中的索引号(2 字节)。

桥接设备在上电工作的情况下,收到 EPA 现场设备或其他桥接设备的声明服务时,首先解析设备声明的报文,根据其经过桥接设备的 hop 值进行判断。如果 hop 值为 0,表明设备是该桥接设备的邻接设备,在桥接设备的网络拓扑管理信息库中查找是否存在该设备的拓扑信息以及其活动状态情况。如果不存在,或是存在但其活动状态为 0(下线),则添加该设备的相应信息到桥接设备的网络拓扑管理信息库中或直接将其状态置为 1(正常工作状态),并向监控组态设备发送事件通知服务(设备上线),最后增加跳数,并转发该设备声明报文。

若是 hop 值不为 0,则直接增加其跳数值,并转发该设备声明服务报文。其具体的软件流程如图 7.12 所示。

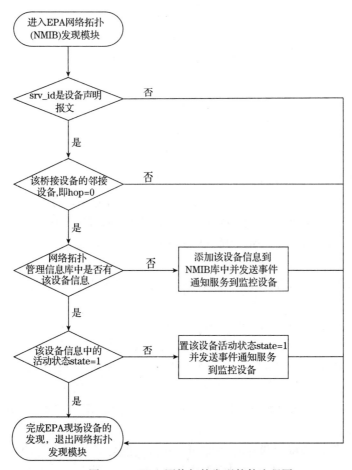

图 7.12 EPA 网络拓扑发现软件流程图

7.4.3 软件流程

EPA 网络拓扑诊断主要是桥接设备在收集完邻接设备信息以后,在规定的时间间隔内采用 ICMP 协议,与其邻接设备进行交互,查询其链路或邻接设备是否工作正常,做出相应的响应。如果其邻接设备拓扑发生变化,则使用事件通知服务通知 EPA 监控组态设备,以便监控组态设备做出相应的网络拓扑更正与还原。

使用 ICMP 协议来进行网络诊断,ICMP 协议可传递差错信息如目的地不可到达、构造 ICMP 回显请求报文、确定目的主机是否在线等。在本网络拓扑诊断中,通过向网络拓扑信息管理库中的邻接设备的 IP 地址发送 ICMP 回显请求报文,根据是否返回回显响应报文实时地确定在线现场设备与桥接设备的工作状态。ICMP 报文格式如图 7.13 所示。

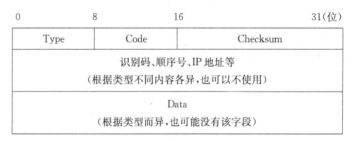

图 7.13 ICMP 报文格式

ICMP 提供网络的诊断信息,进行出错处理。本网络诊断方案中采用了 ping 命令所使用的类型 0 与类型 8 的 Echo、Echo Reply 和类型 3 的 Destination Unreachable(目的地不可到达)三种类型来进行网络拓扑诊断与还原。整个诊断流程图如图 7.9 所示,相应主要部分源代码如下:

```
for(i = 0;i < (gadjointbl1.idx);i + +)
{
  dst_ip = gadjointbl1.adjoinentry[i].ip
  ICMPOutput(dst_ip,ICMP_TYPE_REQUESTECHO,0,6,data);
  // 桥接设备对其端口的邻接设备发送 ICMP RequestEcho 报文进行网络
     诊断
  psock = (PSock) OSQPend (gpNETDIGOEMsgQ, TASK _ TIMEOUT _ NETDIGOE,
  &err);
  // 桥接设备等待 ICMP RequestEcho 的回显报文
  SpinLock(sr);  // 对临界资源进行保护
```

```
if(err = = OS_NO_ERR)
{
    gadjointbl1.adjoinentry[i].state = 1;
    // 该桥接设备的端口的邻接设备正常工作
}
else{
    gadjointbl1.adjoinentry[i].state = 0;
    // 该桥接设备的端口的邻接设备出现故障
    index = NMIB_BASE_OBJID_ADJOINAPP1 + gadjointbl1.idx;
    Event_Noti_Handle(gadjointbl1.local_port_ip,
    gadjointbl1.adjoinentry[gadjointbl1.idx].ip,(uint16)21,index);
    // 该桥接设备发送网络拓扑变化事件通知服务给组态监控设备
    gadjointbl1.idx = gadjointbl1.idx - 1;
    }
    SpinLock(sr);   // 退出对临界资源的保护
    PutSock(psock);   // 释放内存资源
}
```

7.5　系统测试与验证

利用图 7.14 所示结构搭建网络测试平台。在这里,桥接设备用 EPA 交换机,EPA 现场设备六块,分两个微网段即 128.128.2.87、128.128.2.88、128.128.2.89 和 128.128.3.55、128.128.3.56、128.128.3.57,连接上位测试 PC 机的 EPA 交换机的端口 IP 为 128.128.1.1。利用 Ethereal 抓包软件,实时地抓取 EPA 数据报文。图 7.15 为 EPA 设备声明报文对比分析,其中六块 EPA 现场设备发出不同报文。很显然,C4 是 EPA 设备声明报文的标识符,设备都是在线激活状态 state=1,因为这里是带安全的现场设备,所以 device_type=0x01。另外,IP 为 128.128.2.88 的 EPA 现场设备是直接挂接在离上位机最近的桥接设备 EPA 交换机上的,所以 hop=0;而其他两块现场设备是挂接在下一个桥接设备 EPA 交换机上的,所以 hop=1。

EPA 事件通知服务报文如图 7.16 所示。在该测试平台中,连接上位 PC 机的桥接设备 EPA 交换机的端口 IP 为 128.128.1.1,在数据报文中,0f 是 EPA 事件通知服务标识符。要特别说明的是,在这里桥接设备 EPA 交换机是带有安全功能的,所以这里的 device_type=0x11。

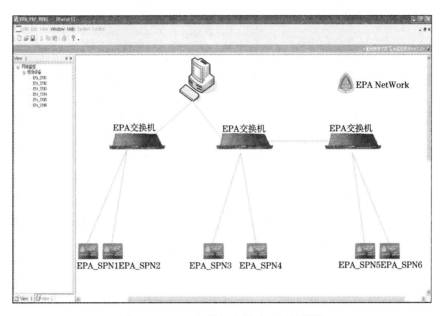

图 7.14　EPA 监控组态测试运行效果图

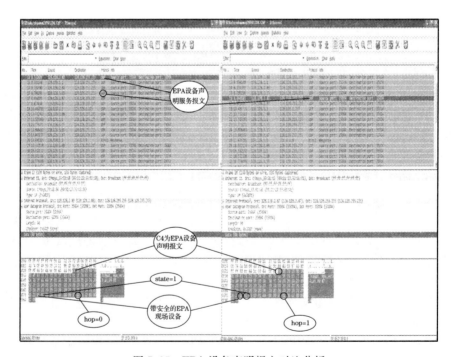

图 7.15　EPA 设备声明报文对比分析

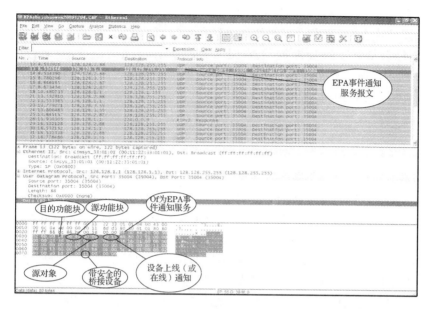

图 7.16　EPA 事件通知服务数据报文分析

在该测试平台中,当 EPA 现场设备和桥接设备 EPA 交换机都处于正常工作状态时,通过上位测试 PC 机,利用 ping 命令对各个 EPA 现场设备进行诊断测试。这里以对 IP 为 128.128.2.88 的 EPA 现场设备的诊断测试为例,如图 7.17所示。

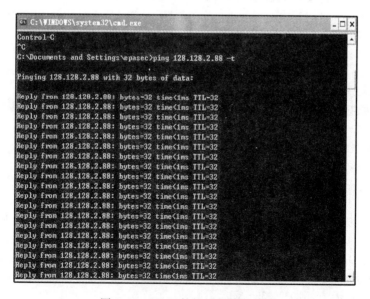

图 7.17　ICMP 协议诊断数据分析

综上所述,从实际抓取的各种数据报文分析来看,此方案完全验证了EPA网络拓扑发现算法的正确性[9]。采用该算法在实际的EPA监控组态软件环境中进行测试,结果是其能够较好地发现EPA网络中各层网络设备,其运行结果如图7.17所示。通过测试效果不难发现,EPA监控系统能实时有效地还原出EPA网络拓扑图,并且运行稳定可靠。

7.6　本章小结

网络拓扑发现已经是网络管理系统必不可少的一部分,网络拓扑发现性能是否优越也是衡量网管系统性能的重要指标。本章分析了运用在EPA工业自动化网络中的拓扑发现技术,针对EPA工业自动化网络的特点,结合EPA服务报文的特殊性,完成了对EPA网络拓扑发现的研究与实现,即实现了EPA桥接设备中的NMIB、网络拓扑信息发现模块以及网络拓扑信息诊断模块。对该方案的研究与实现表明,利用EPA服务中的设备声明服务、事件通知服务与ICMP协议,简易、方便、可靠地完成了EPA网络拓扑结构的发现并还原以及故障诊断,达到了预期的效果。完善了EPA监控组态设备对EPA网络中的现场设备、桥接设备(EPA交换机或EPA网桥)的监控与组态功能。

参 考 文 献

[1] 杨文泉. 网络拓扑发现技术[D]. 南京:南京师范大学,2003
[2] Oliveira V G, Farkas J, Salvador M R, et al. Automatic discovery of physical topology in Ethernet networks [J]. Advanced Information Networking and Application,2008:848—854
[3] 蔡伟鸿,舒兆港,刘震. 基于SNMP协议的以太网拓扑自动发现算法研究[J]. 计算机工程与应用,2005,41(14):156—160
[4] Li B,He J S,Shi H H. Improving the efficiency of network topology discovery[J]. IEEE 2008:189—194
[5] 黄卉,陈建勋. 一种新的基于SNMP链路层拓扑发现算法[J]. 计算机与数字工程,2006,35(5):20—22
[6] 王浩,武贵路,黄术东,等. EPA网络拓扑发现算法的研究与实现[J]. 仪器仪表学报,2011,32(6):1396—1401
[7] 黄晓波,潘雪增. 网络拓扑发现的算法和实现[J]. 计算机应用与软件,2007,24(7):159—161
[8] Jean J. Labrosse J J 著. 嵌入式实时操作系统 μC/OS-Ⅱ[M]. 邵贝贝译. 北京:北京航空航天大学出版社,2003
[9] Wang Y D,Li D C,Han C Y,et al. Research and application on automatic network topology discovery in ITSM system[C]//Proceedings of the 9th International Conference on Hybrid Intelligent Systems,2009:336—340

第8章 高可用性自动化网络功能安全通信技术

8.1 高可用性自动化网络功能安全通信技术研究现状

IEC 先后发布了应用于安全系统相关设计、开发和应用的 IEC61508 和 IEC61511 两个标准[1,2]。2000 年 5 月,IEC 正式发布了 IEC61508 标准,名为《电气/电子/可编程电子安全系统的功能安全》。该标准分七个部分,涉及 1000 多个规范。IEC61508 适用于范围很广的制造业和流程工业等与电气/电子相关的行业。

IEC61508 针对由电气/电子/可编程电子部件构成的、起安全作用的电气/电子/可编程电子系统(E/E/PE)的整体安全生命周期,建立了一个基础的评价方法。目的是要针对以电子为基础的安全系统提出一个一致的、合理的技术方案,统筹考虑单独组件(传感器、通信系统、控制装置、执行器等)中元件与安全系统组合的问题。我们开发的 EPA 功能安全相关系统是遵循 IEC61508 和 IEC61511 设计、开发和应用的。以下对这两个国际标准做简单介绍。

IEC61508 包含以下七个部分内容:

第一部分为一般要求,描述了主要概念、安全生命周期、文档编制、SIL 等级等。

第二部分为电气/电子/可编程电子安全相关系统的要求,包括对设备和系统的要求,它的很多内容与第七部分的鉴别方法的应用有关,这些方法解决了随机或系统失效问题。

第三部分为软件要求,描述避免失效的方法,与第七部分的附录相关。

第四部分为定义和缩略语。

第五部分为确定安全完整性等级的方法示例。

第六部分为应用第二部分和第三部分的指南。

第七部分为技术和措施概述,给出测试方法、简短的注释、部分参考书目。

IEC61511 标准是针对流程工业的最终用户,而不是系统或设备提供商。IEC61511 向希望实现安全仪表系统 SIS 的所有用户提供了最好的功能安全指导。IEC61511 由三部分组成。

第一部分为框架、定义、系统硬件和软件要求。

第二部分为应用导则。

第三部分为确定安全完整性等级的导则。

随着 IEC61508 和 IEC61511 的颁布,各种现场总线都提出各自的功能安全解决方案。例如,西门子的 Profisafey、罗克韦尔的 CIPSafety、菲尼克斯的 Interbus Functional Safety、基金会现场总线的 FF-SIS 和 CC-LinkSaefty。同时,IEC61784-3 现场总线功能安全标准[3]也在积极的制定当中。西门子的 Porfisafe、罗克韦尔的 CIPSaefty、菲尼克斯的 Interbus Functional Saefty 已经首先进入 IEC61784-3 中。

在国内,采用 IEC61508 的中国国家标准 GB/T 20438.1~7 已经发布并于 2007 年 1 月 1 日正式开始实施。我国具有自主知识产权的现场总线标准 EPA[4]也在提出自己的功能安全标准——EPASafety,它已成为国际标准 IEC61784-3-14。功能安全需要第三方认证,进行功能安全认证比较权威的是德国技术认证委员会的 TUV 认证。中控技术有限公司开发的 EPA 功能安全协议栈安全完整性水平达到 SIL3 级,已通过德国 TUV 认证。

8.2　高可用性自动化网络功能安全的作用与意义

传统意义上,安全保护指的是新增加系统或设备用于保护在危险生产区域的工作人员免受伤害或死亡。然而,现在的安全措施已经不仅仅是保证人身安全这一单一的涵义,所以生产厂商需要不断提升生产装置的运行性能,以便实现公司的利益最大化。在工业系统中,由于危险的化学品或气体的泄漏,许多工业过程尤其是化学或油/气工业中工艺过程的操作都涉及内在的风险。通过安全系统来减少已知的紧急事件发生的可能性或严重性,可以保护人员、设备以及环境。这些安全系统涉及最终控制元件,如紧急切断阀、紧急排空阀、紧急隔离阀、关键的开/关阀等。

安全是指在特定灾难事件发生时,安全仪表系统或者基于其他技术的安全相关系统等具备的使过程达到或维持在安全状态的能力。由此可见,安全实质上包含故障的监测和对故障的响应两个方面。随着 IEC61508、IEC61511 和 ISA-84 等功能安全国际标准的正式发布,生产厂商和用户越来越关注生产装置的功能安全要求,纷纷对危险和风险进行严格的分析,并开发、验证和应用已经经过功能安全认证的安全仪表系统(SIS)。功能安全标准不仅包含实现生产装置功能安全的技术内容,还包含贯穿系统完整生命周期的所有安全相关活动的计划、文档和评估。

高可用性自动化网络[5~8]是一种全新的、将自动化网络直接应用于现场设备层网络并解决工业自动化网络关键问题的技术。随着 EPA 技术的推广,EPA 实时网络所面临的安全问题也日益凸显。针对工业网络安全系统的需求,有必要设计和开发基于 EPA 的功能安全通信标准 EPASafety[9,10]以及基于 EPASafety 的设备。EPA 功能安全设备能够基于 EPA 的标准设备,无缝地联入原有的 EPA 控制系统中,并且安全相关系统和控制系统两者互不干扰,可以通过配套的上位机软件进行组态和实时监控。EPA 功能安全设备采用工业自动化网络数据通信的方式,能够将安全相关设备中的故障信息及时地传递给故障监控软件,为整个 EPA 网络系统故障的监测提供了强有力的支持。

8.3　高可用性自动化网络功能安全分析

8.3.1　高可用性自动化网络的功能安全风险分析

通常情况下,由设备构成的系统存在一定的安全风险,这种风险来自于设备本身及通信故障,而通过采用功能安全通信技术[11],可以获得适当的风险降低。正是这种风险降低,使系统能满足必要的安全完整性水平。针对来自设备本身和通信故障的风险,高可用性自动化网络从系统的功能安全通信来获取必需的风险降低。其中,功能安全通信可以将系统的安全等级提高,一方面可以提高系统的安全完整性水平,另一方面也可以增加安全水平提高的可靠性。但是,系统的安全性越高,必然使设备的可用度降低,从而降低了系统的可用性。

一般情况下,通信对残余错误概率的贡献率可能为 1%,这意味着功能安全通信的残余错误概率应"好于"SIL3(SIL 中的第三等级)中要求的 100 倍,从而使功能安全通信的安全等级达到 SIL3,通过功能安全可以在很大程度上保持这种安全等级。其余 99%的残余错误概率来自于设备本身,通过功能安全可以成倍地提高该设备执行功能的安全完整性水平。

在工业控制领域的现实应用中,要求系统既具有高可用度,又具有高可靠性[12]。安全系统的设计并不是可靠性越高越好,而是寻求一种最优配置,即在达到安全完整性等级的前提下,合理配置经济实用的系统。因此,在设计安全系统时,首先要进行风险分析[13],确定必要的风险降低指标;然后,确定 SIL 等级并进行风险分配,以确定安全系统应承担的风险降低指标;最后,综合考虑系统的可靠性与可用性,对系统的结构进行合理配置。

如图 8.1 所示为一个一般的风险降低的概念图。这个模型假设受控系统的安全保护功能包括外部风险降低设施、E/E/PE 安全相关系统以及其他技术安全相关系统。受控设备(EUC)风险和整个控制系统结合了起来,通过多层次的安全保护功能结合起来完成必需的风险降低,从而达到可容忍的风险。每个保护功能对不同的安全保护层进行风险分配,共同完成风险降低任务。

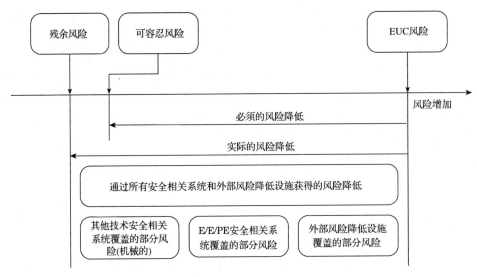

图 8.1　风险降低一般概念图

8.3.2　功能安全的 SIL 等级

　　SIL[14]是衡量安全功能能否满足风险降低需要的重要指标,确定了 SIL 等级也就是确定安全系统应承担的风险降低任务。安全完整性的定义是指在规定的条件下、规定的时间内,安全系统成功实现所要求的安全功能的概率。该概率为在要求安全系统动作时其功能失效概率的倒数。安全完整性水平代表着安全系统使过程风险降低的数量级。例如,一个安全仪表系统的安全完整性水平为 2,就意味着它能使一个意外事故发生的频率降低至少两个数量级。由于风险是事故后果与事故发生概率的乘积,因此它也代表着风险从整体上降低了两个数量级。

　　SIL 是一种离散的水平(四种可能水平之一),用于规定分配给 E/E/PE 安全系统的安全功能的安全完整性要求,在高可用性自动化网络功能安全中安全完整性水平 4 是最高的,安全完整性水平 1 是最低的。在高要求模式下,高可用性自动化网络功能安全完整性等级与安全功能故障率的关系如表 8.1 所示。

表 8.1　高要求模式下的 SIL

SIL	连线操作模式下每小时危险错误概率
4	$<10^{-9}\cdots>10^{-8}$
3	$>10^{-8}\cdots<10^{-7}$
2	$>10^{-7}\cdots<10^{-6}$
1	$>10^{-6}\cdots<10^{-5}$

在高要求模式下,安全仪表系统的 SIL 可由下式计算:

$$PFH_{功能安全} = PFH_{传感器} + PFH_{执行器} + PFH_{通信}$$

安全通道每小时发生的故障概率(PFH)不能超过 SIL 相对应故障率的 1%,换言之,高可用性自动化网络通信协议栈和安全层的残余误差概率应高于 SIL3 中要求的 100 倍。如果系统故障率要达到 SIL3 的 10^{-7},那么运用安全通信技术通信的位错误率应不大于 10^{-9}。

如表 8.2 所示,屏蔽双绞线上的典型误差概率(位误差概率)低于或等于 10^{-5}。功能安全中的计算是基于"黑色通道"的位误差概率。不同的 SIL 允许的残余误差概率值见表 8.1,因此符合 SIL3 的网络功能安全范围内一部分残余误差概率来自链路通道,一部分来自整个设备。

表 8.2　EPA 传输介质的位错误概率

位错误概率 p	传输系统
10^{-5}	屏蔽双绞线
10^{-9}	同轴电缆
10^{-12}	光纤

一个可用的通过 CRC 校验降低位错误率的公式如下:

$$R(p) = \sum_{i=d}^{n} A_{n,i} p^i (1-p)^{n-i}$$

$$A_{n,i} = \binom{n}{i} = \frac{n!}{i!(n-i)!}$$

其中,i—位数;n—报文长度;d—循环冗余校验的多项式的权重;p—未加冗余校验时的位误差率。

8.4　功能安全通信原理

8.4.1　功能安全的界定

通常情况下,高可用性自动化网络功能安全[15,16]的界定如图 8.2 所示。由该图可知,功能安全的界定包括普通的现场设备和有着设备冗余的现场设备的安全通信界定。EPA 现场设备不包括在通信的功能安全范围内,与功能安全通信相关的部分定义为单独通信的传输过程以及在通信的发起端和接收端执行安全通信的方法,即 EPA 现场设备本身的安全特性,此安全特性与功能安全通信的功能通信无关,但数据在现场设备中的产生方法、处理方法和响应方法,以及数据在现场设备自身中的传输信道是与功能安全通信的功能通信相关的。

图 8.2　EPA 功能安全的界定

8.4.2　功能安全系统的网络结构

EPA 功能安全系统的网络拓扑结构图如图 8.3 所示。在图 8.3 的典型系统配置中,既包含 EPA 网桥、标准变送器、标准执行机构、安全现场控制器、安全变送器、安全执行机构等现场设备,也包含操作员站、工程师站等上位机设备。

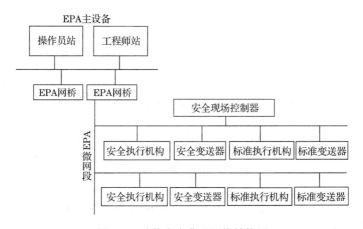

图 8.3　功能安全典型网络结构图

现场设备可以工作在同一个 EPA 微网段中,即安全现场设备和标准现场设备共享同一条通信链路,安全设备和标准设备可以相互数据通信。安全设备和非安全设备可以进行精确时钟同步[17]以形成一个完整的微网段。安全相关的应用可以用安全变送器和其他安全机构来处理。各安全设备既可以处理安全相关的数据,也可以处理非安全相关数据。

8.4.3　EPA 功能安全通信协议扩展层

EPA 功能安全通信描述了 EPA 系统中安全设备之间的安全通信[18,19],通过在用户层添加协议扩展层,来降低数据传输故障率以及降低通信故障对整个网络数据通信的影响。

EPA 功能安全通信扩展协议位于功能块应用进程和 EPA 应用实体之间,它的作用是处理在传输过程中不被修改的安全数据帧,其传输采用标准的传输系统。EPA 功能安全通信层为上层仪表传输的数据提供安全通信服务[20]。EPA 用户数据在整个链路中的传输,会由于各种原因产生故障或差错导致数据在链路通道中的传输是不可信的;安全通信原理则将允许安全数据在这个通道中的传输是可信或者可确定的,而且不需要将安全数据和非安全数据在物理上分开,即安全数据和非安全数据能通过同一通道传输,EPA 微网段可同时连接EPA 功能安全设备和普通 EPA 设备。EPA 功能安全通信扩展协议如图 8.4所示。

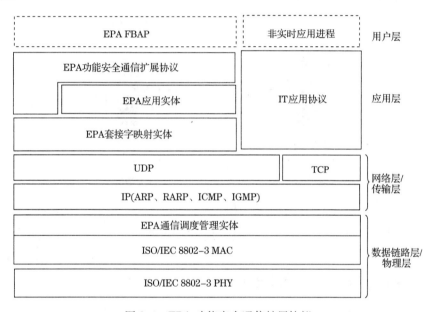

图 8.4　EPA 功能安全通信扩展协议

　　EPA 用户数据在整个设备和链路传输中由于随机故障、标准硬件的失效/故障、硬件或者软件组成成分的系统故障会产生故障和差错。因此,没有功能安全的数据传输是不可信的。EPA 功能安全设备发送的数据必须符合 EPA 功能安全扩展协议的要求,给应用层提供可靠的数据。

8.4.4　EPA 功能安全通信模型

　　在安全相关系统的应用中,有着各种各样的模型结构。这些模型的有着不同的容错机制,即故障检测和处理机制。按源和目标报文生成、发送的不同方式,可以分为单通道通信模型、全冗余通信模型、通信栈冗余通信模型和功能安全层冗余通信模型。EPA 功能安全模型采用功能安全层冗余通信模型,在该模型中两个功能安全进程可以通过同一个黑色通道传输安全报文。

　　EPA 功能安全设备通过黑色通道发送的数据必须符合 EPA 功能安全扩展协议的要求。EPA 功能安全设备按照 EPA 功能安全扩展协议对从黑色通道接收到的数据进行有效性判断,并将其中的用户数据部分提交至用户层。图 8.5 表示了 EPA 功能安全设备发送和接收数据的流程。EPA 功能安全系统的体系包括两个部分:协议栈内的安全控制和传输介质的安全传输。安全控制功能包括安全输入、安全逻辑和安全输出等功能模块,这些功能都是在通信协议栈上通过增加用户层以实现控制功能;安全传输功能则是在通信协议栈的基础上在传输数据前通过对数据完整性的检验措施来实现的。

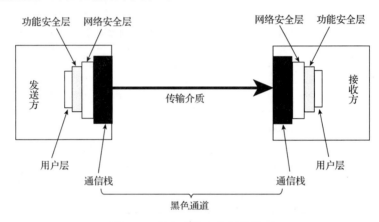

图 8.5　EPA 功能安全通信模型

8.4.5　通信故障与 EPA 功能安全通信技术

1. 黑色通道的通信故障

　　EPA 数据在使用黑色通道进行数据传输的过程中,诸如电磁干扰等情况可能导致数据在传输的过程中产生错误,这些错误将导致安全风险。传输的报文会引发一系列的错误,如数据破坏、数据重传、丢失、插入、乱序、数据阻塞、伪装、延时、寻址出错等。可能面临的通信故障如下:

　　1) 数据破坏

　　数据可能因为总线共享、传输介质的差错或数据的相互干扰而被破坏。在任何标准通信系统传输过程中,数据破坏都是有可能发生的。这种故障在大多数情况下可以由数据接收方通过 CRC 校验码检测到并丢弃。大多数的通信系统包含错误数据的恢复协议,所以在数据恢复或数据重发程序失效之前或未被使用时,不能把被破坏的数据归入"丢失"类。如果恢复或重发程序运行时间超过了定义的时间极限,那么被破坏的数据将归入"延时"类。

在小概率情况下,数据被破坏后产生的新数据有着正确的帧结构(地址、长度、CRC 等能够相互匹配上),因而仍然能被接收并进一步处理。但是,通过检验数据中的 CRC 校验码、序列号或时间戳可判断该数据是否已被破坏,并根据不同情况可划分为数据重传、乱序、延时和插入。

2) 数据重传

因为差错、故障或相互干扰,未被更新的数据在一个错误的时间点上被重发。当发送方未收到目标站点预期的确认或者响应报文时,或当接收方判断数据已丢失并请求重发时,发送方将重传数据。这种重传机制是由程序实现的,并非通信故障。在不同情况下,重传数据延时的长短不同,顺序的对错也不同。

3) 丢失

因为差错、故障或相互干扰,数据没有被接收或被确认。

4) 插入

由于故障或相互干扰,一个未知或不希望的源实体可能插入一个不期望的消息。

这个消息附加到期望的数据流当中,并且由于它们没有期望的源,所以该故障不能被归入数据重传或乱序故障中。

5) 乱序

因为差错、故障或干扰,事先定义的顺序(自然数、时间参考等)产生错误。总线系统可能包括一些数据存储元件(交换机、网桥、路由器)或者使用可变顺序的协议(允许先执行高优先级的数据)。

当多个顺序处于活动状态,如不同的源实体发出数据或者不同的对象类型发出报告时,这些顺序被独立监控并且对应每个顺序发出错误报告。

6) 数据阻塞

由于故障或干扰,数据在传输过程中被延迟,从而导致数据的阻塞。数据阻塞多发生在交换机、网关、网桥设备之中。

7) 伪装

由于故障或干扰,由一个有效的源实体产生的非安全数据插入安全通信中,从而使该数据被作为安全数据使用。用于安全相关应用的通信系统可以使用附加的校验来检测伪装。

8) 延时

消息可能会因为超出允许的接收时间而延迟,如因为传输介质的差错、传输线路的阻塞、相互干扰或者消息在总线上的共享等。在下层总线中使用调度或者循环方式扫描探测是否延时。延时可通过立即重发、在每个周期结束的空闲时间重发和作为数据丢失故障进行处理等几种方式解决。在立即重发情况下,该周期内,数据延时产生后收到的所有数据都相应地产生轻度的延时;在每个周期结束的空闲时间重发情况下,只有重新发送的数据延时;在作为数据丢失故障进行处理情况下的延时归类于不可接受的延时,除非循环周期短到能够确保从出错到重发的时间间隔相当小,并且用下一个周期得到的新数据来替代丢失的数据。

9) 寻址出错

由于故障或干扰,一个安全数据被发送到错误的安全相关设备,同时该设备将该数据作为正确数据并发回响应。

2. 功能安全通信技术

1) 序列号

在待发送数据中加上数据序列号,表示数据发送的先后顺序,用于判断通信是否发生了数据丢失、数据重传或乱序等通信故障。

2) 关系密钥

关系密钥用来区分不同的 EPA 功能安全链接对象,在安全链接组态时由主机分配,并写入 EPA 功能安全链接对象。关系密钥本身不参与通信,仅参与构造虚拟功能安全校验报文(VSCM)。组态时,主机为每一个功能安全链接对象分别定义一个唯一的 32 位关系密钥。因此,对于每一个通信链路而言,通信双方拥有一个唯一且相同的关系密钥。用关系密钥来区分不同的设备报文,保证一个 EPA 设备报文不会伪装成另一个 EPA 设备的报文。

EPA 功能安全通信数据的发送方在构造 VSCM 时,从 EPA 功能安全链接对象中读取关系密钥,并写入 VSCM 相应字段当中,然后对 VSCM 进行 CRC 校验,将结果加入 FSPDU(EPA 功能安全通信报文)中。由于在 FSPDU 的编码结构中并不存在关系密钥,因而关系密钥本身不参与通信,这也是一种对关系密钥的保护机制。

EPA 功能安全通信数据的接收方在构造虚拟功能安全校验报文时,也从 EPA 功能安全链接对象中读取关系密钥,并写入虚拟功能安全校验报文相应字段当中,然后对虚拟功能安全校验报文进行 CRC 校验,将结果与收到的 EPA 功能安全通信报文中的 32 位 CRC 码进行比较,如果收到的 FSPDU 并非由期望的源地址发送,那么两者将不匹配。

3) 回传

设备如果发生了通信故障,检验出故障的一方将通过某种方式将故障类型报告通信的另一方或主机。在周期性非证实服务中,通信对等方都是基本设备。当现场设备在检测到数据通信故障或故障次数超过功能安全链接对象的故障次数限制后,设备将进入预先设定的安全运行模式,并通过输入输出参数的状态将故障类别反馈给主机。

在非周期性非证实服务中,通信对等方是基本设备和主机。当现场设备检测到数据通信故障时,就使用自定义的报错方式将故障信息报告给监控软件。

在证实服务中,通信对等方是主机和基本设备。当现场设备检测到如数据重传、数据丢失等数据通信故障时,基本设备将按照故障类型进行回传报文编码,将故障信息报告给主机。

4）CRC 校验

为保证数据的完整性并实现关系密钥的隐藏,EPA 功能安全通信采用 32 位 CRC 校验机制,针对由用户数据、序列号、时间戳和关系密钥组成的虚拟功能安全校验报文进行校验。通信的发送方和接收方对 CRC 校验结果的处理不同,发送方将校验结果写入 FSPDU 中,接收方将校验结果与收到 FSPDU 中的 CRC 作比较。EPA 功能安全通信中的 CRC 校验采用 CCITT-32 的校验算法。

5）时间戳

为保证数据的时间有效性,EPA 功能安全通信非证实服务的数据交互采用时间戳机制,记录用户层数据发送的时刻。时间戳参与构造发送方的 SCM（功能安全校验报文）和 FSPDU。接收方对收到的 FSPDU 进行安全完整性判断和序列号匹配判断后,将对其时间有效性进行判断。如果 FSPDU 中时间戳表示的时间和设备的当前时间差值超过功能安全链接对象的最大时间允许,那么就判定信息延迟。

6）功能安全响应时间

功能安全响应时间只适用证实服务的数据交互。主机向基本设备发出证实服务请求之后,根据系统结构和通信负载,主机接收到服务响应会有一个最差情况下的时间值。如果在功能安全响应时间内没有接收到通信对等方返回的响应,就判定通信失败,即有可能发生数据丢失、数据破坏、数据阻塞、延时、设备故障或寻址出错的通信故障。

7）时钟同步监控

在 EPA 系统中,精确时钟同步是保证确定性通信调度所必需的,而时钟同步机制监视位于 EPA 功能安全层。EPA 功能安全应该检查时钟同步的频率和精度。如果主从时间的差值超过了允许的值,在功能安全管理信息库中时钟同步对象的目标时钟同步对象有一个预先配置的错误状态动作将会被触发;或者时钟同步请求超时,预先配置的错误状态行动将会被触发,并且通信错误状态将会被报告。

8）调度号

调度号被用来追踪在 EPA 安全系统中一个通信宏周期内所有设备和所有数据的发送序列。调度号在周期报文和非周期报文中有不同的存在位置,通过调度号可以监控确定性调度有无通信故障出现。调度号包括本地消息与接收端的功能安全链接对象配置调度号属性的比较。调度号直接监控了一个宏周期里面报

文数目的传输,并且直接参与功能安全检验报文的校验,组成安全数据在网络上
传输。

8.5　基于 EPA 的功能安全通信协议栈设计

8.5.1　EPA 功能安全通信协议栈模块组成

功能安全通信协议栈模块组成如图 8.6 所示。

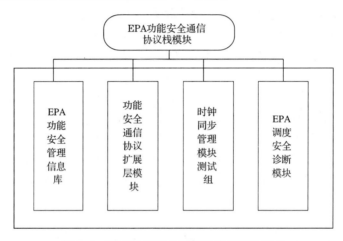

图 8.6　EPA 功能安全通信协议栈模块组成

功能安全通信协议栈是通过多个安全功能模块组合来完成一套完整的安全
防护功能的系统,在现有的协议栈硬件平台的前提下完成两个方面的要求:

(1) 能够完成安全控制功能。

(2) 能够保证信息传递的准确性和实时性。

根据要完成的目标要求,EPA 功能安全系统设计分为四大模块:

(1) 功能安全管理信息库包含原有的管理信息库的所有信息,并存放了功能
安全管理实体所需的信息,这些信息以对象的形式存在协议栈中。

(2) 在 EPA 应用服务层里,对 EPA 应用层 14 种服务报文分别采用相应的
安全机制来处理形成安全的报文,对于传输仪表重要数据的信息分发服务特别做
了安全处理,一旦发生传输错误,上位机的监控软件会立即检测出错误并且在发
出报警后做相应的处理。功能安全协议扩展层加在应用层中形成 EPA 应用服务
层安全通信模块。

(3) 为了保障时钟同步报文在黑色通道中传输的可靠性,时钟同步安全诊断
管理模块会监测时钟同步报文在黑色通道中是否产生了错误,该模块起到管理、

监测时钟同步报文和报告时钟同步错误的功能。

（4）确定性通信调度诊断管理模块或者是个独立的设备或者是寄存于普通设备的 EPA 设备，用来监测数据在一个宏周期里面的传输。如果在黑色通道中有一些失效发生，调度诊断管理模块将会通过报警机制来报告错误。这几个大的模块分别存在于 EPA 协议栈的重要功能部位，功能安全采用多种措施来检测各种可能的传输错误。

8.5.2　EPA 功能安全通信协议栈工作流程

EPA 功能安全通信协议栈工作流程如图 8.7 所示。其中，TCP/IP 协议栈接收子模块负责处理接收到的 TCP/IP 报文并分发给上层模块；TCP/IP 协议栈发送子模块依赖于 EPA 通信调度实体实现，保证所有报文都须经过调度才能被发送。在通信调度实体里面实现安全调度诊断管理，对出错的调度报文进行监控。EPA 功能安全通信协议在套接字映射实体、EPA 应用访问实体和 EPA 系统管理实体之间对所有的报文收发提供安全功能。功能块应用进程使用应用访问实体所提供的服务完成控制的信息经过安全通信协议来保证报文的可靠性。因为时钟同步和 EPA 通信协议使用不同的端口号，所以时钟同步子模块直接使用 TCP/IP 模块的服务。在时钟同步中，使用时钟同步诊断管理模块来保证时钟同步报文传输的可靠性。在原有的 EPA 管理信息库不变的基础上，独立地实现 EPA 功能

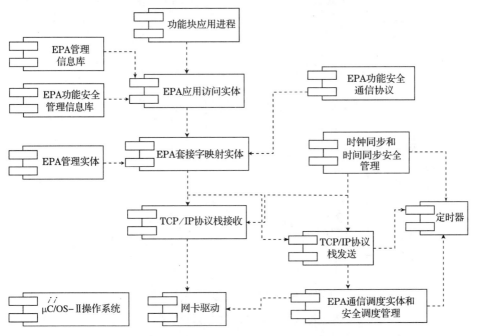

图 8.7　EPA 功能安全通信协议栈工作流程图

安全管理信息库来管理功能安全组态信息和功能安全的各种信息。此外,时钟同步、EPA 通信调度和 TCP/IP 发送子模块对时间要求较严格,因此需要定时器驱动子模块提供的定时服务。

8.5.3　EPA 功能安全通信过程

　　每个 EPA 功能安全设备至少由功能块实例、功能安全、EPA 应用实体、EPA 套接字映射实体、EPA 功能安全链接对象、通信调度管理实体以及 UDP/IP 协议等部分组成。一个服务数据完整的通信关系如图 8.8 所示。两个 EPA 功能安全设备在进行通信之前,发起方首先查找是否已从组态方获得功能安全链接对象,如果存在相应的功能安全链接对象,那么功能安全就将用户数据按照功能安全协议规范进行打包并交付给应用实体,使用应用实体的相关服务发送给接收方。EPA 服务分为证实和非证实服务。在非证实服务中,接收方根据功能安全协议规范对接收到的用户数据进行处理;在证实服务中,接收方不但需要处理接收到的用户数据,而且应用功能安全协议对数据处理后产生的正响应或者负响应进行功能安全响应数据处理,并返回给发送方。发送方接收到响应数据后,同样根据功能安全协议规范对接收到的响应数据进行处理。如果没有组态响应的功能安全链接对象,那么将按普通数据处理。

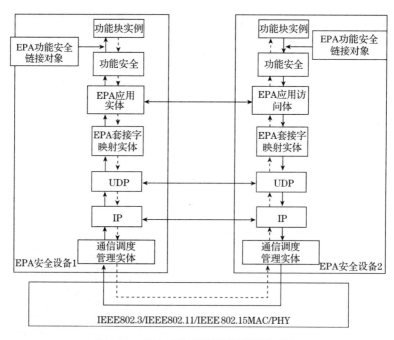

图 8.8　EPA 功能安全通信过程示意图

8.5.4　EPA 功能安全通信协议栈子模块的划分

EPA 功能安全通信协议栈分成功能安全管理信息库、功能安全通信扩展层协议、时钟同步诊断管理模块、确定性调度诊断管理模块四个部分。主机和 EPA 功能安全设备在进行通信之前首先都要初始化并建立链接关系,建立链接关系的信息存储在安全管理信息库中,安全管理信息库通过读取功能可以获得相应通信设备间管理信息。在功能块应用进程和 EPA 应用服务层之间增加了功能安全通信扩展层协议。功能块应用进程的输入和输出数据都是通过黑色管道进行传输的,实现功能安全通信扩展层协议就是解决如何保障数据可靠性的问题。所有的功能块数据都通过该协议来保障数据的可靠性。对于 EPA 的应用层服务,重要服务数据也通过该协议层对数据进行处理。功能安全通信扩展层协议主要具有以下两个功能:

(1) 对本地产生的用户数据进行序列号、时间戳、调度号的添加,虚拟安全校验报文的建立以及 CRC 校验,使本地功能块生成的用户数据符合功能安全通信扩展层协议的数据格式规范,能够被接收方识别和检验。

(2) 对接收到的数据进行检验,判断其是否为安全数据,判断各个安全机制码是否与本地匹配以及 CRC 校验码是否正确,监测数据传输过程中是否发生错误,以及判断错误类型,并能够采取相应的处理措施。在功能安全技术中,时钟同步诊断管理模块用来保障时钟同步的可靠性,在黑色通道中时钟同步错误的故障通过该模块就能够被完全检测出来。避免了由于数据传输的错误导致时钟同步精度偏差过大的问题。确定性调度诊断管理模块用来管理和检测 EPA 确定性调度是否发生各种通信错误,保障了整个 EPA 网络不会因为个别设备的调度报文出错而导致整个网络出现调度错误。

8.6　基于 EPA 的功能安全通信协议栈实现

8.6.1　EPA 功能安全管理信息库的实现

EPA 功能安全协议在扩展原有 EPA 管理信息库的前提下,实现功能安全管理信息库。如表 8.3 所示为功能安全的管理信息库。安全设备管理信息库包含原有管理信息库的所有信息,并存放有功能安全管理实体所需的信息,这些信息以对象的形式存在,并且可以对其进行相应的操作处理。

所有的功能安全管理对象都应该存放在 EPA 安全设备管理信息库中。为了便于对功能安全管理对象进行维护,在安全设备管理信息库中加入一个功能安全管理信息首部来描述所有的功能安全管理对象信息,包括功能安全组态对象的索引,设备中功能安全链接对象的个数以及第一个功能安全链接对象在系统管理信息库中的索引。

表 8.3　EPA 设备功能安全管理信息库

EPA 对象	对象 ID	说　明
Function Safe Management Object Header	11	功能安全链接对象首部
Function Safe Communication Alert Object	6999	功能安全报警对象
Function Safe Configuration Object	7000	功能安全组态对象
Function Safe Communication Object	7001	功能安全通信对象
Function Safe Link Object 1	7002	功能安全链接对象 1
Function Safe Link Object 2	7003	功能安全链接对象 2
...	以下依次递增	...
Function Safe Link Object N	N	功能安全链接对象 N

1. 功能安全管理信息库的结构

功能安全管理信息库(FSMIB)由功能安全链接对象首部、功能安全通信报警对象、功能安全组态对象、功能安全通信对象和功能安全链接对象构成,各个字段的详细说明如下:

(1) 功能安全链接对象首部。它是为了记录设备已组态的功能安全链接对象个数、未组态的功能安全链接对象个数以及第一个功能安全链接对象在系统管理信息库中的索引。

(2) 功能安全通信报警对象。它是为了记录设备在通信过程中产生的链路错误情况,并详细地记录在该对象之中。该对象包括了具体哪种错误发生和错误发生的次数等信息,上位机监控软件可以随时地监控报警情况。

(3) 功能安全组态对象。为了方便用户了解设备所能支持的最高等级的安全完整性水平以及组态合适的安全完整性水平,在安全信息管理信息库中增加安全组态控制对象。

(4) 功能安全通信对象。每个 EPA 功能安全现场设备都分配了唯一的通用的功能安全通信对象,用于证实服务的通信,该对象中记录了通信对象的状态和通信的一些基本信息等。

(5) 功能安全链接对象。在非证实服务交互类型的情况下,主机将为每一对参数的连接都组态一组功能安全链接对象。功能安全链接对象在本地 EPA 管理信息库中的索引由上位机指定,且在管理信息库中的索引应连续分配。周期性非证实服务的 Service Role 分别是 PUB 和 SUB,报告报警和趋势数据的非周期性非证实服务的 Service Role 分别是 Safe Alert 和 Safe Trend。在证实服务交互类型的情况下,主机将为每一对设备组态一组功能安全链接对象,Service Role 分别是 REQ 和 RSP。

2. 功能安全管理信息库的存储和访问

针对功能安全管理信息库的每个对象有唯一的 ID 编号的特点,可以使用散列表结构存储:ID 号为 1～10 的基本信息存储在 0～9 号索引点,ID 号为 6999 的报警对象存储在 13 号索引点,ID 号为 7000 的组态对象存储在 14 号索引点,ID 号为 7001 的安全通信对象存储在 15 号索引点,ID 号从 7002 开始的功能安全链接对象存储在 16 号索引点,而多个功能安全链接对象之间使用链表方式连接在一起。这样的映射关系非常简单,也可以很好地解决不同设备具体实现时链接对象个数不确定的问题,既对功能安全管理信息库模块进行了封装,又可以不降低访问的效率。其逻辑关系如图 8.9 所示。

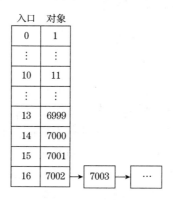

图 8.9　功能安全管理信息库的存储结构

对 FSMIB 的访问主要有初始化、对象的遍历查找、子索引点的读写。功能 FSMIB 的初始化实现对 FSMIB 中所有对象设备的初始值设置。设备的初值,即设备的出厂值存储在设备的非易失存储器中(Flash 存储器或其他)。当系统初始化时,调用 FSMIB 初始化函数 EPAFS_Init,从 Flash 中读取参数,实现对设备的初始化。以下是 FSMIB 的初始化函数:

```
void EPAFS_Init(void){
    FSMIBHeader_Init();
    FSCfg_Init();
    FSCom_ManageObj_Init();
    FSLink_obj_Init();
    FScomm_alertobj_Init();
```

```
    return ;
}//功能安全管理信息库初始化函数
```

EPA 功能安全管理信息库读写查询接口函数如下：

```
uint8 FSMIB_Read(uint16objID,uint16sub_idx,void * pdate,uint32 src_ip);
```
//根据对象 ID 和子索引号等获取信息,并将其内容用变量读正响应服务发
    送给发送方
```
uint8 FSMIB_Write(uint16 objID,uint16 sub_idx,OctetString payload);
```
//根据对象 ID 和子索引号等获取信息,并将其内容设置到安全管理信息库
    中的功能安全管理信息库写函数

8.6.2 功能安全通信扩展层协议实现

1. 功能安全协议扩展层服务实现

1）功能安全扩展服务实现

这里以 EPA 协议中的证实服务为例,说明功能安全协议扩展层服务的实现。为了进行功能安全数据通信,特增加两条功能安全服务,分别是功能安全通信开启服务和功能安全关闭服务。证实服务发起方要进行证实服务请求前,必须使用功能安全通信开启服务 SafeCommunicationOpen 开启安全通信;在证实服务通信完毕后,必须使用功能安全通信关闭服务 SafeCommunicationClose 关闭安全通信。功能安全扩展服务如表 8.4 所示。

表 8.4 功能安全扩展服务信息表

序号	服务名	服务标识 （ServiceID）	证实/无证实 服务	发送优先级	服务说明
1	SafetyCommunicationOpen	22	证实服务	2	功能安全通信 开启
2	SafetyCommunicationClose	23	证实服务	2	功能安全通信 关闭

（1）功能安全通信开启请求服务。功能安全通信开启服务用来建立功能安全通信链接关系,作为证实服务,包含三种报文格式:功能安全通信开启请求服务报文、功能安全通信开启正响应报文和功能安全通信开启负响应报文。功能安全通信开启服务请求报文编码如表 8.5 所示。

表 8.5　功能安全通信开启服务请求报文编码表

序号	参数名	数据类型	编码位置偏离/字节	字节长度	说明
1	SourceAppID	Unsigned16	0	2	源应用的标识符
2	DestinationIPAddress	Unsigned32	2	4	目的 IP 地址
3	RelationKey	Unsigned32	6	4	关系密钥

（2）功能安全通信开启正响应服务。若安全设备接收到功能安全通信开启请求服务且操作无误，则向开启服务请求方返回正响应，表示开启成功。功能安全通信开启服务正响应的报文编码如表 8.6 所示。

表 8.6　功能安全通信开启服务正响应报文编码表

序号	参数名	数据类型	编码位置偏离/字节	字节长度	说明
1	DestinationAppID	Unsigned16	0	2	目的应用的标识符

（3）功能安全通信开启负响应服务。安全设备接收到功能安全通信开启请求后，如果没有成功开启安全通信的链路关系，则向开启服务请求方返回负响应，并返回开启失败的错误原因。功能安全通信开启服务负响应报文编码如表 8.7 所示。

表 8.7　功能安全通信开启服务负响应报文编码表

序号	参数名	数据类型	编码位置偏离/字节	字节长度	说明
1	DestinationAppID	Unsigned16	0	2	目的设备应用的标识符
2	Reserved	OctetString	2	2	保留
3	ErrorType	ErrorType	4	N	见差错类型

（4）功能安全通信关闭请求服务。功能安全通信关闭服务用来关闭功能安全通信的链路关系。功能安全通信关闭服务报文编码如表 8.8 所示。

表 8.8　功能安全通信关闭服务报文编码表

序号	参数名	数据类型	编码位置偏离/字节	字节长度	说明
1	SourceAppID	Unsigned16	0	2	源应用的标识符
2	DestinationIPAdddress	Unsigned32	2	4	目的 IP 地址

（5）功能安全通信关闭正响应服务。若安全设备接收到功能安全通信关闭

请求服务且操作无误,则向关闭服务请求方返回正响应,表示关闭成功。功能安全通信关闭服务正响应报文编码如表 8.9 所示。

表 8.9 功能安全通信关闭服务正响应报文编码表

序号	参数名	数据类型	编码位置偏离/字节	字节长度	说明
1	DestinationAppID	Unsigned16	0	2	目的应用的标识符

(6) 功能安全通信关闭负响应服务。安全设备接收到功能安全通信关闭请求后,如果没有成功关闭安全通信的链路关系,则向关闭服务请求方返回负响应,并返回关闭失败的错误原因。功能安全通信关闭服务负响应报文编码如表 8.10 所示。

表 8.10 功能安全通信关闭服务负响应报文编码表

序号	参数名	数据类型	编码位置偏离/字节	字节长度	说明
1	DestinationAppID	Unsigned16	0	2	目的设备应用的标识符
2	Reserved	OctetString	2	2	保留
3	ErrorType	ErrorType	4	N	见差错类型

2) 功能安全协议扩展层服务处理流程

这里以主机和 EPA 功能安全设备的交互过程为例描述功能安全通信服务的工作流程。首先主机发出服务请求,EPA 功能安全设备接收到请求,并进行报文处理,然后将报文处理后的信息返回给主机,主机接收到响应,并进行报文处理。主机在发出请求后,开启响应时间定时器,如果定时器溢出,则表明 EPA 报文在传输过程中发生延时或丢失的通信故障。安全服务请求打开和关闭的处理流程如图 8.10 所示。

2. 功能安全数据通信的实现

EPA 功能安全报文是在原有的 EPA 报文结构上增加了安全部分的报文体,通过增加功能安全机制来增加 EPA 报文传输的可靠性。如图 8.11 所示的用于 EPA 功能安全通信报文结构,包含了 EPA 协议类型、IP 报文头、UDP 报文头、EPA 应用层服务报文头和 EPA 安全通信数据单元(FSPDU)。

APDU Header 是 EPA 应用层服务报文头。在 EPA 头中的第二个字节通信类型中,0 表示标准通信,1 表示功能安全通信。FSPDU 表示的是功能安全数据单元,该数据由 CRC 校验码、功能安全头以及标准用户数据构成。

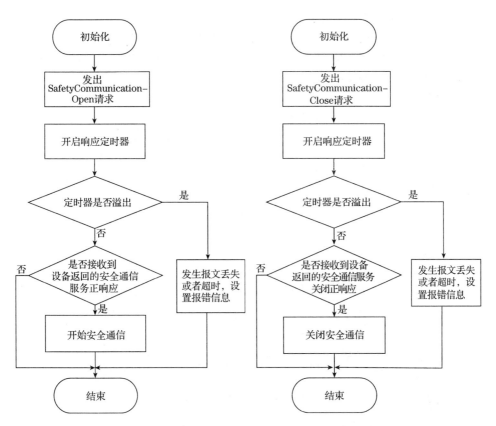

（a）功能安全打开服务处理流程　　　　　　（b）功能安全关闭服务处理流程

图 8.10　功能安全通信打开和关闭服务处理流程图

类型	IP 头	UDP 头	APDU 头	FSPDU

图 8.11　EPA 功能安全通信报文格式

　　CRC 校验码是通过 CRC 校验算法得到的,该检验码是基于虚拟安全校验报文（VSCM）校验而来,VSCM 由关系密钥、序列号、调度号、时间戳以及 EPA 用户数据组成。虚拟安全校验报文的结构定义如表 8.11。

表 8.11　虚拟安全校验报文编码结构

序号	参数名	数据类型	编码位置偏离/字节	字节长度	说明
1	RelationKey	Unsigned32	0	4	关系密钥
2	SequenceNumber	Unsigned16	4	2	序列号
3	SchedulingNumbet	Unsigned16	6	2	调度号
4	TimeStamp	BinaryDate	8	8	用户数据产生时间
5	EPA UserDATA	OctetString	16+N	N	EPA 用户数据

虚拟安全校验报文仅用于生成 32 位 CRC 校验码,本身不参与通信。产生的 CRC 校验码替换掉报文中的从安全链接对象中获取的关系密钥生成功能安全数据报文。这样由 32 位 CRC 校验、序列号、调度号、时间戳和 EPA 用户数据一起构成了 FSPDU。功能安全数据生成的映射关系如图 8.12 所示。

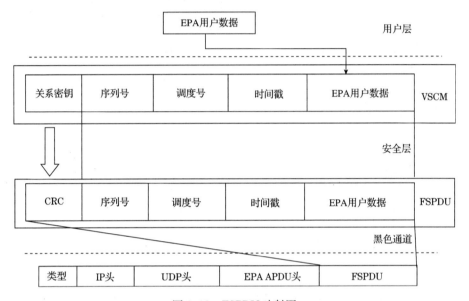

图 8.12　FSPDU 映射图

下面以证实服务为例来说明 EPA 功能安全通信的实现。

功能安全对 EPA 服务的安全通信方法分为证实服务和非证实服务两种处理流程。对于证实服务的通信程序实现分为两个部分:功能安全发送者(safety PUB)发送安全数据和功能安全接收者(safety SUB)接收安全数据。发送者的程序实现流程如图 8.13 所示,该图表示了功能安全通信发送方发送安全报文的程序处理步骤。

(1) 两个安全设备在进行功能安全通信前,先由上位机进行功能安全组态,把两个 EPA 功能安全设备初始化并组态好功能安全链接对象,然后把链接对象下载到两个相应的安全设备功能安全管理信息库中去,建立设备之间的链接关系。

(2) Safety PUB 首先根据与所发送的参数对象相对应的链接对象标识,在功能安全管理信息库中查找对应的 EPA 功能安全链接对象,并查找本次通信所需的 EPA 链路信息。

(3) 从 EPA 应用层接收数据单元,从功能安全管理信息库中取得安全通信链接对象的关系密钥、发送序列号、调度号和接收到应用层数据的当前时间共同组成预期的 VSCM。

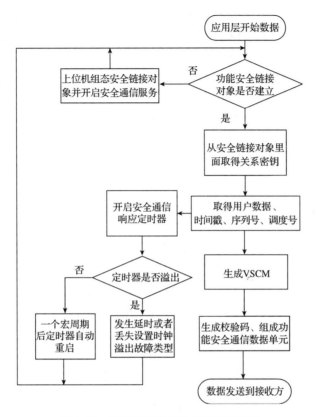

图 8.13 证实服务发送数据程序流程图

（4）对预期的 VSCM 进行 CRC32 校验，生成校验码。

（5）根据用户数据、时间戳、序列号、调度号和 CRC32 校验码生成功能安全通信数据报文，把安全数据报文通过通信栈传递发送到 EPA 网络，并且启动一个等待接收方响应的定时器。

EPA 功能安全通信接收方处理程序流程如图 8.14 所示，该图表示了功能安全通信接收方处理安全数据的步骤。

（1）Safety SUB 从 EPA 黑色通道接收数据单元。查询连接对象，判断是不是功能安全链接对象，如果是功能安全链接对象，则通过普通的 EPA 报文处理。

（2）如果是安全数据，那么接收方根据接收到的报文中的目的功能块实例 ID、目的对象索引 ObjectID、EPA 链接对象标识 ObjectID，查找到 EPA 功能安全链接对象并从 EPA 链接对象列表中查找到相应变量，如预期的序列号等。

（3）根据功能安全链接对象预期密钥、接收序列号 RSN、接收到的调度号、接收报文中时间戳和接收到的用户数据组成预期的 VSCM。

（4）对 VSCM 进行 CRC 校验，生成校验码，判断生成的校验码和接收的校验码是否相同，如果两者不匹配，表明数据在传输过程中已被破坏，将数据丢弃。

（5）对已通过 CRC 校验的数据进行序列号的匹配判断，若接收到的消息序列号小于 LRSN，则表明数据在传输过程中乱序；若两者相等，则表明数据发生重传的通信故障；如果接收数据的序列号大于 LRSN，那么接着判断接收的序列号和 ESN 是否相同，若两者相同，则进行 EPA 报文处理。

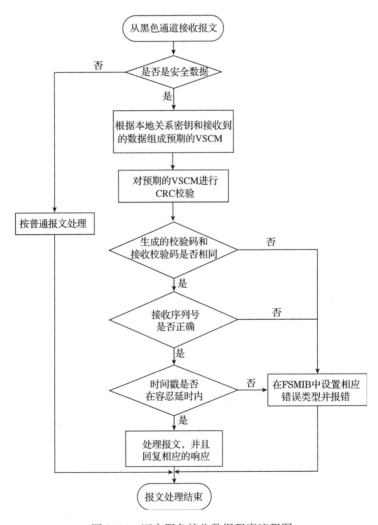

图 8.14　证实服务接收数据程序流程图

（6）如果接收数据的序列号和 ESN 不相同，那么计算接收数据的时间戳和设备当前时间的差值，一旦其大于功能安全链接对象的冗余时间延迟（tolerable time delay），则判断数据发生延时，丢弃数据；否则进行 EPA 报文处理，并回复相应的服务响应给 safety PUB。

8.6.3　时钟同步诊断管理模块的实现

时钟同步报文在传输过程中，如果因为链路的原因而产生了报文信息错误，必定会影响时钟同步精度，从而出现较大跳变。为了确保时钟同步报文传输的可靠性，采用时钟同步报文校验模块进行报文校验。

通过 CRC 校验，可以由原始时钟同步数据（original time sync data）得到一个校验码，并通过一个数据段备份得到新的时钟同步报文体。新的时钟同步报文体和原始 PTP 报文头一同构成新的 PTP 报文，新的 PTP 报文体的构成如图 8.15 所示。

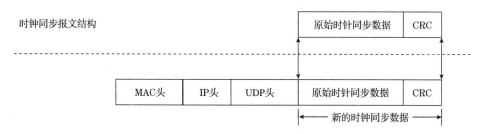

图 8.15　功能安全时钟同步报文结构

生成时钟同步 CRC 码采用的 CRC 多项式的计算公式如下：
$$G(x) = (x^{32} + x^{29} + x^{28} + x^{25} + x^{22} + x^{20} + x^{19} + x^{13} + x^{12} + x^{10} + x^7 + x^4 + x^3 + 1)$$

每一个设备都是通过时钟同步报文校验模块来监视时钟同步报文在黑色通道中是否产生了错误。每一次时钟同步，同步报文的四条报文均通过发送方对同步报文进行 CRC 校验，将生成的校验码附在同步报文的后面，然后再进行双份报文复制。

时钟同步报文校验模块的实现程序流程如图 8.16 所示。本地设备收到一个从主时钟传来的包含了时钟信息的同步报文，先对第一部分同步报文进行校验，将生成的校验码和报文中的校验码进行比较，判断 CRC 是否有错。如果相等，说明报文在传输的过程中没有出错，本地时钟比较主时钟传来 PTP 报文中的时间信息和实际的从时钟时间信息之间的漂移。观察漂移植的大小，若这个漂移超过了 FSMIB 里面的目标时间值，则这个设备的安全应用层实体应该指出从目的设备发送来的数据相关的错误属性，并通过事件通知服务报告上位机监控软件。接着对第二部分的同步报文进行相同的操作，若 CRC 校验后校验码仍然一致，则第一份同步报文为正确的报文,对该报文进行同步报文的处理。

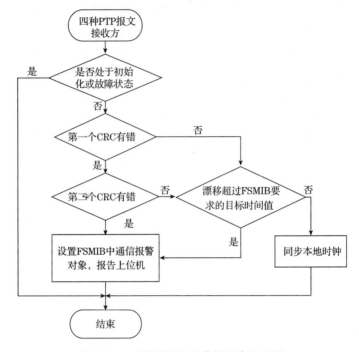

图 8.16　时钟同步校验模块程序流程图

8.6.4　EPA 确定性调度诊断管理的实现

　　EPA 协议将所有报文分优先级,采用基于时间片调度和基于优先级调度相结合的算法[21]。EPA 协议中报文的优先级分为 6 级,即 0、1、2、3、4、5,其中 0 表示最高的优先级,即周期报文,其他均为非周期报文。EPA 协议规定,所有 EPA 报文均高于其他不符合本协议的报文。不符合本协议的报文是指符合 ARP、RARP、HTTP、FTP、TFTP、ICMP、IGMP 等协议的数据报文。

　　EPA 通信调度管理实体只是完成对数据报文的调度管理。即在一个 EPA 微网段内,所有 EPA 设备的通信均按周期进行,完成一个通信周期所需的时间 T 为一个通信宏周期(communication macro cycle)。一个通信宏周期 T 分为两个阶段,其中第一个阶段为周期报文传输阶段 T_p,第二个阶段为非周期报文传输阶段 T_n。

　　在周期报文传输阶段 T_p,每个 EPA 设备向网络上发送的报文是包含周期数据的报文。周期数据是指与过程有关的数据。例如,根据控制回路的控制周期传输的测量值,控制值或功能块输入、输出之间需要按周期更新的数据,判断报文的优先级。

在非周期报文传输阶段 T_n，每个 EPA 设备向网络上发送的报文是包含非周期数据的报文。非周期数据是指用于在非周期时间两个设备间传输的数据，如程序的上下载数据、变量读写数据、事件通知、趋势报告等数据，以及诸如 ARP、RARP、HTTP、FTP、TFTP、ICMP、IGMP 等应用数据。非周期报文按其优先级高低、IP 地址大小及时间有效方式发送。此外，在发送完周期报文后，若后边有非周期数据发送，则应当发送非周期数据声明报文，在发送完非周期报文后应当发送非周期数据结束声明报文。

在 EPA 功能安全中使用调度号追踪所有的传输报文。在周期报文发送阶段 T_p，数据控制的方法是用广播的方式发送。因此，一旦这个处理数据被广播，在同一个 EPA 微网段所有其他的设备将会参与接收。所以在周期报文传输阶段，调度号直接放在信息分发服务中被广播到网络上，每一个设备的信息分发接收函数收到其他设备的信息分发服务后，解析出当前网络中的调度号并且在自己发送周期报文之前顺序加 1。

在非周期报文传输阶段 T_n，调度号和 EndofNonPeriodicDataSending 服务报文一起广播。因此，调度号的值在每一个设备发送结束点上将被加 1。启用了保留字节的非周期结束声明报文结构如图 8.17 所示。

类型	IP 头	UDP 头	ENPMTA_TAG	PRI	调度号

图 8.17　功能安全非周期结束声明报文

在每一个通信宏周期开始处，调度号的值将会被第一个广播周期报文的设备置 1，这个报文包含了本地程序数据和调度号。其他设备将获得在这个通信宏周期里被使用的当前调度号。其后，在每一次发送终止时，这个调度号的值将会被加 1。在发送端和接收数据端，当前的调度号将会和本地功能安全链接对象配置的调度号相比较。如果它们不匹配，则这个通信调度错误将会被记录与报告。调度号管理图如图 8.18 所示。

EPA 功能安全中确定性调度的诊断管理可以是独立的设备或者是寄存于普通的 EPA 设备之中。它用来监视一个宏周期里面调度数据的传输。如果一些错误发生，调度监视将会通过报警机制报告错误。在 EPA 微网段中，EPA 主时钟可以用来做专门的确定性调度诊断管理器。确定性调度的管理分为周期报文诊断管理和非周期报文诊断管理。

在周期报文传输阶段，确定性调度诊断管理器处在周期报文诊断模式下，这时主时钟作为主监控设备将收到在周期报文传输阶段的所有设备发送的所有数据。每个设备发送的周期报文都带有一个调度号。在主监控设备接收信息分发的函数中，每收到一个信息分发其就会把自己本地的安全管理信息库中的调度数

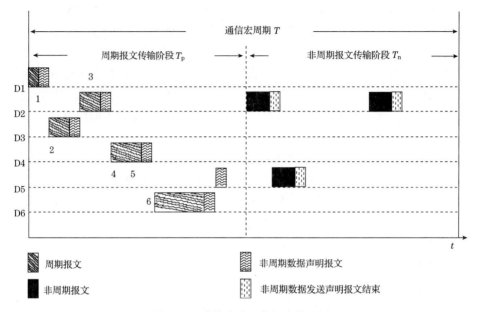

图 8.18　功能安全通信调度管理图

加 1。然后比较本地记录的调度数和刚刚收到的其他设备广播的周期报文中的调度数是否是连续的。如果传输过程中由于发生误差、丢失、错误或者冲突等故障导致一个或者一些依照初始分配的周期时间片发送的报文没有传输，则这个调度数便不是连续的。例如，上一个收到的周期报文调度数是 3，而下一个接收到的报文调度数是 5，则调度数为 4 的报文发生了故障没有能按预定方式传输。一旦有错误发生，主监控设备分析出错误类型后把这个错误报告通过事件通知服务发送给上位机监控系统。周期报文诊断管理的流程如图 8.19 所示。

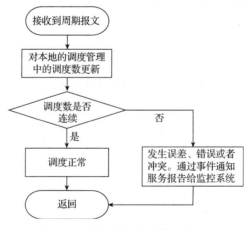

图 8.19　周期报文诊断管理流程图

　　在同一个通信宏周期内,主监控设备的非周期报文诊断模式应该记录所有的非周期数据声明报文,并为每个通信宏周期维持一个调度表,如图 8.20 所示。在一个非周期报文传送阶段,非周期报文诊断模式应该监控所有的非周期报文,监控其是否按主监控设备维护的这个调度表的规则来发送非周期报文。这个调度表是以链表的方式实现的,该链表按照所有设备非周期报文声明中的非周期报文优先级和 IP 地址计算出非周期报文的发送顺序,并按发送顺序存储。例如,在这个通信宏周期内主监控设备收到非周期声明报文,取出优先级和 IP 地址等信息便去查找该链表,按照发送非周期报文的顺序来顺序存放,优先级最高的放在第一个结点,优先级次高的放在第二个结点,依次类推。如果有几个设备的非周期报文声明优先级相同,便按照比较 IP 地址大小的方法来排列顺序。例如,结点 $N-1$ 和结点 N 的优先级都为 5,但是 $N-1$ 结点 IP 地址小,所以在结点 N 之前插入。

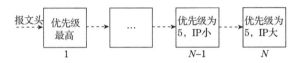

图 8.20　主管理设备维护调度表

　　当收到每个非周期结束声明报文时,应该和链表的第一个结点里面的信息进行比较。如果优先级和 IP 地址相同则表明链路通信正常,接着删除该结点,下一个预期接收的非周期报文信息结点变成第一个结点来更新一下调度表。这样,当收到一个非周期报文时,通过接收到的非周期结束声明报文里面对应的信息来删除一个结点;当一个宏周期结束时,调度链表中所有结点应该被依次删除。一般非周期报文错误分为以下几种:

　　(1) 非周期报文丢失错误。如果接收到的这个非周期结束声明报文是低优先级的非周期报文,而不是在周期阶段非周期声明报文中声明的那个高优先级的对应非周期报文,则发生了高优先级报文丢失。

　　(2) 非周期报文顺序错误。如果在后面接收的非周期报文优先级高于上一次接收的非周期报文优先级,则表示有非周期报文顺序错误。

　　(3) 非周期报文插入错误。当收到一个非周期报文时,查找调度表,如果没有该报文相应的优先级和 IP 地址信息,则表明这个报文在周期报文发送阶段没有发送该报文的非周期报文声明。那么这个报文被视为是一个没有通告的意外报文。

　　在这个宏周期结束时遍历调度链表,如果该链表为空则表示通信正常,如果该链表中还有结点则表示非周期报文或者非周期结束声明报文有丢失。在主设备的 FSMIB 里面设置丢失错误的属性,并通过事件通知服务发送给上位机功能安全监控软件报告错误。程序返回,重新开始下一个宏周期监控。上述非周期报文诊断管理流程如图 8.21 所示。

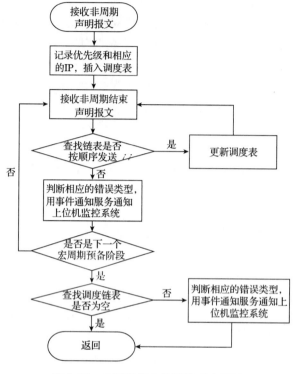

图 8.21 非周期报文诊断管理流程图

8.7 EPA 功能安全系统的测试及验证

8.7.1 测试环境和测试流程

软件测试是功能安全系统在实现阶段的一个重要组成部分,包括软件模块测试和软件集成测试。为了验证和测试功能安全工作,本章设计了以下两部分测试内容,并对测试结果进行了分析。

(1) 基于 ARM7 平台的 EPA 功能安全测试。测试内容包括功能安全通信协议测试、功能安全时钟同步诊断管理模块测试和确定性通信调度诊断管理模块的测试。各种测试的目的是测试功能安全通信协议能否保证现场设备通信的高可靠性。

(2) 针对功能安全监控软件的测试。测试内容包括安全设备模拟工业现场通信故障、产生错误报文、上位机各个模块能否稳定地监控安全设备。

图 8.22 说明了 EPA 功能安全测试系统的结构组成。该测试系统由 PC 测试机、EPA 集线器、三个使用 EPA 通信卡的功能安全仪表设备组成。

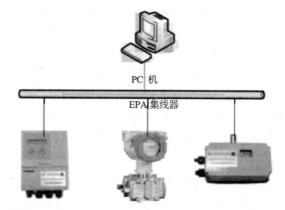

图 8.22　EPA 功能安全测试系统结构图

软件测试平台由 Ethereal 报文分析工具、CodeWarrior for ARM Developer Suite 编程开发环境和 ADS 调试代理以及第 7 章实现的功能安全监控软件等组成。

在实际的测试系统中，时钟同步服务器集成标准设备的功能。因此，在实际的应用中没有单独的 EPA 时间服务器。现场设备中通过最佳主时钟算法竞争出时钟同步的主时钟。PC 机中的功能安全监控软件负责对功能安全链接对象组态和实时地监控现场安全设备的运行情况。

功能安全系统的性能需要在长期的工业现场应用当中进行测试和提高，这里的测试只是测试系统设计的安全策略在特定的情况下是否生效。因此，本章的测试是对已开发的 EPA 功能安全系统进行功能性检验，即仿真工业现场数据传输过程中面临的各种可能的通信故障情况，通过对软件运行结果的检验，测试其能否完成预定的功能。

8.7.2　功能安全通信扩展层协议测试验证

EPA 功能安全协议扩展层的功能实际上是对用户层的数据进行处理，然后将处理结果通过黑色通道发送至目标地址。因此，协议扩展层的数据处理功能是最基本最初步的测试对象。

该测试目的在于证明仪表设备采集的现场数据在通过 EPA 协议栈的应用层时，功能安全通信协议对用户数据进行了安全处理、生成了功能安全检验报文后再传输到 EPA 网络中，并且使用功能安全措施可以保证 EPA 用户数据在黑色通道传输中发生通信故障产生数据破坏时可以被检验出来。

　　EPA 功能安全协议扩展层的测试如图 8.23 所示。本节对功能安全协议在 EPA 现场设备中的工作情况进行测试,该测试环境中存在三个设备,即阀门定位器、压力变送器、电磁流量计,本节采用压力变送器作为测试用例设备。EPA 压力变送器是电容式压力传感器,是目前应用非常广泛的一种压力/差压测量传感器。电容式压力传感器采用全密封电容感测组件,直接感受压力。EPA 压力变送器设备(IP 为 128.128.2.76)把现场压力值通过信息分发服务(Service_ID 为 0x0e)周期性地发送到 EPA 网络。图中黑线框部分为功能安全校验报文,它由 CRC32 校验码、序列号、调度号和发送时间戳组成;图中深色部分由功能安全校验报文和用户数据组成的报文,即 FSPDU。

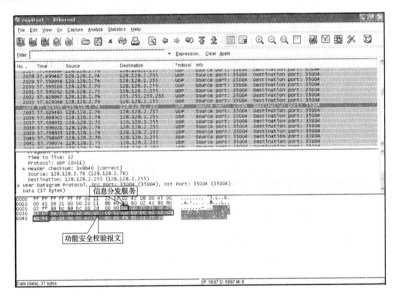

图 8.23　EPA 功能安全协议扩展层测试图

　　在测试过程中,使用功能安全监控软件长期监控 EPA 压力变送器的运行。因为通信故障发生的概率很低,因此需要人为地模拟一些通信通信故障,在图 8.23 中显示出已经实现了的协议扩展层数据处理功能。在随机时间内把经过功能安全协议处理的 EPA 压力变送器报文在网卡发送时故意破坏掉并发送到 EPA 网络,来测试通过功能安全通信协议是否能够检验出报文的错误,并据此设置测试案例。在上位机监控系统接收到用户数据后,通过对功能安全校验报文的处理可以比较出接收到的数据是否在链路传输过程中被破坏,从而测试实际的工作模式和所期望的结果是否相符。实验按表 8.12 中的案例说明构造错误报文,经过多次测试后得出协议扩展层服务的测试结果。

表 8.12　协议扩展层服务的测试表

序号	案例说明	期望结果	实际结果
1	丢失报文	序列号错误	序列号报错
2	数据位错误	CRC 校验错误	CRC 校验报错
3	数据重传	序列号错误	序列号报错
4	乱序	调度号错误	调度号报错、序列号报错
5	伪装	CRC 校验、关系密钥错误	CRC 校验报错
6	数据破坏	CRC 校验错误	CRC 校验报错
7	寻址出错	CRC 校验、关系密钥错误	CRC 校验报错、关系密钥报错

　　测试结果表明,功能安全扩展协议层协议运行正确,实际工作结果与案例设定条件相匹配,并且能够对数据进行正确的安全处理,输出结果无误。长期测试表明,EPA 功能安全协议扩展层能够正确地实现构建安全通信报文的功能,能够保障通信数据的可靠性。

8.7.3　功能安全时钟同步管理测试验证

　　测试功能安全时钟同步管理模块的目的是,通过测试同步报文在黑色通道中被破坏后在有无功能安全功能时对时钟同步的影响,验证时钟同步诊断管理对提高时钟同步的可靠性和数据通信的安全性起到的作用。如图 8.24 所示,经过功能安全时钟同步管理处理的同步请求报文,由原来的 166 字节扩展为 298 字节。其中,数据部分实现了双备份数据,并且对每个同步数据进行了 CRC32 校验,生成 4 字节的校验码附在同步数据后面。相应地,同步跟随报文、延时请求报文和延时响应报文都进行了双备份和 CRC32 校验处理。

　　时钟同步测试可以测量 EPA 设备的时钟对主时钟的偏差。时钟同步是 EPA确定性调度的前提,若无法保证 EPA 设备间的时钟一致,通信调度必然出现冲突,从而影响 EPA 设备的确定性和实时性。进行测试时,测试设备在网络中广播自定义的测试报文,网络中的所有设备都能接收到测试报文并且记录下收到报文的准确时间,然后被测设备与主时钟都将该时间发回测试设备,测试设备使用被测设备发回的时间与主时钟发回的时间相减得到测试结果。时钟同步开始后,测试设备以每秒 10 次的频率重复上述步骤,从而得到时钟偏差的曲线。

　　为了验证功能安全对时钟同步的作用,使用经过重庆市软件评测中心认证的EPA 测试分析系统对有无功能安全时的时钟同步精度进行测试。因为工业现场的通信故障一般不会发生,所以本测试模拟随机地通信故障,随机地在网卡发送数据时破坏掉安全仪表设备发出的同步报文。如图 8.25 所示,在某个时刻同步报文在黑色通道中产生了通信故障,从而报文发生各种错误,这样设备和主时钟

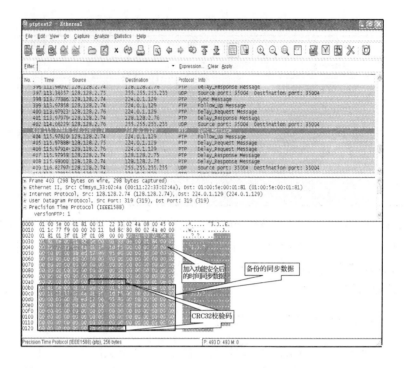

图 8.24　功能安全时钟同步报文测试图

之间的同步精度必定产生很大影响。图中的跳变方波就是由于通信错误而导致的时钟同步精度偏差较大而发生跳变。

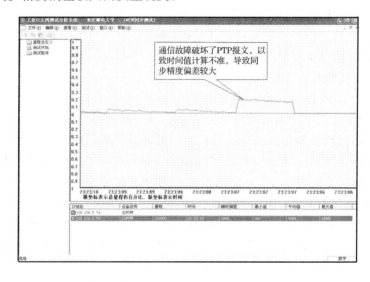

图 8.25　通信故障对时钟同步的影响测试图

经过功能安全处理的时钟同步报文在通信的过程中,如果发生了位错误或者个别字节由于严重的线间干扰等产生错误,都可以通过校验码检验出来,并且使用备份数据段来避免通信的故障对时钟同步产生的影响。如图 8.26 所示,本测试模拟工业现场出现的通信故障,来测试时钟同步精度。

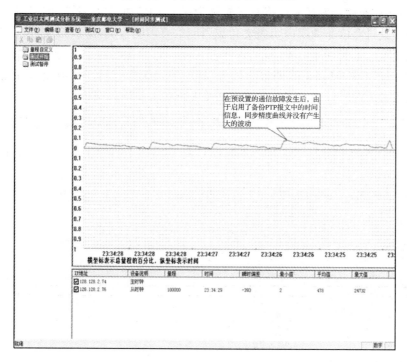

图 8.26　功能安全时钟同步管理模块测试结果图

测试结果表明,设备与主时钟在 $100\mu s$ 的量程中曲线波形没有发生大的跳变,对于以毫秒为单位的调度周期,功能安全的时钟同步管理模块保障了时钟同步不会因为现场恶劣的通信环境导致的通信故障而对时钟同步产生过大的影响,从而保证了 EPA 设备通信调度的正常运行。

8.7.4　功能安全确定性调度诊断管理测试验证

确定性调度诊断管理模块的测试目的在于,检查该模块能否检测出 EPA 功能安全设备[22,23]在通信调度时发生的报文丢失、插入、调度乱序等错误。该测试分为周期报文管理测试和非周期报文管理测试。当周期报文的调度号不连续时,测试能否被主监控设备发现并且报告错误给上位机监控系统。非周期报文管理则通过主监控设备监听非周期声明报文和非周期结束声明报文,来检测其与自身维护的调度表是否顺序匹配。如果产生非周期报文的丢失、顺序错误、插入错误等,那么有通信故障产生。当测试中随机地模拟一些通信故障而导致错误报文传输时,测试 EPA 功能安全设备能否监控到调度错误的发生并且报告给上位机监控软件。

如图 8.27 所示,IP 地址为 128.128.2.76 的安全仪表设备发出了非周期声明报文,声明在非周期发送阶段将有优先级为 3 的 EPA 报文要发送,但是到了非周期阶段一直没有该非周期声明报文和非周期结束声明报文,即该报文在网络上丢失。直至下一个宏周期阶段,报文才恢复正常。作为主时钟的主监控设备(IP 为 128.128.2.74)检测到非周期报文丢失,相关的错误状态属性位被设置并通过发送优先级为 1 的事件通知服务全网广播给上位机监控软件报告。

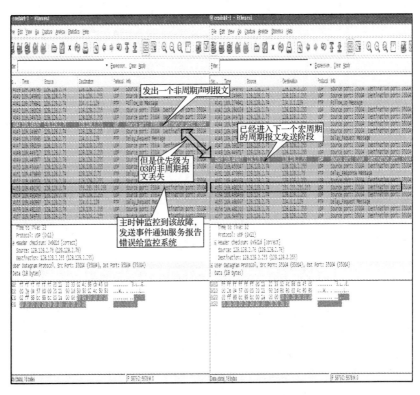

图 8.27　功能安全确定性调度诊断管理测试图

8.7.5　功能安全系统应用实例

EPA 功能安全应用在现场设备中使现场设备在应用到工业现场的恶劣环境中可以保证数据传输的高可靠性[24,25]。本实例列举了图 8.22 中的三个设备,在设备通信时随机地构造错误报文来测试整个系统。本实例使用压力变送器作为主被测试设备,在功能安全链接对象组态之前先对阀门定位器和压力变送器的功能块建立普通组态关系,使得功能安全的通信链接关系部分参数保持一致。当功能安全链接对象下载成功后,两个安全设备之间便有了构造功能安全校验报文的相关参数。EPA 功能安全设备在没有通信故障产生和通信故障产生时的功能安全监控分别如图 8.28 和图 8.29 所示。

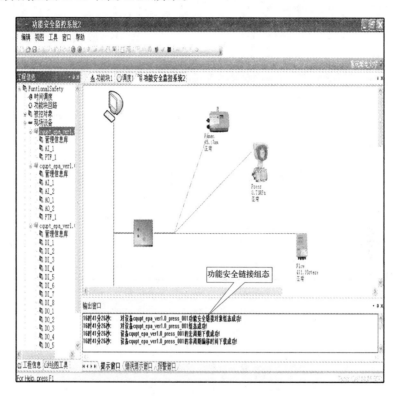

图 8.28　功能安全链接组态监控图

　　EPA 安全设备上线后,相应的设备图元显示出来后对设备的功能块进行组态,宏周期时间以及非周期偏移时间下载到目标设备后可以对功能安全链接对象组态。在设定好两个安全设备通信的关系密钥、初始的通信序列号和容忍时间等参数后点击相应设备下载,这时监控软件的后台程序会发出安全通信打开服务。在收到安全设备返回的正响应以及主机和安全设备通信开启后,把功能安全链接对象下载到安全设备之中,如图 8.28 所示。在功能块组态成功后,提示功能安全组态成功的信息。这时设备和设备之间有相同的关系密钥,监控系统可以正常地处理安全数据。

　　如图 8.29 所示,上位机监控软件实时地接收设备通过信息分发服务传来的数据，如果发生通信故障，功能安全监控软件会检测出相应的错误，并发出相应错误报警。

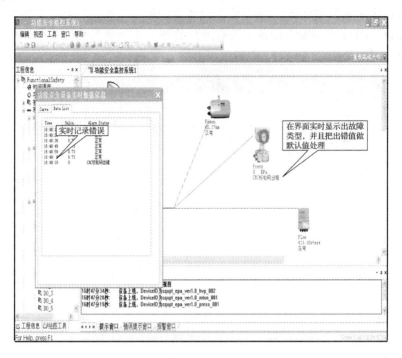

图 8.29　安全设备通信故障监控图

8.8　本 章 小 结

在分析工业控制网络的通信故障与功能安全机制对应关系的基础上，本章对 EPA 功能安全进行了深入透彻的研究，设计了 EPA 功能安全通信过程，完成了 EPA 功能安全通信协议、时钟同步诊断管理、确定性调度诊断管理的设计和实现。搭建功能安全测试系统，对功能安全通信扩展协议、时钟同步诊断和确定性调度诊断进行了测试验证。

参 考 文 献

[1]　IEC61508（all parts）：Functional safety of electrical/electronic/programmable electronic safety-related systems[S]. 1998

[2]　IEC61511：Functional safety-Safety instrumented systems for the process industry sector [S]. 2002

［3］ IEC61784-3：Digital data communications for measurement and control-part 3：Profiles for functional safety communications in industrial networks［S］. 2005

［4］ GB/T 20171-2006：China state bureau of quality and technical supervision，China state standard "EPA system architecture and comm-unication specification for use in industrial control and measurement systems"［S］. 2006//国家质量技术监督局. 中华人民共和国国家标准"用于工业测量与控制系统的 EPA 系统结构与通信规范"［S］. 2006

［5］ 刘杰，武贵路，周涛，等. 支持流量检测的 EPA 网桥 STP 协议研究与实现［J］. 制造业自动化，2011，33（4）：51—53

［6］ 冯东芹，金建祥，褚健. Ethernet 与工业控制网络［J］. 仪器仪表学报，2003，24（1）：23—26

［7］ 王平. 工业以太网技术［M］. 北京：科学出版社，2007

［8］ Antipolis S，Andover N. Transparent factory™-Ethernet for control networks：Commercial Central Networks［R］. 2002

［9］ 用于工业测量与控制系统的 EPA 网络安全规范（征求意见稿）［S］. 2009

［10］ Rouvroye J L，van den Bliek E G. Comparing safety analysis techniques［J］. Reliability and Engineering and System Safety，2002，75：289—294

［11］ German IEC subgroup DKE AK 767. 0. 4：EMC and Functional Safety. ［S］. 2002

［12］ ANSI/ISA-S84. 01-1996：Application of safety instructed systems for the process industries ［S］. 1997

［13］ Risk management guide for information technology systems［S］. 2001

［14］ 冯晓升. 第三讲基于风险的 SIL 确定技术［J］. 仪器仪表标准化与计量，2007：18—23

［15］ 张庆军，包伟华，许大庆. EPASafety-基于 EPA 的功能安全规范［J］. 自动化仪表，2006，27（9）：13—15

［16］ 用于工业测量与控制系统的 EPA 一致性测试规范［S］. 2011

［17］ IEEE instrumentation and measurement society. 1588 IEEE standard for a precision clock synchronization protocol for networked measurement and control systems［S］. 2002

［18］ 王浩，王彦邦，王平. 基于 EPA 的功能安全通信方法研究和实现［J］. 自动化与仪表，2010，（1）：21—24

［19］ 冯晓升，史学玲. 功能安全基本概念的建立［J］. 世界仪表及自动化，2006，8（10）：56—58.

［20］ 陈高翔，冯冬芹. 基于 EPA 的功能安全通信的认证［J］. 自动化仪表，2006，27（10）：1—3

［21］ Rodriguez-Dapena P. Software safety certification：A multi-domain problem［J］. IEEE Software，1999：31—38.

［22］ 史学玲. 功能安全标准的理论特点与管理模式［J］. 仪器仪表标准化与计量，2006，4：2—4

［23］ IEC 61158-4. Digital data communication for measurement and control-fieldbus for use in industrial control systems-part 4：Data link layer protocol specification［S］. 2002

［24］ ISO 138491. Safety of machinery-safety-related parts of control systems-part 1：General principles for design［S］. 2005

［25］ IECTC65/WG6. Final draft international standard-industrial communication networks-profiles-part 3-14：Functional safety fieldbuses-additional specifications for CPF 14［S］. 2010

第 9 章　高可用性自动化网络信息安全技术

9.1　高可用性自动化网络与信息网络的区别

高可用性自动化网络[1]作为一种特殊的网络,面向工厂生产过程和控制,肩负着工业生产运行一线测量与控制信息传输的重要任务。它体现了控制网络[2]不同于信息网络的重要特点:网络需要及时地传输现场过程信息和操作指令,工业控制网络不但要完成非实时信息的通信,而且要支持实时信息的通信;对于同一类型协议,不同制造商的产品的互操作性要求极高;控制网络必须连续运行,任何中断或故障都可能造成严重的经济损失,甚至引起人员伤亡,故其可靠性要求也远远高于信息网络[3]。

高可用性自动化网络兼有信息网络和控制网络两种网络的特点。一方面,其企业管理层是信息网络;另一方面,过程监控层、现场设备层是控制网络。因此,高可用性自动化网络既与信息网络有很大的共通之处,也有较大的区别。表 9.1 是高可用性自动化网络与现有信息网络的一些显著区别[4~9]。

表 9.1　高可用性自动化网络与信息网络的显著区别

性能参数	高可用性自动化网络	信息网络
可用性	要求 24h/7d/365d 模式的可用性	允许短时间/周期性的间断或维护
时间敏感性	要求实时响应	允许一定时延
平均故障时间	15~20 年或更长	3~5 年
信息安全意识	起步	普及且重视
安全重点	保障边界安全	保障信息安全
侧重点	侧重可用性	侧重安全性
保密性	要求较低	较高
通信方式	多为广播或组播	多为点对点
工作环境	极端环境(高温、腐蚀)	非极端环境
设备类型	较多	较少
元器件	工业级	商用级
信息类型	多为短帧,频繁	帧较长,频率低
相关协议	Ethernet/IP、FF-HSE、PROFIne、EPA、Ethernet Powerlink、EtherCAT、MODBUS-RTPS	复杂多样

9.2　高可用性自动化网络安全威胁与攻击

9.2.1　安全威胁

在复杂的高可用性自动化网络环境中,威胁是多种多样的。网络中的设备可能遭到入侵、毁坏、重放攻击等多种安全威胁[10~12]。以下介绍几种典型的安全威胁:

(1) 非法接入。未经许可的外部接入。

(2) 非法获取访问授权。未经授权用户/节点获取合法的访问授权。

(3) 非法获取控制信息。未经授权用户/节点获取控制信息。

(4) 篡改破坏控制信息。攻击者对已有的控制信息进行篡改破坏。

(5) 未授权的网络连接。未经可信中心授权的非法网络连接。

(6) 数据包重放攻击。网络中发送的报文被恶意节点截获,并被重复发送,扰乱网络正常通信。

(7) 拒绝提供服务。因病毒、资源受限、系统漏洞等导致系统无法提供正常的服务。

(8) 系统崩溃。因病毒、资源受限、系统漏洞等导致系统宕机。

(9) 数据损坏。包括恶意丢弃、篡改、数据不完整等。

(10) 抵赖。通信系统中的一个实体,对已参与全部或部分通信过程的否认。

9.2.2　攻击类型

为了简化描述,可以将攻击大致分为三类[13]:外部攻击、内部攻击、物理攻击。

(1) 外部攻击是指从高可用性自动化网络外部进行的一种攻击。由于企业信息化和各种技术的发展,高可用性自动化网络到与外部网络(信息网络)的连接十分紧密,而网络黑客也将目标瞄准与信息网络连接的高可用性自动化网络。一方面,信息网络随处可用,而高可用性自动化网络的安全措施少,安全意识薄弱,实施攻击方便、简单;另一方面,高可用性自动化网络一旦被攻击,不仅对工业生产过程造成巨大的影响,还有诱人的非法获利。因此,最近几年外部网络攻击越来越多,造成的损失也越来越大。

(2) 内部攻击主要由不满的职员、好奇的用户、专业的商业间谍和权利的误用等造成。由于其一般存在于高可用性自动化网络内部,因此这种攻击更加频繁且难于防范。再者,内部攻击者对网络拓扑等熟悉并且有一定的权限,因此其危害程度远远高于外部攻击。

(3) 物理攻击包括自然灾害、物理损害和故障等。对此这里不予讨论。

9.3　高可用性自动化网络安全目标

　　高可用性自动化网络的基本功能是,对现场设备进行实时的控制和(或)信息的实时采集。目前,各种现场总线标准繁多且互不兼容,因此网络的安全需求除了满足现有信息网络的可用性、完整性、保密性、身份认证、不可抵赖性、授权、安全审计、第三方安全等安全需求外,还有特殊且更加严格的安全需求[14~16]:

　　(1) 可用性。由于高可用性自动化网络应用场景的特殊性,必须确保网络在各种极端情况下如受到攻击时,能够保持生产的连续性。

　　(2) 实时性。高可用性自动化网络应用于工业自动化领域,对于控制信息实时性要求极高。例如,时延或者响应不及时,将导致经济损失和人员伤亡。高可用性自动化网络的安全机制不能影响到系统的实时性,因此一般要求低于50ms的响应,在一些应用场景甚至要求在$200\mu s$内及时响应。

　　(3) 完整性。由于高可用性自动化网络对实时性的高要求,报文的丢失、篡改可能导致误操作或者响应不及时,致使灾难性后果发生。

　　(4) 适用性和低硬件依赖性。高可用性自动化网络中各种现场设备资源有限且种类复杂,安全机制必须简单可靠并能达到预期效果。降低对硬件的依赖性,才能更好地提高适用性。

　　高可用性自动化网络安全目标与安全威胁的对应关系如表9.2所示。

表 9.2　高可用性自动化网络安全目标与威胁关系表

安全目标	可用性	完整性	保密性	身份认证	不可抵赖性	授权	安全审计	第三方安全
非法接入	✓		✓					✓
非法获取访问授权	✓		✓	✓	✓	✓	✓	
非法获取控制信息			✓					✓
篡改破坏控制信息	✓	✓	✓					
未授权的网络连接	✓					✓		
数据包重放攻击	✓							
拒绝提供服务	✓							
系统崩溃	✓							✓
数据损坏	✓							✓
抵赖				✓				

9.4 高可用性自动化网络安全框架

9.4.1 设计原则

制定高可用性自动化网络安全策略时应该采用的一些基本原则如下：最少权限、广泛防御、建立阻塞点、明确最弱链接、采取安全失效态度、全体参与、多样性防御、简单化、可变动。以下仅就一些关键的设计原则[17,18]进行诠释：

（1）建立阻塞点原则。在现场设备层与过程控制层、过程控制层与管理层之间的链接，网段间都应有相应的安全机制，如防火墙、安全网关等，层、网段之间的访问必须通过关键节点（防火墙、网关等），即阻塞点。

（2）简单化原则。高可用性自动化网络对于实时性、一致性、可靠性要求非常高，现场设备的资源（计算速度和存储容量）又极其有限，故安全策略的设计和选择应当在满足安全要求的情况下尽可能地简单化。

（3）可变动原则。高可用性自动化网络的应用环境各不相同，每个企业的要求也不尽相同。故安全方案的安全内容和级别应该是可变动的，以适应各种不同的需要。

9.4.2 高可用性自动化网络安全结构

高可用性自动化网络通常由企业管理层、过程监控层和现场设备层三个网段组成[19]。其中，现场设备层网段用于工业生产现场的各种现场设备（变送器、执行机构、分析仪器等）之间以及现场设备与其他网段的连接；过程监控层网段主要用于控制室仪表、装置以及人机接口之间的连接。根据高可用性自动化网络的拓扑结构及其特点，结合企业管理层网段、过程监控层网段、现场设备层网段和外部网络之间的通信方式，采用如图 9.1 所示的分级安全结构。即通过高可用性自动化网络过程监控层防火墙防止外部网络（包括图中所示的企业管理层网络和外部网络）的安全威胁，并根据高可用性自动化网络环境选择过程监控层的安全措施；通过安全网关防止现场设备层以外的安全威胁，并根据现场设备层网络环境设置现场设备层的安全措施。

9.4.3 高可用性自动化网络分层分级的安全策略

根据实际网络情况，进行科学合理的分层分级，制订相应的安全策略，在保障安全的前提下将对系统的影响降到最低是十分必要的。运行中的高可用性自动化网络可分为孤立的、与企业管理层有信息交互的和有外部网络访问的几种类型，以下是根据通常的需求进行的安全策略的分级，安全级别由低到高[20~22]。

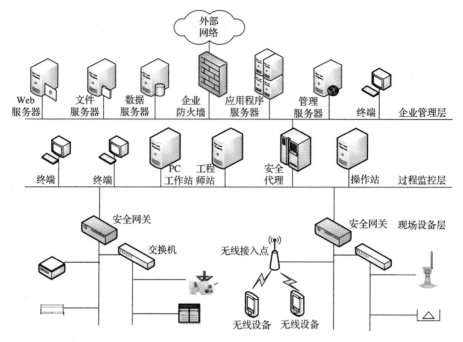

图 9.1　高可用性自动化网络分层安全结构示意图

1. 安全级别 0

本级的网络是孤立的控制网络,没有连接企业管理层网段,面临信息安全威胁很小,主要需防止非法接入等威胁。

由于没有连接企业管理层网段,故相应的企业管理层网段的不需要安全机制,而且企业管理层网段的边界也不需要保护;过程监控层网段设备间的通信安全措施在此等级下需设备鉴别;为应对过程监控层网段可能带来的威胁,现场设备层网段与过程监控层网段之间的边界需要包过滤网关进行边界保护;现场设备层网段的通信安全措施需要设备鉴别,以保障基本的安全。

2. 安全级别 1

本级的网络有企业管理层网段访问过程监控层的需求,面临一定的信息安全威胁,主要需防止非法接入、非法获取访问授权、非法获取控制信息等威胁。

为应对外部网络可能带来的威胁,企业管理层网段与外部网络之间的边界需要包过滤防火墙的保护。企业管理层网段的安全机制包括设备鉴别、访问控制、报文校验和加密。

为应对企业管理层网段可能带来的威胁,过程监控层网段与企业管理层网段之间的边界需要包过滤防火墙的保护。过程监控层网段设备间的通信安全措施包括设备鉴别、访问控制和报文校验。

为应对过程监控层网段可能带来的威胁，现场设备层网段与过程监控层网段之间的边界需要包过滤网关的保护。现场设备层网段的通信安全措施包括设备鉴别和报文校验。

3. 安全级别 2

本级的网络有企业管理层网段访问现场设备层的需求，面临较多的信息安全威胁，主要需防止安全级别 1 等威胁，以及进行相应的协议转换。

为应对外部网络可能带来的威胁，企业管理层网段与外部网络之间的边界需要状态防火墙的保护。企业管理层网段的安全机制包括设备鉴别、访问控制、报文校验、加密、包过滤、协议转换和 IPSec/SSL。

为应对企业管理层网段可能带来的威胁，过程监控层网段与企业管理层网段之间的边界需要状态防火墙的保护。过程监控层网段设备间的通信安全措施包括设备鉴别、访问控制、报文校验、加密、包过滤和协议转换。

为应对过程监控层网段和企业管理层网段可能带来的威胁，现场设备层网段与过程监控层网段之间的边界需要协议转换与数据包过滤网关的保护。现场设备层网段的通信安全措施包括设备鉴别、访问控制、报文校验、加密、包过滤和协议转换。

4. 安全级别 3

本级的网络有公共网络访问现场设备层的需求，面临较多的信息安全威胁，主要需防止安全级别 1 等威胁，以及进行相应协议和地址的转换。

为应对外部网络可能带来的威胁，企业管理层网段与外部网络之间的边界需要应用级防火墙的保护。企业管理层网段的安全机制包括设备鉴别、访问控制、报文校验、加密、包过滤、协议转换、IPSec/SSL 和地址转换。

为应对企业管理层网段和公共网络可能带来的威胁，过程监控层网段与企业管理层网段之间的边界需要应用级防火墙的保护。过程监控层网段设备间的通信安全措施包括设备鉴别、访问控制、报文校验、加密、包过滤、协议转换、IPSec/SSL 和地址转换。

为应对过程监控层网段、企业管理层网段和外部网络可能带来的威胁，现场设备层网段与过程监控层网段之间的边界需要 IPSec 转换与数据包过滤网关的保护。现场设备层网段的通信安全措施包括设备鉴别、访问控制、报文校验、加密、包过滤和协议转换。

9.5　高可用性自动化网络安全机制

根据高可用性自动化网络的应用场景[23,24]，网络中的设备从类型上分为三类：现场设备、信息设备和网络设备。

（1）现场设备是指各种数据采集设备、控制设备，如变送器、执行器、现场控制器、数据采集器、执行机构、分析仪器等一般工业控制网络设备。现场设备资源十分有限，同时，对于实时性的要求远远高于信息网络设备，故在其上添加的安全机制应在不影响实时性的前提下最大限度地保障安全。

（2）信息设备是常见的如财务、库存管理设备等信息网络设备，资源较为丰富，在信息网络中其安全机制已经十分成熟，可以直接借鉴。

（3）网络设备则是担任联通/隔离其他设备、网络的设备，如高可用性自动化网络网桥、高可用性自动化网络交换机等。资源十分丰富，故可将核心的安全机制交由其完成。

信息设备的安全参考已有的信息网络成熟的安全技术[25]，严格满足9.4.3小节安全分层分级中内容。针对高可用性自动化网络现场设备和网络设备的特点和安全需求，设计包含设备鉴别、访问控制、完整性校验、报文加密等四种安全机制和密钥管理的安全机制，作用于其上，以保证高可用性自动化网络中的安全需求。设备鉴别能够有效防止外部设备非法接入对高可用性自动化网络产生的威胁；访问控制是在不改变授权用户获取所需资源的能力（在高可用性自动化网络中是指可用性和实时性）的同时阻止未授权访问或授权用户对资源的非法使用，当且仅当通信双方的身份和操作完全符合访问控制列表时，通信才被网络设备允许，同时，可以限制DOS等攻击的影响范围；高可用性自动化网络报文校验能够使接收方鉴别报文的完整性与正确性，从而有效地防止对高可用性自动化网络报文的非法篡改和破坏；报文加密则隐藏了原始报文的内容，防止机密信息的泄露，同时在加入随机因子后可以保障报文的语义安全，防止重放攻击。

任何入网设备都必须先通过鉴别，才能获得相应的对偶密钥进行通信。网络设备会阻塞除鉴别请求外的一切未通过鉴别设备的报文（发送和接收），鉴别请求报文应该有频率限制以防止恶意攻击者进行DOS等资源消耗性攻击。

9.5.1　报文加密

报文加密可以保证数据保密性，防止信息被非法获取。高可用性自动化网络使用周期性更新的密钥加密数据，该密钥由可信中心初始化。因此，没有通过鉴别的设备无法获得高可用性自动化网络中的正确数据。

1. 加密方式的选择

在当前加密算法的使用中,对称分组加密算法应用广泛。对于三重 DES、IDEA、Blowfish、RC5、CAST 以及 RC2 等算法,它们都具有如下特征:

(1) 具有一定的密码强度,破解密文需要一定的计算量。

(2) 在基于 Internet 的应用中较为常用。

(3) 反映了自从 DES 出现后发展起来的现代对称分组密码技术。

AES(advanced encryption standard)是新一代对称标准。美国国家标准和技术协会于 2000 年公布的 AES 算法,通过了安全性和高性能的检测。安全性,即能抵抗已知的所有密码攻击手段;高性能,即在现有的各种硬件平台(32 位的 X86、Alpha、PowerPC;8 位的 Smart-Card、ASIC 等)都有优秀的性能。目前,AES 算法已经替代了 DES 和 3DES 等算法。

2. 报文加解密过程

(1) 通信发起方先向可信中心发送申请会话请求,申请对偶密钥。

(2) 可信中心收到会话请求后,如果允许则向通信双方下发对偶密钥。

(3) 报文发送方将原始消息和对偶密钥通过设计算法生成密文,加密后的密文作为报文体加在安全报文头之后发送。

(4) 接收方接收报文并进行解密,由此获取原始消息,并将数据进行相应处理。

9.5.2　报文校验

报文校验机制能够保证高可用性自动化网络报文在网络传输过程中的完整性。校验密钥的生成和更新,与加解密密钥的生成和更新方法相同。

(1) 报文发送方在构造原始消息的同时,利用校验密钥和原始消息通过设计的校验算法生成校验码,附在原始消息后作为报文的一个字段,与原始消息一起构造成完整性校验报文,发送给接收方。

(2) 报文接收方在收到报文后,提取原始消息,将原始消息和相应的校验密钥通过设计的校验算法生成新的校验码。

(3) 报文接收方比对报文中的校验码与生成的新校验码,若一致则说明报文完整无误,读取报文并进行下一步处理;不一致则丢弃该报文。

9.5.3　设备鉴别

设备上电后,向可信中心发送鉴别请求,可信中心在接收到请求后对设备进行鉴别。鉴别流程如图 9.2 所示。

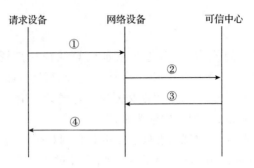

图 9.2　设备鉴别工作流程图

鉴别流程包括以下步骤：

（1）请求鉴别设备发送鉴别请求报文。鉴别请求报文主要由请求鉴别设备的设备 ID、设备鉴别码和随机数构成。设备鉴别码由该设备 ID、设备厂商预置的安全 ID 和随机数通过设计的算法生成。因高可用性自动化网络一致性要求高，时间戳使用十分方便和安全，故加入的随机数一般是时间戳，用于防止重放攻击、保障语义安全。

（2）可信中心接收到鉴别请求报文。根据设备 ID 查到对应的设备安全 ID，与设备 ID、随机数一起，通过设计的算法生成设备鉴别码。

（3）可信中心将生成的设备鉴别码与报文中的设备鉴别码进行比对，若不同则抛弃报文；若相同则发送鉴别通过报文（其中包括其初始访问控制列表）给网络设备，允许设备通信，同时发送给设备其初始对偶密钥。

9.5.4　访问控制

由于现场层设备资源有限，故访问控制依靠高可用性自动化网络交换机、高可用性自动化网络网桥等网络设备完成。

设备访问控制流程如图 9.3 所示，通信双方保存一个会话密钥，访问控制列表保存通信双方所在的网络设备中。其通信流程如下：

（1）报文发送方向可信中心申请通信，可信中心在鉴别设备身份和查询请求信息后，若同意建立通信，则发给双方对偶密钥并给相关网络设备发送控制信息。

（2）在可信中心下发对偶密钥后，报文发送方先将明文用对偶密钥通过设计的算法生成密文。密文与源 IP、目的 IP 和操作组成报文的主体，一起发送给网络设备。

（3）网络设备在接收到报文后，先对报文发送的频率进行检查，如果超过最高速率则抛弃报文；在正常频率下，对源 IP、目的 IP 和操作与控制列表中信息进行比对，若匹配则转发报文。

（4）报文接收方在接收报文后，对报文进行解密，获得明文信息。

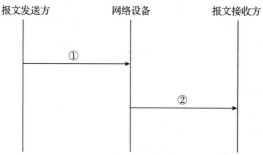

图 9.3　EPA 访问控制流程图

9.5.5　企业防火墙与安全网关

1. 企业防火墙

这里定义的企业防火墙与安全代理[26]分别使用了以下三种防火墙：包过滤防火墙、状态防火墙、应用级防火墙。

1）包过滤防火墙

包过滤防火墙能抵御网络病毒和非法访问等威胁。

包过滤防火墙依据系统事先设定好的过滤逻辑，检查数据流中的每个数据包，根据数据包的源地址、目标地址以及包所使用端口号确定是否允许该类数据包通过。根据允许或禁止企业管理层用户访问高可用性自动化网络的 IP 地址、端口号和协议类型，建立包过滤规则表。过滤规则是基于可以提供给 IP 转发过程的包头信息建立的。

当数据包经过包过滤防火墙时，首先对报文进行病毒检测。若发现数据包带有病毒则丢弃，并报警；否则包过滤防火墙会检查所有通过数据包的 IP 地址，并按照系统管理员（组态）所给定的过滤规则表过滤数据包。若匹配则接受这些数据包；否则拒绝这些数据包。

2）状态防火墙

状态防火墙能抵御网络病毒和非法访问等威胁。

状态防火墙采用了一个在网关上执行网络安全策略的软件引擎，称为检测模块。检测模块访问和分析从各层次得到的数据，它对每一个通过防火墙的数据包都要进行检查，并储存和更新状态数据和上下文信息。根据允许或禁止外部网络访问 EPA 控制网络的 IP 地址、端口号、协议类型、网络连接状态，建立一个状态连接表。

当数据包经过状态防火墙时，首先对报文进行病毒检测。若发现数据包带有病毒则丢弃,并报警;否则防火墙根据从传输过程和应用状态所获得的数据以及网络设置和安全规则,对比连接表来检查这些数据是否属于一个已经通过防火墙并且正在进行连接的会话,或者是否与规则集相匹配,从而作出接纳、拒绝、鉴定或给该通信加密等决定。一旦某个访问违反安全规则,则拒绝该访问,记录并报告网络状态。

3) 应用级防火墙

应用级防火墙能有效地防止由于应用层协议漏洞而产生的病毒、非法信息获取、非法访问、数据包重放攻击、拒绝提供服务等威胁。

应用级防火墙一般是运行代理服务器的主机,它不允许传输流在网络之间直接传输,检查进出的数据包,通过自身(网关)复制传递数据,并对通过它的传输流进行记录和审计,防止在受信主机与非受信主机之间直接建立联系。代理服务是设置在 Internet 防火墙网关上的应用,是经过网络管理员允许或被拒绝的特定应用程序或者特定服务,同时,其还可用于实施较强的数据流监控、过滤、记录和报告等功能。

根据允许或禁止外部网络访问高可用性自动化网络的 IP 地址、端口号、协议类型、网络连接状态、应用层服务类型,建立规则表。外部网络通过应用级防火墙的代理服务,建立与内部网络的连接。

当数据包经过应用级防火墙时,代理服务器首先对报文进行病毒检测。若发现数据包带有病毒则丢弃,并报警;否则防火墙解析数据包头,并与规则表进行匹配。若匹配则接受这些数据包并传输;否则拒绝这些数据包。

2. 安全网关

在高可用性自动化网络中,安全网关是连接过程监控层与现场设备层之间的安全接口设备,对现场设备层实施边界保护。根据网络中现场设备层面临的安全威胁和要求的安全等级,选用高可用性自动化网络包过滤网关、协议转换与数据包过滤网关、IPSec 转换与数据包过滤网关。三种安全网关设备分别具有以下功能:

1) 包过滤网关

包过滤网关通过报文标识过滤信息网络报文,即只允许帧格式中长度/类型字段为特定值的报文进入现场设备层网段,实现对现场设备层网段的边界保护。

2) 协议转换与数据包过滤网关

预先根据允许或禁止外部用户访问高可用性自动化网络现场设备层网络的 IP 地址、端口号建立包过滤规则表。网关收到外网报文时,对报文进行病毒检测。若发现数据包带有病毒则丢弃,并报警;否则解析数据包头,并与包过滤规则表进行匹配。若匹配则接受这些数据包;否则拒绝这些数据包。对数据包进行解密,再根据访问控制表中的用户名和密码进行身份鉴定。若数据包鉴定不合法,则丢弃;否则将鉴定合法的数据包转换成高可用性自动化网络数据包,即将帧格式中长度/类型字段改为高可用性自动化网络报文标识,并在加载高可用性自动化网络访问授权后传入现场设备层网段。现场设备向过程监控层传送的报文也由安全网关加载相应的安全措施(报文校验、报文加密等)后再传入过程监控层。

3) IPSec 转换与数据包过滤网关

预先根据允许或禁止外部用户访问现场设备层网络的 IP 地址、端口号,建立包过滤规则表。当网关收到外部报文时,对报文进行病毒检测。若发现数据包带有病毒则丢弃,并报警;否则解析数据包头,并与包过滤规则表进行匹配。若不匹配则拒绝这些数据包;否则将此数据包(IPSec 安全报文)转换为不附带任何安全措施的明文后,根据访问控制表中的用户名和密码进行身份鉴定。若数据包鉴定不合法则丢弃;否则将鉴定合法的数据包转换成高可用性自动化网络数据包,即将帧格式中长度/类型字段改为高可用性自动化网络报文标识,并在加载高可用性自动化网络访问授权后传入现场设备层网段。由现场设备向外网发送的报文也由网关转换成 IPSec 安全报文后向外发送。

9.6　基于高可用性自动化网络的安全 EPA 系统实现

EPA 标准是由浙江大学、重庆邮电大学、清华大学、浙江中控技术有限公司、中国科学院沈阳自动化研究所、上海工业自动化仪表研究所等提出的基于高可用性自动化网络的实时通信控制系统解决方案,是我国第一个拥有自主知识产权并被认可的工业自动化领域的国际标准,该标准的制定和推广对于提高我国在工业自动化领域的话语权、安全性都有极大的帮助。基于 EPA 的工业控制网络是一个高度开放的控制网络,信息网络与工业控制网络的紧密融合是 EPA 网络的一个重要特征。

9.6.1　EPA 安全协议栈设计

根据 9.4 节设计的安全框架(包括设备鉴别、访问控制、报文校验和加密)的特点内容与 EPA 协议栈紧密结合,通过这一方式来保障 EPA 网络其高可用性自动化网络、实时性和安全性。

这里设计的 EPA 控制网络安全通信模型如图 9.4 所示,主要包括 EPA 安全管理信息库、EPA 网络安全管理实体、EPA 应用实体、EPA 套接字映射实体、IP 报文控制管理实体、EPA 报文控制管理实体、EPA 通信调度管理实体。

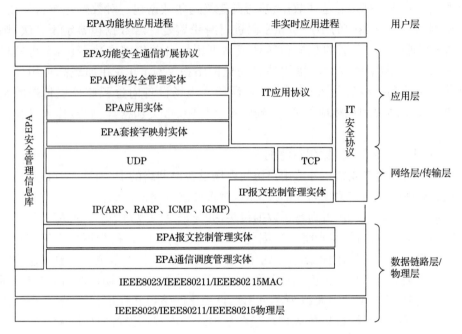

图 9.4　EPA 控制网络安全通信模型

　　EPA 网络安全管理实体用于对 EPA 控制网络应用层的安全措施进行管理。包括 EPA 报文加密、EPA 报文校验、EPA 设备鉴别和 EPA 访问控制四种安全措施,通过相应定义的服务实现。

　　EPA 报文控制管理实体作用于数据链路层,对 EPA 报文进行控制,包括 EPA 报文的控制和非 EPA 报文的过滤。通过 EPA 安全管理信息库控制与管理 EPA 报文。

　　这里将 EPA 安全管理信息库作为 EPA 安全措施与 EPA 各层协议的接口,实现对 EPA 控制网络的安全保护。EPA 安全管理信息库属于 EPA 管理信息库的一部分,用于存放 EPA 安全管理实体(EPA 网络安全管理实体、EPA 报文控制管理实体、IP 报文控制管理实体)所需的信息,这些信息以对象的形式存在,并且可以对其进行相应的操作处理。通过 EPA 安全管理信息库用户还可以自定义其他安全措施,可方便地扩充其他安全措施。

9.6.2　EPA 网络安全管理实体状态机描述

　　图 9.5 说明了 EPA 应用层用户、EPA 网络安全管理实体、EPA 应用实体、套接字映射实体以及传输层之间原语交换的关系。

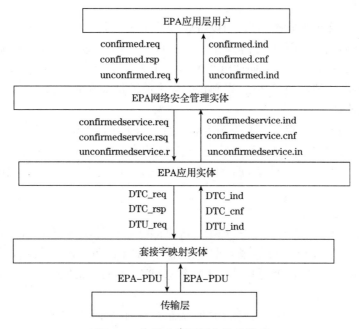

图 9.5 各层之间原语交换的关系

EPA 设备有五个状态：无地址（no address）、未鉴别（unauthenticated）、已鉴别（authenticated）、未组态已鉴别（authenticated & unconfigured）和已组态（configured）。协议状态机如图 9.6 所示。

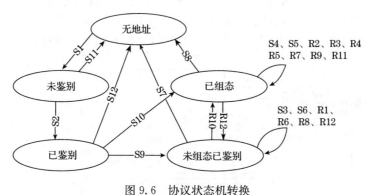

图 9.6 协议状态机转换

1）无地址

当 EPA 设备处于无地址状态时，需要等用户静态设置，或通过 DHCP 协议向 DHCP 服务器动态申请 IP 地址。设备通过 DHCP 协议获得 IP 地址后，其下一个状态是未鉴别状态。

2）未鉴别

它可能由无地址状态而来，当设备通过 DHCP 获得动态地址或者经过算法得到静态地址后，启动 EPA 通信栈和安全协议栈。EPA 设备在系统中通过 EM_DeviceAnnunciation 服务周期性重复广播一个无证实的设备声明请求原语报文。在发送设备鉴别请求服务之后、得到正响应之前即是未鉴别状态。

3）已鉴别

设备得到鉴别请求服务的正响应后，此设备即处于已鉴别状态。其下一状态是未组态已鉴别状态还是已组态状态，取决于设备掉电时所处的状态。如果设备掉电时的状态为已组态状态，那么它的下一状态即是已组态状态；否则进入未组态已鉴别状态。

4）未组态

此时用户组态程序可通过 EM_FindTagQuery、EM_SetDeviceAttribute 和 EM_ClearDeviceAttribute 等服务查找或组态 EPA 设备。EPA 设备收到这些报文后，经过适当的处理，就可自动进入已组态状态，开始正常操作。

5）已组态

此状态是 EPA 设备正常运行时的状态。只有当 EPA 设备进入已组态状态时，才能完成 EPA 应用层提供的服务，实现各种预定的控制功能。

9.6.3　EPA 网络安全管理实体协议

这里定义了 EPA 网络安全管理实体的结构及服务。EPA 网络安全管理实体位于用户层之下，EPA 应用层之上，用于对 EPA 的用户数据进行安全处理之后送到 EPA 应用实体。EPA 网络安全管理实体由 EPA 设备鉴别、EPA 访问控制、EPA 报文校验和 EPA 报文加密四部分组成，其结构如图 9.7 所示。

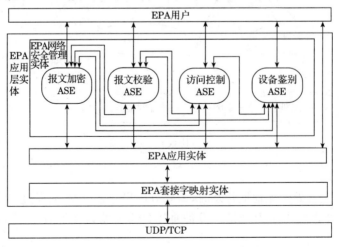

图 9.7　EPA 网络安全管理实体结构

EPA 设备间的安全通信过程如图 9.8 所示。

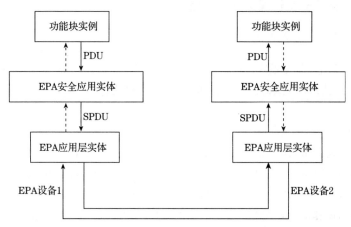

图 9.8　EPA 设备间的安全通信模型

上述 EPA 设备间的通信模型由功能块实例、EPA 网络安全管理实体、EPA 应用实体、EPA 套接字映射实体、EPA 链接对象、通信调度管理实体以及 UDP/IP 协议等几个部分组成。

EPA 设备间的安全通信过程示例如下所示。

1）通信发起方

EPA 网络安全管理实体接收用户层 PDU 后,根据选用的 EPA 网络安全管理实体服务和 EPA 服务标识 ServiceID(EPA 应用实体服务 ServiceID)所代表的服务处理 PDU 报文并打包成 SPDU,然后下传 EPA 应用实体。EPA 应用实体依据指定的服务将报文发送给接收方。

2）通信接收方

EPA 应用实体接收到报文并处理完毕后,将处理后的报文传送给 EPA 网络安全管理实体。EPA 网络安全管理实体依据相应安全服务对接收到的报文进行处理,报文的处理分以下两种情况:

（1）对于通过 EPA 网络安全管理实体的报文,则将其提交给用户层。用户层根据所调用的应用实体服务类型,判断是否作出响应。对于证实服务,则返回用户层的正或负响应;如果是非证实服务,则无须返回任何信息。

（2）对于未通过 EPA 网络安全管理实体的报文,则根据所调用的应用实体服务标识 ServiceID,判断是否作出响应。对于证实服务,则作出未通过 EPA 网络安全管理实体检查的负响应;如果接收到的是非证实服务,安全管理实体不返回任何信息。

9.6.4　EPA 网络安全管理实体语法描述

1. 固定 PDU 格式描述

EPA PDU 包括两部分:报文头和可变长度的报文体。报文头具有固定的格式,包含报文的服务标识、安全类型、报文长度和报文标识。

```
EPAPDU∷ = CHOICE{
confirmed-RequestPDU  [0]  IMPLICIT  Confirmed-RequestPDU,
confirmed-ResponsePDU  [1]  IMPLICIT  Confirmed-ResponsePDU,
confirmed-ErrorPDU  [2]  IMPLICIT  Confirmed-ErrorPDU,
unconfirmed-RequestPDU  [3]  IMPLICIT  Unconfirmed-RequestPDU
}
Confirmed-RequestPDU∷ = SEQUENCE{
spduHeader SPDUHeader,
confirmed-request  Confirmed-Request
}
Confirmed-ResponsePDU∷ = SEQUENCE{
spduHeader  SPDUHeader,
confirmed-response  Confirmed-Response
}
Confirmed-ErrorPDU∷ = SEQUENCE{
spduHeader  SPDUHeader,
confirmed-error  Confirmed-Error
}
Unconfirmed-RequestPDU∷ = SEQUENCE{
spduHeader  SPDUHeader,
unconfirmed-request  Unconfirmed-Request
}
EPASPDUbody∷ = CHOICE{
confirmed-RequestSPDUbody  [0]  IMPLICIT  Confirmed-RequestSPDU-
BODY,
confirmed-ResponseSPDUbody  [1]  IMPLICIT  Confirmed-ResponseSPDU-
BODY,
confirmed-ErrorSPDUbody  [2]  IMPLICIT  Confirmed-ErrorSPDUBODY,
```

unconfirmed-RequestSPDUbody　[3]　IMPLICIT　Unconfirmed-RequestSP-DUBODY

　　}

2. 证实服务请求

Confirmed- Request:: = CHOICE{

　　EM_GetDeviceAttribute　[0]　IMPLICIT　EM_GetDeviceAttribute-RequestPDU,

　　EM_SetDeviceAttribute　[1]　IMPLICIT　EM_SetDeviceAttribute-RequestPDU,

　　EM_ClearDeviceAttribute　[2]　IMPLICIT　EM_ClearDeviceAttribute-RequestPDU,

　　DomainDownload　[3]　IMPLICIT　DomainDownload-RequestPDU,

　　DomainUpload　[4]　IMPLICIT　DomainUpload-RequestPDU,

　　AcknowledgeEventNotification　[5]　IMPLICIT　AcknowledgeEventNotifi-RequestPDU,

　　AlterEventConditionMonitor　[6]　IMPLICIT　AlterEventConditionMon-RequestPDU,

　　Read　[7]　IMPLICIT　Read-RequestPDU,

　　Write　[8]　IMPLICIT　Write-RequestPDU,

　　AccessControl-Confirmed-Request　[9]　IMPLICIT　Acesscontrol-confirmed-RequestPDU

　　}

3. 证实服务响应

Confirmed- Response:: = CHOICE{

　　EM_GetDeviceAttribute　[0]　IMPLICIT　EM_GetDeviceAttribute-ResponsePDU,

　　EM_SetDeviceAttribute　[1]　IMPLICIT　EM_SetDeviceAttribute-ResponsePDU,

　　EM_ClearDeviceAttribute　[2]　IMPLICIT　EM_ClearDeviceAttribute-ResponsePDU,

　　DomainDownload　[3]　IMPLICIT　DomainDownload-ResponsePDU,

　　DomainUpload　[4]　IMPLICIT　DomainUpload-ResponsePDU,

　　AcknowledgeEventNotification　[5]　IMPLICIT　AcknowledgeEventNotifi-ResponsePDU,

　　AlterEventConditionMonitor　[6]　IMPLICIT　AlterEventConditionMon-ResponsePDU,

　　Read　[7]　IMPLICIT　Read-ResponsePDU,

　　Write　[8]　IMPLICIT　Write-ResponsePDU,

　　AccessControl-Confirmed-Response　[9]　IMPLICIT　Acesscontrol-con-firmed-ResponsePDU

　　}

4. 证实服务出错

Confirmed- Error:: = CHOICE{

EM_GetDeviceAttribute　[0]　IMPLICIT　Error-Type,

EM_SetDeviceAttribute　[1]　IMPLICIT　Error-Type,

EM_ClearDeviceAttribute　[2]　IMPLICIT　Error-Type,

DomainDownload　[3]　IMPLICIT　Error-Type,

DomainUpload　[4]　IMPLICIT　Error-Type,

AcknowledgeEventNotification　[5]　IMPLICIT　Error-Type,

AlterEventConditionMonitor　[6]　IMPLICIT　Error-Type,

Read　[7]　IMPLICIT　Error-Type,

Write　[8]　IMPLICIT　Error-Type,

AccessControl-Confirmed-Error　[9]　IMPLICIT　Error-Type

}

5. 差错类型

ErrorType:: = SEQUENCE{

ErrorClass　[0]　IMPLICIT　Integer8,

ErrorCode　[1]　IMPLICIT　Integer8,

AdditionalCode　[2]　IMPLICIT　Integer8,

Reserved　[3]　IMPLICIT　OctetString,

AdditionalDescription　[4]　IMPLICIT　VisibleString

}

6. 非证实服务服务请求

Unconfirmed-Request:: = CHOICE{

EM_FindTagQuery　[0]　IMPLICIT　EM_FindTagQuery-RequestPDU,

EM_FindTagReply [1] IMPLICIT EM_FindTagReply-RequestPDU,

EM_DeviceAnnunciation [2] IMPLICIT EM_DeviceAnnunciation-RequestPDU,

EventNotification [3] IMPLICIT EventNotification-RequestPDU,

Distribute [4] IMPLICIT Distribute-RequestPDU,

DeviceAuthentication [5] IMPLICIT DeviceAuthenticationPDU

}

7. EPA 应用层安全报文格式

ApplicationLayerPDU:: = SEQUENCE{

    PDUHeader

    SPDUHeader

    SPDUBodyCHOICE{

        Confirmed-Request,

        Confirmed-Response,

        Confirmed-Error,

        Uniconfirmed-Request

    }

}

其中,

PDUHeader:: = SEQUENCE{

ServiceID [0] IMPLICIT Unsigned8,

SecurityType [1] IMPLICIT Unsigned8,

Reserved [2] IMPLICIT Unsigned16,

Length [3] IMPLICIT Unsigned16,

MessageID [4] IMPLICIT Unsigned16

}

SPDUHeader:: = SEQUENCE{

SecurityType [1] IMPLICIT Unsigned8,

OriginalLength [2] IMPLICIT Unsigned8,

Reserved [1] IMPLICIT Unsigned8,

TimeStamp [8] IMPLICIT TimeRepresent,

CheckSum [4] IMPLICIT Unsigned16

}

EPA 报文中的安全标识定义如表 9.3 所示,安全标识中每一位为 1 则对应一种安全措施。安全标识可以是多种安全措施的组合。

表 9.3　EPA 报文头中的安全标识定义

—	—	—	0	0	0	0	0	无安全措施
—	—	—	0	0	0	0	1	EPA 设备鉴别
—	—	—	0	0	0	1	0	EPA 访问授权
—	—	—	0	0	1	0	0	EPA 报文校验
—	—	—	0	1	0	0	0	EPA 报文异或加密
—	—	—	1	0	0	0	0	EPA 报文 AES 加密

8. EPA 设备鉴别报文格式

```
DeviceAuthentication::= SEQUENCE{
DeviceID [0] IMPLICIT VisibleString,
TimeStamp [1] IMPLICIT TimeDifference,
Authenticated yard [2] IMPLICIT OctetString
}
```

9. EPA 访问控制报文格式

```
AccessControl-Confirmed-Request::= SEQUENCE{
confirmed-request [0] IMPLICIT Confirmed-Request,
acesscontrol-password [1] IMPLICIT Acesscontrol-Password
}
AccessControl-Confirmed-Response::= SEQUENCE{
Confirmed-Response
}
AccessControl-Confirmed-Error::= CHOICE{
Confirmed-error
}
AccessControl-Password::= SEQUENCE{
Password [1] IMPLICIT Unsigned16,
AccessGroups [2] IMPLICIT Unsigned8,
AccessRights [3] IMPLICIT Unsigned8
}
```

9.6.5　EPA 安全服务

1. EPA 设备鉴别服务

1) 服务概述

EPA 设备鉴别能有效地防止由于外部设备的非法接入而对 EPA 控制网络产生的威胁。

采用 EPA 设备鉴别服务,保证 EPA 内部通信信息来源的合法性。设备访问基于适当认证及授权方法保护设备鉴别,利用为设备唯一分配的 DeviceID 和 SecurityID 标识鉴别 EPA 授权设备,通过鉴别机制判断该设备的合法性,从而保证 EPA 设备在 EPA 网络中进行安全操作。

2) EPA 设备鉴别过程

EPA 设备鉴别工作流程如图 9.9 所示。

EPA 设备的合法性通过设备鉴别服务进行判断。发送方在发送设备鉴别服务时,使用 MD5 算法对 DeviceID、随机数(本系统中使用时间戳作为随机数)和 SecurityID 所组成的八位位串进行摘要。摘要值作为鉴别码 Authentication Code 与设备的 DeviceID、Active IP Address、时间戳等共同构成设备鉴别报文一起发送。网络设备接收到设备鉴别请求报文后,对其频率进行判断,未超过阈值则转发给可信中心,超过阈值则丢弃。可信中心收到设备鉴别服务时,根据设备鉴别报文内的 DeviceID 字段查找设备描述文件,从其中读取 SecurityID。SecurityID 与 DeviceID 和从设备鉴别报文中取得的时间戳共同组成八位位串,采用 MD5 算法进行摘要以获得正确鉴别码。若从报文中获取的鉴别码与正确鉴别码一致,则向发送端发送设备鉴别确认服务,设置设备鉴别状态为已通过,并且写入通过鉴别的时间戳;否则认为设备不可信。

2. EPA 访问控制服务

1) 服务概述

为了保证 EPA 系统实体的安全,必须对针对 EPA 系统的访问行为进行控制。访问控制的基本任务是防止未授权进入 EPA 系统或授权用户对系统资源的非法使用。

EPA 访问控制服务是在 EPA 网络安全层中的证实服务。该服务用于对变量对象、域对象、事件对象的存取权控制。

通信对象可以分配存取权限,如表 9.4 所示。用于存取对象的服务只限于经授权的通信伙伴使用。有了存取此对象的授权才能存取此对象,与存取控制相关的信息存放在 MIB 的安全管理对象描述中。当建立一个连接时,用访问控制服务部分地发送此信息。

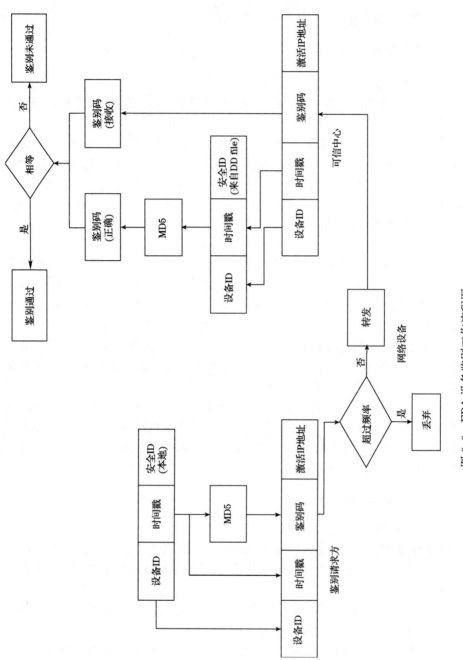

图 9.9　EPA 设备鉴别工作流程图

表 9.4　通信对象存取权限分配表

对象	权限
域	上载、下载
简单变量	读、写
数组	读、写
结构体	读、写
事件	改变、确认

2）访问控制服务流程

访问控制工作流程如图 9.10 所示。

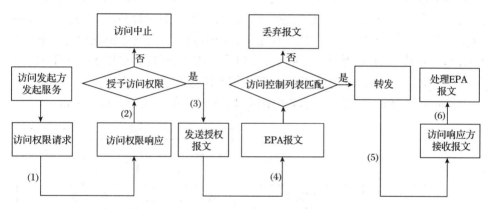

图 9.10　访问控制工作流程图

（1）访问发起方发送访问权限请求报文给可信中心。访问权限请求报文包含访问发起方、被访问方的存取组、口令以及希望的权限。

（2）可信中心响应访问权限请求，并根据通信链路，访问发起方、被访问方的存取组、口令以及希望的权限等决定是否授予访问发起方访问权限。

（3）若可信中心授予访问发起方访问权限，则发送正响应和对偶密钥给访问发起方，发送对偶密钥给访问响应方，发送访问权限给相应通信链路上的网络设备。若可信中心拒绝授予访问发起方访问权限，则访问终止。

（4）访问发起方收到正响应和对偶密钥后，用获得的对偶密钥加密明文，将其发送到通信链路上。通信链路上的网络设备接收到报文，将其与自身保存的访问控制列表进行对比。

（5）当网络设备接收到的报文的访问权限与自身保存的访问控制列表一致时，转发报文；否则丢弃报文。

（6）被访问 EPA 设备会处理已经确认的访问报文。

3. EPA 报文校验工作流程

1) 报文校验机制服务概述

作为用于自动化设备间交换的数据,EPA 报文应该防止被窃听、被非法篡改或被破坏。报文校验机制通过比较接收方的校验码与发送方的校验码是否一致,保证 EPA 报文在网络传输过程中的完整性。

2) 报文校验工作流程

报文校验工作流程如图 9.11 所示。发送方根据本地时间戳,通过前述方法得到校验密钥,发送方利用校验密钥、用户数据经过校验算法处理得到校验码,将校验码作为报文的一个字段附在报文中,发送到接收方。接收方利用校验密钥对接收报文中的用户数据进行相同校验算法运算,得到新的校验码,将此新校验码与接收报文中的校验码进行比较,若完全相同则确定报文合法而接收数据包,并根据 ServiceID 决定是否返回正响应;否则丢弃该数据包,并根据 ServiceID 决定是否返回负响应。从而判别用户数据是否被非法篡改或被破坏。

校验密钥的生成和更新,与加密密钥和解密密钥的生成和更新方法相同。

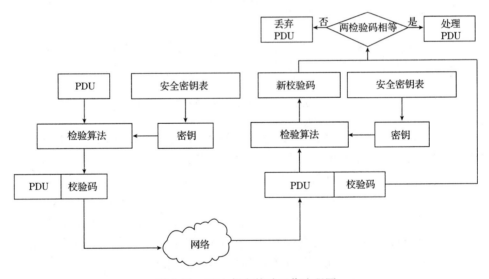

图 9.11　EPA 报文校验工作流程图

4. EPA 报文加密

1) EPA 密钥的产生和管理

系统利用随机数生成算法产生 128 字节长的八位位串,也即密钥表。密钥表一旦产生则整个系统都共用该密钥表。如要改变密钥表,则系统的所有设备必须同时变更密钥表,以保证整个系统的密钥表相同。加密解密密钥需要定时更新,由组态软件对设备中使用的密码表进行更新来完成设备对加密密钥和解密密钥的获取。根据密钥在表内的偏移量和实际使用的密码表的长度,从密码表中取得实际使用的密钥。密钥在表内的偏移量和实际使用的密钥表的长度是在组态时设置的。

2) EPA 密钥表的下载和定期更新

EPA 密钥表的下载和定期更新可以有效地解决密钥的安全问题。为了更好地保证 EPA 网络的安全、密钥的分发,密钥需要定期地更新,在 EPA 网络中用 RSA 非对称加密算法对密钥进行了分发和更新管理。密钥来源于 128 字节长的八位位串,而这个密钥表则来源于上位机。RSA 公开加密算法为每个设备分配一对密钥(一个公钥 K_p,一个私钥 K_s),这对密钥事先固化在设备的描述文件中,上位机也事先保留了设备描述文件。

上位机将密钥表加上时间戳用设备的公钥 K_p 进行加密,形成密文 C_k 发送出去。当设备收到 C_k 时,就用 K_s 进行解密得到 P_k,因为只有具有私钥 K_s 的设备才可以成功解密,故可安全地解决密钥表下载问题。

EPA 密钥表下载工作流程如图 9.12 所示。

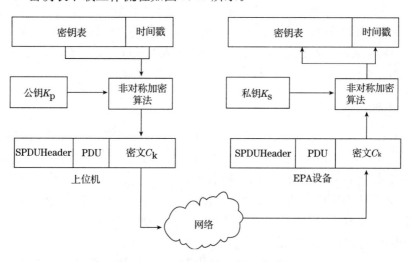

图 9.12　EPA 密钥表下载工作流程

3) EPA 报文的加密流程

该 EPA 报文加密能够提高数据的保密性,保证 EPA 内部通信信息数据的机密性。EPA 报文加密/解密流程如图 9.13 所示,发送方利用异或算法或者 AES 算法对用户数据进行加密运算。然后,将加密后的密文作为报文体加在安全报文头之后,交由 EPA 应用实体发送。接收方对接收到的密文利用异或算法或者

AES算法进行解密运算,得到解密后的用户数据,并将数据上传给用户层。

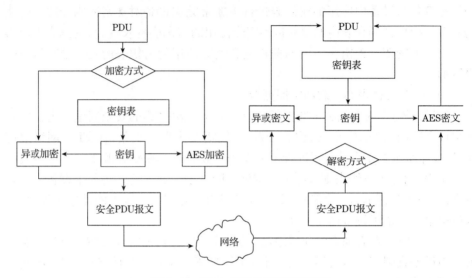

图 9.13　EPA 报文加密/解密流程

　　应该保证为内部通信建立初始密钥,设备对加密密钥和解密密钥的获取是根据密钥在表内的偏移量和实际使用的密码表的长度,从密钥表中取得实际使用的密钥。密钥在表内的偏移量和实际使用的密钥表的长度是在组态时设置的。

　　将加密和解密密钥下载到现场设备并需要定时更新。

9.6.6　系统实现

　　如图 9.14 所示,网络中有一台组态 PC、一台测试 PC、一个 EPA 网桥、两个 EPA 交换机和十个 EPA 现场设备。可信中心在此处由组态设备担当。安全级别选择 3 级,即容许部分设备访问现场层;密钥下发算法为 RSA;设备鉴别算法为 MD5;加密算法为简化 AES;密钥生存周期为设备重上线或关键设备更新,此处关键设备是 EPA 网桥、EPA 交换机和可信中心。鉴别间隔为 10s;设备重上线或关键设备更新,随机数为时间戳。

　　网络中的 EPA 网桥、EPA 交换机和 EPA 设备都是实验室基于国家标准《用于工业测量与控制系统的 EPA 系统结构与通信规范》[9],同时采纳《用于工业测量与控制系统的 EPA 网络安全规范(征求意见稿)》中相关观点,硬件、底层协议栈和上层组态软件都为重庆邮电大学网络控制技术与智能仪器仪表实验室自主开发,形成了一个完整的、有自主知识产权的 EPA 安全系统。

　　图 9.15 所示为组态软件界面,本系统的可信中心由组态软件担任。通过鉴别的设备在软件左侧的工程信息框内出现,在界面正中显示的是对通过鉴别的设

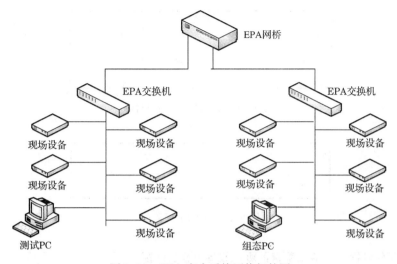

图 9.14　EPA 安全系统网络拓扑图

备进行访问控制权限(见图 9.16)和密钥配置(见图 9.17)的下发,右下显示窗口内实时显示对设备的鉴别信息和操作信息(见图 9.18)。

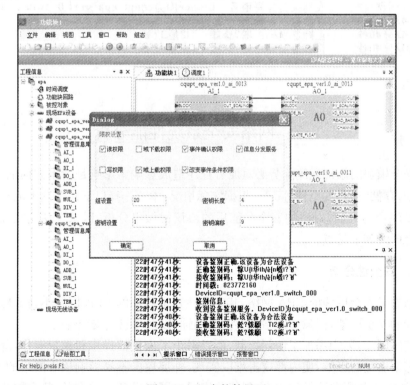

图 9.15　组态软件界面

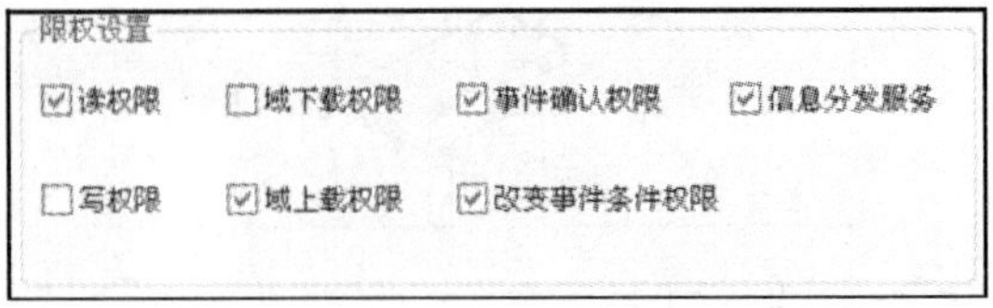

图 9.16 访问控制权限界面

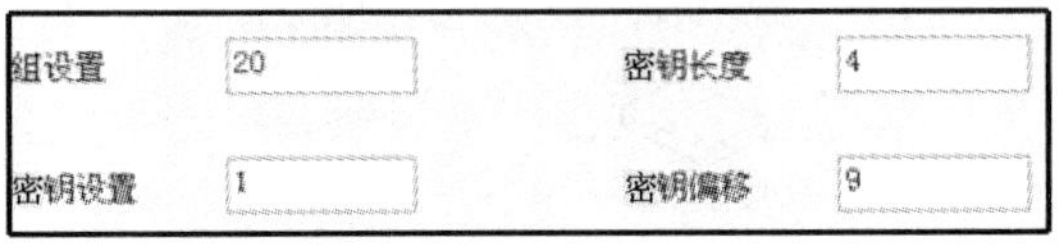

图 9.17 密钥配置界面

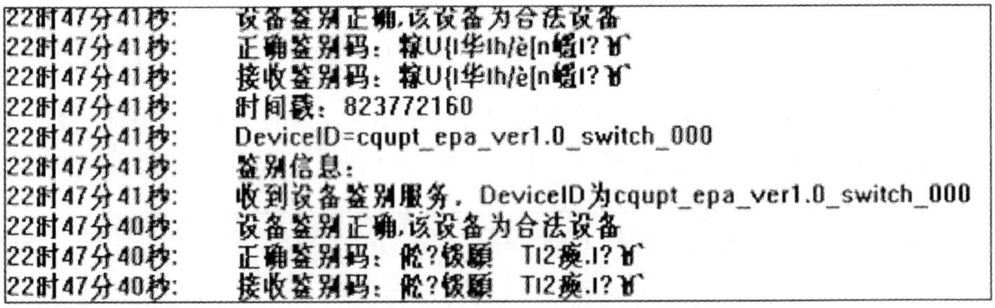

图 9.18 设备鉴别界面

9.7 网络安全系统性能分析

安全模块的添加或删除势必对原有程序造成影响。影响是诸多方面的,如处理速度、存储空间、安全性等[27]。根据实际情况,本节选择以下几个基本的也是特别需要注意的方面,对添加安全功能后的协议栈做出分析,以求客观反映设计框架的合理性和不足点。

9.7.1 安全性分析

添加了安全措施的 EPA 网络,其安全性较未添加的 EPA 网络不言而喻。本节设计的安全框架,保障了网络的整体可用性,以及信息的安全性。

整体而言,因为添加了访问控制,所以阻止了未授权操作和越权操作,降低了病毒感染所受的影响,使内部攻击难以实现,外部攻击不易影响核心网络的安全。对于 DOS 一类资源消耗型攻击,仅能危害同一网络设备下的设备,整个网络依然可用。

对于信息的篡改和破坏、重放攻击、数据重传、插入、乱序、伪装延时、寻址出错等,采取时间戳加校验码的方式应对。EPA 网络本身的时间紧耦合性,为时间戳的可靠性提供了保障。

对于添加了安全措施的设备而言,其安全性在于内置的安全 ID 和鉴别时下发的密钥。因对偶密钥等是鉴别设备周期性下发,即使有入侵者通过某种途径获取对偶密钥,只要其未获取内置的安全 ID,在下一个设备鉴别周期时必定会被发现。由于 EPA 网络的应用场景并不是在极端环境中(人迹罕至或敌方势力范围),因此对物理上的入侵容易检测。

可信中心作为整个网络的安全核心,所有设备的鉴别工作、对偶密钥的下发、访问控制权限的审核和下发,都由可信中心完成。而一旦可信中心被俘获,则整个网络完全暴露。然而,在非极端环境中,即使是现场设备层的物理入侵都十分困难,可信中心一般处在戒备森严、措施完善的机房中,被俘获的概率极低。可信中心一般选取高可靠服务器,即使出现宕机或者软硬件故障,也有相应紧急措施(备份机、数据备份等)。

9.7.2　存储开销

EPA 协议栈大小为 1711654 字节,添加的安全代码总量为 65188 字节,包括加密解密、报文校验、设备鉴别和访问控制。EPA 安全协议栈大小为 1776842 字节,安全代码所占百分比为 3.7%(见图 9.19),对于硬件的存储空间要求极低。

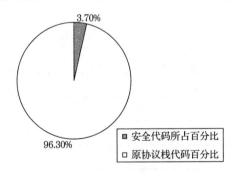

图 9.19　安全协议栈中安全代码所占百分比

密钥所占空间也是有限的,假设密钥为 256 位,一个密钥所占空间为 512 位。若一个设备同时与 1000 个设备通信且都存储一个密钥,其存储空间要求为 512000 位;对于 2MB(16777216＝1024×1024×8×2)存储量的设备,所占空间为 3.1% 是完全可以接受的,而实际中一个现场设备同时与 1000 个设备通信需求的可能性是极低的。

9.7.3　计算开销

计算开销受算法的复杂性和计算的响应时间影响较大。协议栈采用非对称密钥鉴别、对称密钥加密的方法,兼顾了安全性与高效性。

测试采用 Ethereal 抓包,结果用对比分析的方式加以体现。为准确反映性能,对比两个设备发 10000 个包的时间长度,IP 为 128.128.3.221 的设备下载的是普通 EPA 协议栈,IP 为 128.128.3.222 的设备下载的是 EPA 安全协议栈。两个设备同时发包,抓包通过交换机同时在同一台主机上进行,以此来降低其他因素的影响。

6 次 10000 个包抓包结果统计如表 9.5 所示。

表 9.5　对比抓包结果

次数	原协议栈/s	安全协议栈/s	时间差/s
1	19994.154412	19994.196016	0.041604
2	19994.142503	19994.186283	0.043780
3	19994.142140	19994.185681	0.043541
4	19994.152008	19994.192358	0.040350
5	19994.165093	19994.203379	0.038286
6	19994.167067	19994.205009	0.037942

每个报文平均抓包时间如图 9.20 所示。

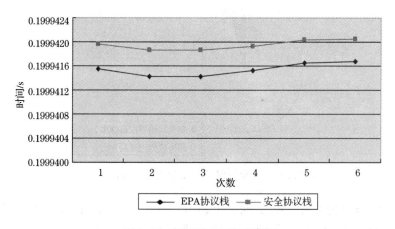

图 9.20　平均抓包时间折线图

抓包结果显示时间差平均值约为 0.04091717s,则每个包的时间消耗多 0.0000040917s,约为 4μs。一个未添加安全措施的 EPA 报文处理时间约为

$400\mu s$,添加安全措施后计算开销在 1% 以下。

9.7.4　时间开销

各种安全措施均增加了计算量,同时也增加了时间开销,由于将复杂计算都放在了关键设备上,因此对于现场设备影响微弱。

设备鉴别报文在本实验平台以 10s 为一个周期。设备每 10s 会发送一个设备鉴别请求报文给鉴别设备,鉴别设备在鉴别后下发鉴别通过报文给设备和相关网络设备。故设备每 10s 会发送、接收报文各一次,增加了一定的网络通信量。在整体网络安全得到保证的情况下,网络通信量仅仅增加了一个周期报文。为达到安全的目的,牺牲部分通信时间是完全可以接受的。

网络设备仅受访问控制影响,而访问控制的方式是对比访问控制列表,其处理速度与未加访问控制措施处理速度相当。且网络设备的处理速度远远大于现场设备,因此添加安全措施的时间开销在网络设备上可以忽略。

如前面所述,添加安全措施(加密解密、报文校验、设备鉴别和访问控制)后的报文与未添加报文相比,时延在 1% 以下。

9.8　本 章 小 结

本章设计了一种基于高可用性自动化网络的可变动安全框架,包括报文加密、报文校验、访问控制、设备鉴别。为验证框架合理性,组成了 EPA 网络进行测试,结果表明所设计的安全框架较为全面地保证了 EPA 网络的安全,同时对网络性能的影响轻微,对硬件要求较少,现有设备只需下载安全 EPA 协议栈即可,不需要更新设备,可行性高。结论是本框架设计合理有效。

虽然设计的安全框架在实验室网络中能成功运行,也获得了一些专家的认可,但实际生产环境复杂多变,故下一步的工作重点是将本框架应用于现实生产,以此来检验框架的正确性、可行性,并对不足之处进行改进。在将理论实现的过程中,推动 EPA 工业控制网络在中国的发展。

我们在总结本框架的基础上,将本框架的研究成果写入了由重庆邮电大学负责制定的国家标准《用于工业测量与控制系统的 EPA 网络安全规范》(送审稿计划编号:20031040-T-604)。

参 考 文 献

[1] GB/T 20171-2006:用于工业测量与控制系统的 EPA 系统结构与通信规范[S]. 2006
[2] Security for industrial process measurement and control-net-work and system security[S]. 2006
[3] GB/T 19715.1-2005:信息技术 信息技术安全管理指南 第 1 部分:信息技术安全概念和模

型[S]. 2005

[4] ISO/IEC 15408：Evaluation criteria for IT security[S]. 1999

[5] GB/T 20271-2006：信息安全技术 信息系统通用安全技术要求[S]. 2006

[6] 王芬,赵梗明. 嵌入式网络接入的安全通信机制研究[J]. 单片机与嵌入式系统应用,
2005(9)：7－9

[7] Bruce S 著. 应用密码学：协议、算法与 C 源程序[M]. 吴世忠,祝世雄,张文政等译. 北京：机
械工业出版社,2007

[8] Menezes A J,van Oorschot P C,Vanstone S A 著. 应用密码学手册[M]. 胡磊,王鹏等译. 北
京：电子工业出版社,2005

[9] GB/T 20171.5：用于工业测量与控制系统的 EPA 规范 第 5 部分：网络安全规范

[10] NIST industrial control system security activities[S]. National Institute of Standards &
Technology,2005,25－27

[11] Guide to industrial control systems(ICS)security[S]. U S Department of Commerce & Na-
tional Institute of Standards and Technology,2007

[12] Applying NIST SP 800-53 to industrial control systems[S]. National Institute of Standards
& Technology,2006

[13] Stephen N. 深入剖析网络边界安全[M]. 北京：机械工业出版社,2003

[14] United States General Accounting Office. Challenges and efforts to secure control systems
[R]. 2004

[15] 王春喜. IEC/TC 65 安全性与保安性的未来工作与考虑[J]. 仪器仪表标准化与计量,
2005,(5)：9－10

[16] Security for industrial process measurement and control—network and system security[S].
2006

[17] 王平,等. 工业以太网技术[M]. 北京：科学出版社,2007

[18] 冯冬芹,金建祥,褚健. 工业以太网关键技术初探[J]. 信息与控制,2003,32(3)：219－224

[19] 阳宪慧. 工业数据通信与控制网络[M]. 北京：清华大学出版社,2003

[20] David K,Mark F. Control Systems Cyber Security Defense in Depth Strategies[M]. New
York：U S Ldaho National Laboratory,2006

[21] 王春喜,孙大林,金青. 透明工厂网络的安全性分析与解决方案-用于工业控制网络的以太
网[J]. 仪器仪表标准化与计量,2006(1)：4－6

[22] 1040-T-604：工业控制网络系统安全通用技术条件[S]. 2003

[23] Common criteria for information technology security evaluation-part 1：Introduction and
general model Version 2.4[S]. 2004

[24] 阳宪惠. 现场总线技术及其应用[M]. 北京：清华大学出版社,1999

[25] Saadat M. 网络安全原理与实践[M]. 北京：人民邮电出版社,2003

[26] Poqwe E. Computer Security Issues and Trends[M]. New York：CSI/FBI Computer Crime
and Society Survey,2002

[27] William S. 密码编码学与网络安全：原理与实践[M]. 北京：电子工业出版社,2001

第10章 高可用性自动化网络安全测试技术

10.1 概 述

对高可用性自动化网络安全问题应该给予足够的重视。相对于其他安全机制只能被动防御,安全测试则可以在网络攻击发生前发现安全漏洞,通过采用恰当的安全措施来弥补安全隐患,加固高可用性自动化网络的安全,做到防患于未然。

10.1.1 高可用性自动化网络安全测试研究现状

调查发现,国外许多科研机构、政府部门甚至大型自动化公司都在对高可用性自动化网络的信息安全进行全面研究。这些研究在9·11事件后则更加被重视。这些研究机构包括了美国仪表及自动化协会(ISA)SP99[1]、NIST[8]、美国计算机应急响应小组(US-CERT)、美国 Sandia 国家实验室[5]、美国审计总署(GAO)[4]、美国能源部、英国国家基础设施安全协调中心(NISCC)、罗克韦尔、思科公司等。通过深入的研究,国外已经形成了一系列的高可用性自动化网络信息安全标准、指南等。

与之相反,目前国内对高可用性自动化网络的信息安全研究相对较少,国内对高可用性自动化网络的信息安全研究主要关注的领域集中在功能安全和电气安全领域。

通过对国内外工业控制网络信息安全研究、安全测试研究现状的综合分析,这里给出研究现状对比,如表 10.1 所示。

表 10.1 国内外对高可用性自动化网络信息安全研究现状对比

研究内容	国外研究现状	国内研究现状
高可用性自动化网络信息安全	非常重视,ISA、NIST、GAO 等许多机构和部门从事这方面的研究,已形成了一系列工业控制网络信息安全标准、指南等	研究较少
高可用性自动化网络安全测试	处于探索阶段,美国国土安全部资助美国 Sandia 国家实验室和思科公司从事这方面探索,已有一些文献出台	几乎空白

10.1.2　高可用性自动化网络安全漏洞分析

美国审计总署在 2004 年发布的报告《对关键基础设施的防护》中列举了工业控制系统更容易遭受恶性攻击的原因：采用具有公共安全漏洞的标准化系统；更多的控制系统与其他网络互联；现有安全技术和措施具有一定的局限性；缺乏安全保护的远程连接；控制系统信息被泄露。

通过对 US-CERT 关于工业控制系统威胁来源、美国 Sandia 国家实验室发表的关于关键基础设施控制系统常见缺陷、NIST 发表的工业控制系统安全指南以及 NIST 800 系列标准[20]等的研究，从脆弱性来源的角度分析工业控制网络中可能的安全漏洞[13]，可知高可用性自动化网络可能的安全漏洞主要来自以下几种。

1) 协议漏洞

正如 TCP 协议设计之初没有充分考虑安全问题一样，许多工业通信协议的设计主要是实现通信，并没有考虑与信息网络互联后的安全问题。高可用性自动化网络是一种高度开放的网络，因此也可能会受到包括泛洪攻击、ICMP 重定向攻击、ARP 欺骗攻击等网络安全威胁。使用高可用性自动化网络应用服务的泛洪攻击可能消耗高可用性自动化网络现场层和过程监控层设备的资源和网络带宽，甚至导致拒绝服务。而位于高可用性自动化网络现场层和过程监控层设备上的嵌入式 TCP/IP 协议栈的安全性也是必须考虑的问题。

2) 应用服务漏洞

高可用性自动化网络协议支持 TCP/IP 协议族，在复杂应用环境中高可用性自动化网络应用层的各种应用服务可能面临安全威胁。例如，将 Web 服务器置入 PLC 等高可用性自动化网络现场层和监控层设备，实现动态交互，将面临 CGI 滥用威胁；使用 FTP 服务向高可用性自动化网络设备中下载以文件形式保存的设备信息，或以 FTP 服务从高可用性自动化网络设备上载组态信息时，FTP 服务的匿名漏洞可能导致组态信息的失效或篡改；除此之外，高可用性自动化网络组态设备、OPC 监控设备，以及文件服务器、冗余服务器和 PC 式控制器等，还可能面临拒绝服务、FTP 漏洞、SNMP 漏洞等应用服务漏洞；高可用性自动化网络的设备管理服务对组态设备的信任可能导致服务欺骗攻击；高可用性自动化网络现场层和监控层设备对访问设备管理信息库的服务请求未做访问权限的验证，对管理信息库的非法访问可能导致数据被恶意篡改而造成系统运作不稳定或彻底崩溃。

3) 操作系统漏洞

标准操作系统(特别是基于 Windows 系统)在控制网络系统中越来越多地被使用，使控制网络越来越容易受工业间谍的入侵和攻击。虽然高可用性自动化网络现场层和过程监控层设备可能并没有使用任何操作系统(或使用 UC/OS、ULINUX 等嵌入式系统)，但是一些更为重要的工业交换机、OPC 服务器、组态设备、文件服务器、PC 式控制器等使用了通用的操作系统(特别是 Windows 操作系统),这些系统往往存在一些安全漏洞,如匿名用户、系统弱口令、没有维护系统补丁等。

4) 配置策略漏洞

缺乏或不合理的安全保障技术或策略,将会给高可用性自动化网络和工业控制网络带来极大的安全风险。例如,不正确的高可用性自动化网络安全网关和防火墙的过滤策略将使一些非安全报文进入控制网络;重要的高可用性自动化网络通信报文明文传输将遭受非法窃取,攻击者通过网络窃听,获得高可用性自动化网络传输的未加密的敏感信息,为其实施网络攻击提供必要的信息;开放无用的端口和服务可能导致被攻击等。

10.1.3　安全测试方法

网络安全测试是一种采用主动策略的安全研究方法,可有效确定网络的脆弱性。测试方法[25]包括自动化脆弱性扫描工具、安全测试与评价、渗透性测试。设计的高可用性自动化网络安全测试系统是三种方法的结合并在一个系统中实现。

(1) 自动化脆弱性扫描工具用于一个设备或网络,用于获取脆弱性服务。由自动化扫描工具识别的一些潜在的脆弱性可能并不代表在系统真实环境下会出现,这种方法可能产生"虚警"或者"漏报"。此外,扫描工具的使用对扫描的结果也有着较大的影响。

(2) 安全测试与评价是另一种用于识别高可用性自动化网络脆弱性的方法。安全测试与评价的目的是测试和评价已经运用于运行环境中的系统安全控制的效力,确保所采用的控制措施满足已经批准的软件和硬件规范。

(3) 渗透性测试可用于对安全控制审查的补充并确保系统的不同层面都是安全的。渗透性测试可用于评价工业控制网络抗御攻击能力。它的目标是从威胁源的角度来测试网络并确定网络保护计划中潜在的疏忽。渗透性测试有两种:一种通常称为"红色评价",测试时进行有控制的攻击,测试者扮演入侵者的角色;另外一种称为"蓝色评价",用于验证脆弱性。

10.1.4　安全测试对象

高可用性自动化网络的安全测试,是为了保护控制系统的硬件、软件及相关数据,使之不因为偶然或者恶意侵犯而遭受破坏、更改及泄露,保证控制网络系统能够连续、可靠、正常地运行。因此,高可用性自动化网络的安全测试对象包括网络中的各种关键信息资产、应用系统等。

对于一个具体的高可用性自动化网络,安全测试主要涉及该控制系统的关键和敏感部分。因此,根据实际系统不同,安全测试的对象有所不同。

10. 1. 5 安全测试目的

高可用性自动化网络的拥有者在进行安全设备选型、控制系统安全需求分析、系统网络建设、系统网络改造、应用系统试运行、内网与外网互联等业务之前,进行安全评估会帮助系统拥有者在一个安全的框架下进行组织活动。

高可用性自动化网络安全测试的目的通常包括以下几个方面[16]:

(1) 确定可能对高可用性自动化网络资产造成危害的威胁,包括入侵者、罪犯、不满员工、恐怖分子和自然灾害。

(2) 对可能受到威胁影响的资产确定其价值、敏感性和严重性,以及相应的级别,确定哪些资产是最重要的。

(3) 对最重要的、最敏感的资产,确定威胁一旦发生后其潜在的损失或破坏。

(4) 准确了解工业企业的网络和系统安全现状。

(5) 明晰高可用性自动化网络的安全需求。

(6) 制定高可用性自动化网络和系统的安全策略。

(7) 制定高可用性自动化网络和系统的安全解决方案。

(8) 指导高可用性自动化网络未来的建设和投入。

(9) 通过项目实施和培训,培养用户自己的安全队伍。

根据实际控制系统不同,安全测试的目标有所不同。

10. 1. 6 安全测试基本原则

高可用性自动化网络安全测试原则[13,14]包括以下内容:

1) 可控性原则

(1) 人员可控性。相关评估人员必须持有国际、国家认证注册的信息安全从业人员资质证书,确保具备可靠的职业、道德素质。

(2) 工具可控性。所有使用的风险评估工具均应通过多方综合性能对比、挑选,并取得有关专家论证和相关部门的认证。

(3) 项目过程可控性。安全测试项目管理将依据 PMI 项目管理方法学,重视沟通管理,达到项目过程的可控性。

2) 完整性原则

严格按照委托单位的安全测试要求和指定的范围进行全面的安全测试服务。

3) 最小影响原则

在管理层面和工具技术层面,力求将安全测试对高可用性自动化网络正常运行的可能影响降到最低限度。

4) 保密原则

与被测试单位签署保密协议和非侵害性协议。

5) 参考标准

高可用性自动化网络的安全测试工作应该依据国际、国内标准开展。对于高可用性自动化网络的安全测试,除了主要依据特定的行业标准外,还需参照一些其他标准。

这些标准包括:

(1) GB/T 18336《信息技术 安全技术 信息技术安全性评估准则》。

(2) GB 17859/1999《计算机信息系统安全保护等级划分准则》。

(3) ISO17799/BS7799《信息安全管理实施细则》。

(4) ISO13335《信息技术 安全技术 IT 安全管理指南》。

(5) ISO15408/GB 18336《信息技术 安全技术 IT 安全评估准则》。

(6) SSE-CMM《信息技术 系统安全工程 能力成熟度模型》。

事实上国际标准的规范和约定包括:

(1) CVE 公共漏洞和暴露。

(2) PMI 项目管理方法学。

10.2　安全测试框架

参考国内外信息系统安全测试的相关文献,结合对高可用性自动化网络特点的深刻理解,本节提出了高可用性自动化网络安全测评框架,如图 10.1 所示。该框架结合了网络安全测试和安全风险的评估,安全测试为风险评估提供技术弱点、网络资产分析等信息。

安全测试策略和方案是在综合考虑测试目的、成本与效益、风险控制等要素的基础上,做出开展测试活动的相应策略、测试流程、测试计划等,以解决有关测试的测试对象、测试内容、测试相关约束条件、测试过程安排等问题。

安全测试方法可以结合静态安全性测试和动态安全性测试。静态安全性测试检查高可用性自动化网络所采用协议及软件系统的设计和实现过程中的缺陷;动态安全性测试主要检查高可用性自动化网络运行期间所表现的安全脆弱性。

安全分析方法可以结合下面三种方法。

(1) 高可用性自动化网络生命周期安全分析法。控制网络和其他系统一样是有生命周期的,因此可以通过控制网络的整个生命周期过程的不同阶段来分析网络的安全性。网络生命周期安全分析法就是要分析控制网络在生命周期阶段中存在的安全性问题,以发现在这些阶段中对整个控制网络所带来的安全威胁和脆弱性,从而确定在这些生命周期阶段中与安全相关的任务。

(2) 高可用性自动化网络安全脆弱性分析法。控制网络的攻击主要是利用控制网络自身的脆弱性,集中分析网络自身的脆弱性,找出并消除这些脆弱性,从

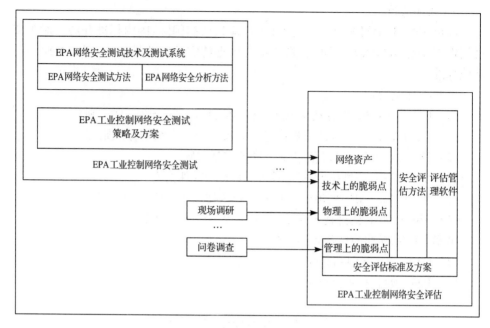

图 10.1　高可用性自动化网络安全测试框架

而使得攻击者没有可利用的脆弱性。查找系统脆弱点的方式可以是黑盒方式、白盒方式。

（3）高可用性自动化网络安全状态分析法。从安全角度出发，在逻辑上将整个控制网络按照一定的规则合理地划分为一个个相对独立的、最小的子系统，对这些子系统及其关联的安全状态进行评估，最后整合得出整个控制网络的安全状态。划分的规则必须是一个最小完备集，划分出的子系统是最小的、没有重叠交叉的子系统。本章使用的方法是按高可用性自动化网络中的硬件资产进行子系统的划分，首先采用安全脆弱性分析法对网络设备的漏洞进行测评，在漏洞风险的基础上可以综合得出设备风险，通过设备的测评反映出整个控制网络的安全状况。

安全测试技术和软件。对安全漏洞的测试技术需要结合控制网络本身的特征设计。安全测试系统以软件的形式实现安全测试过程、测试模型、网络资产发现等功能。当然，安全测试所需要的软件也可以是多个安全测试工具集合。安全评估使用安全测试、问卷调查、现场审查等方式，从技术、管理、人员等角度对高可用性自动化网络进行全面深入安全评估。评估时依照风险评估标准制订安全评估的方案，选择合适的评估方法，借助安全评估管理软件实现评估。

10.2.1　测试对象分类

高可用性自动化网络安全测试具有对象种类多、测试层面多样化等特点。对于一个高可用性自动化网络的安全测试和评估,应该充分考虑控制网络中的各主要资产。根据标准高可用性自动化网络体系,安全测试对象应包括现场设备层、过程监控层和企业管理层的各核心设备[15]。所以,高可用性自动化网络的安全测试系统应该具备自动对网络资产进行识别和分类的功能。

1. 高可用性自动化网络现场层和过程监控层设备

作为网络的底层控制和执行设备,其安全直接关系到控制网络的安全。一些别有用心的或对企业不满的员工,可能利用对高可用性自动化网络和协议的熟悉对现场设备进行攻击。

2. 高可用性自动化网络网桥/网关

它负责网络数据的转发和部分的安全措施,若遭受攻击,则可能导致现场设备层一些紧急的报警报文无法及时传送到过程监控层的控制室,而导致重大安全事故。如果遭受 IP 欺骗,那么可能使一些针对高可用性自动化网络协议而写的病毒等非安全报文进入现场设备层。

3. 非高可用性自动化网络设备

在高可用性自动化网络中,除了高可用性自动化网络现场层和过程监控层设备、高可用性自动化网络网桥/网关等高可用性自动化网络设备,还存在许多非高可用性自动化网络的 PC 设备,如 OPC 服务器、组态设备、PC 式控制器、冗余服务器、文件服务器等。

非高可用性自动化网络设备是分布式控制和过程操作的关键组成部分,其安全性对高可用性自动化网络的安全也是至关重要的。针对这类 PC 攻击对控制网络产生的危害巨大而且容易实现,对高可用性自动化网络协议不熟悉的入侵者也可能轻而易举地对网络中的非高可用性自动化网络设备进行攻击。例如,通过高可用性自动化网络组态设备所开放的无用端口和服务进行攻击导致组态监控设备的崩溃,而无法对现场报警事件做出实时的处理;对文件服务器的攻击,可能导致工厂关键的生产或工艺参数的泄露。

10.2.2　测试内容分类

通过对美国思科公司发布的工业控制网络和设备的脆弱性测试报告,可以得知其对高可用性自动化网络安全测试的内容主要集中在 TCP/IP 协议、工业通信协议、操作系统与应用服务、网络设备拒绝服务、弱口令、访问控制等安全层面。

之前所分析的安全测试对象,测试内容根据测试对象的不同而不同。所以,高可用性自动化网络安全测试系统应具备根据不同测试对象调度不同测试策略和插件的功能。

1. 高可用性自动化网络监控层的安全测试

通过之前对高可用性自动化网络安全漏洞的分析,对高可用性自动化网络监控层设备(组态 PC、OPC 服务器、文件服务器等)的安全测试内容应包括以下几种。

1) 应用服务漏洞的检测

据统计,目前对计算机网络的攻击主要集中在应用服务的攻击。对于高可用性自动化网络中的监控设备,主要完成监控、组态、应用程序服务等功能,所以安全测试只包括典型的工业控制网络中以太网设备使用的 FTP、Web、SNTP、SMTP 等服务漏洞检测;而对计算机网络中所关心的 QQ、MSN、视频播放器等应用程序漏洞不做深入的检测,只是通过端口扫描和服务辨识,若发现此类服务如 QQ,系统默认是不安全的应用,给出安全报警。

安全测试系统的应用服务漏洞检测包括 FTP 漏洞检测、CGI 漏洞检测、IIS 漏洞检测、SNMP 漏洞检测、SMTP 漏洞检测、木马检测等。

测试系统通过对设备端口扫描和服务辨识来识别所开放的应用服务,通过漏洞检测的形式对所开放的各应用服务进行安全性测试,这也是对监控层设备进行安全测试的主要测试项。

2) 数据传输漏洞的检测

该测试项主要针对通信过程中报文是否以明文形式传输。通过对报文的捕获和解析,测试数据传输过程是否安全。明文的数据传输可能面临报文重放攻击、机密信息非法获取、关键数据篡改等攻击。

3) 操作系统漏洞的检测

据统计,通用操作系统在高可用性自动化网络中的广泛使用(尤其是 Windows 操作系统)所带来的漏洞是控制网络所面临的一个主要安全威胁。例如,不恰当的系统登录口令,可能使组态 PC 暴露在任何可能的入侵者面前。

4) 数据库漏洞的检测

OPC 服务器、网络监控 PC 等使用了通用数据库系统的高可用性自动化网络监控层设备,可能面临数据库漏洞的威胁。例如,SQL Server 默认 Sa 账号可能会遭受 SQL 注入攻击,致使服务器崩溃或导致高可用性自动化网络历史监控信息的丢失。

5) 协议漏洞的检测

利用商用操作系统中的 TCP/IP 协议软件弱点的攻击,也是对非高可用性自动化网络设备攻击的典型例子。例如,利用 TCP/IP 协议重组 IP 数据包过程的 Teardrop 攻击,可能致使工业服务器瘫痪。

2. 高可用性自动化网络现场层的安全测试

通过对高可用性自动化网络安全威胁的分析,参考 NIST-800 系列规范分析,对高可用性自动化网络现场设备的安全测试内容应包括以下几种。

1) 协议漏洞的检测

高可用性自动化网络是一种高度开放的控制网络,它使用了 TCP/IP 协议,因此也可能会受到包括泛洪攻击、ICMP 重定向攻击、ARP 欺骗攻击等网络安全威胁。本系统通过设计一个协议漏洞检测集来实现对 TCP/IP 协议漏洞的测试。

高可用性自动化网络一般提供 14 种应用服务,它们可分为高可用性自动化网络系统管理实体服务和高可用性自动化网络应用访问实体服务,按照服务响应方式又可分为有证实服务和无证实服务。其中,设备查询请求服务、设备声明服务、事件通知服务、信息分发服务属于无证实服务。高可用性自动化网络应用服务如表 10.2 所示。

表 10.2　高可用性自动化网络应用服务

	服务名称	服务说明
高可用性自动化网络管理实体服务	设备查询请求服务	高可用性自动化网络设备查询请求,根据设备位号查找设备信息,以单播或广播方式发送
	设备查询请求应答服务	高可用性自动化网络设备收到 EM_FindTagQuery 请求后所作的应答,以单播方式返回给发送 EM_Find-TagQuery 报文的设备
	设备属性设置服务	设置高可用性自动化网络设备属性服务
	设备信息获取服务	获取高可用性自动化网络设备属性服务
	设备属性清除服务	清除高可用性自动化网络设备属性服务,将高可用性自动化网络设备状态改为未组态状态
	设备声明服务	用于向高可用性自动化网络上声明设备的存在及状态
高可用性自动化网络应用访问实体服务	域上载服务	允许客户上载域
	域下载服务	允许客户下载域
	事件通知服务	用来传输事件通知
	事件通知确认服务	允许用户确认事件通知
	改变事件条件监视服务	允许锁住或解锁事件对象
	变量读服务	用来读取变量的具体数值
	变量写服务	用来设置变量的具体数值
	信息分发服务	用于分发简单变量、数组变量和结构变量的具体数值

　　如表 10.2 所示,高可用性自动化网络系统管理实体服务一般包含六种。

　　(1) 设备查询请求服务。它通过设备物理位号查询一个对象的网络地址,以实现对象定位功能。在多数情况下,这条服务是以广播的形式发送的,而且设备有可能收不到应答或同时收到多个设备的应答。收到该服务的设备使用设备查询请求应答服务作为该服务的应答。一个离线组态的设备刚加入网络时,应该通过该服务来查询自己的设备物理位号,以检测其物理位号是否与网络上其他设备发生冲突。

　　(2) 设备查询请求应答服务。它作为设备查询请求服务的应答服务,返回被查询对象的网络地址,以及该对象所在设备的设备标识号、设备物理位号。

　　(3) 设备属性设置服务。它是一条证实服务,采用单播方式发送,用户应用程序向设备发送此服务请求以设置设备的物理位号以及其他属性信息。高可用性自动化网络设备对此服务请求做出响应。为了防止误操作,该服务请求中所带参数设备标识必须与该设备的设备标识相匹配,否则该服务执行失败。在执行该服务时,如果设备已经有一个物理位号,那么必须先通过设备属性清除服务清除该物理位号,之后才能设置新的物理位号。

　　(4) 设备信息获取服务。它是一条证实服务,主机发送此服务请求以获得指定设备的属性,同时可以检测该设备是否还在高可用性自动化网络上正常运行。收到设备信息获取服务请求后,如果指定设备在网络上正常运行,该设备就向组态应用进程返回一个正响应;如请求的设备不在高可用性自动化网络上,或链路出现故障,则由高可用性自动化网络系统管理实体向用户应用程序发送一个负响应。

　　(5) 设备属性清除服务。它是一条证实服务,采用单播方式发送。用户应用程序向高可用性自动化网络设备发送此服务请求以清除设备的物理位号,并把高可用性自动化网络设备属性设置为出厂时的默认状态。为了防止误操作,该服务请求中所带参数(设备标识和物理位号)必须与设备的设备标识以及物理位号相匹配,否则该服务执行失败。

　　(6) 设备声明服务。它是一条无证实的服务,高可用性自动化网络设备以设备声明间隔为周期,周期性地发送此服务请求,通知组态应用其在网络上的存在。在多数情况下,这条服务是以广播的形式发送的,而且设备有可能收不到响应或同时收到多个设备的响应。

　　高可用性自动化网络应用访问实体服务包括域上载服务、域下载服务、事件通知服务、事件通知确认服务、改变事件条件监视服务、变量读服务、变量写服务和信息分发服务。

　　(1) 域上载服务。它将高可用性自动化网络设备中域对象的内容上载到用户应用程序,数据是和服务响应一起传输的。

（2）域下载服务。它可以向高可用性自动化网络设备的域中下载数据或程序。在该服务中，数据和服务请求一起传输。

（3）事件通知服务。它用来传输事件通知，即产生的事件通过调用事件通知服务来发送到接收设备。这是一个无证实服务，该服务采用组播或广播方式发送到其他设备上。

（4）事件通知确认服务。它允许用户确认事件通知。用户在收到事件通知以后，调用这个服务来对事件进行确认。这是一个需要证实的服务。

（5）改变事件条件监视服务。它允许锁住或解锁事件对象。

（6）变量读服务。它用来读取变量的具体数值。这是一个证实服务，采用点对点通信方式将数值传递到网络上的设备。

（7）变量写服务。它用来设置变量的具体数值。这是一个证实服务，采用点对点通信方式将数值传递到网络上的设备。

（8）信息分发服务。它用于分发简单变量、数组变量和结构变量的具体数值。它主要用于功能块之间输入输出参数的相互传递，可以用一对多的组播或广播通信方式将数值传递到网络上的多个设备。

2）应用服务漏洞的检测

高可用性自动化网络的应用服务分为高可用性自动化网络应用服务和 IT 类服务。

（1）高可用性自动化网络应用服务的漏洞。高可用性自动化网络管理实体服务是组态 PC 用于管理现场设备的，而现场设备报文默认所有管理实体服务报文的合法性，对于任何设备发出的高可用性自动化网络管理实体请求服务均做出回应。所以，设备查询请求服务、设备信息读取服务、设备属性设置服务、设备属性清除服务都可能存在访问控制漏洞。此外，高可用性自动化网络管理实体服务可能面临服务欺骗、重放、篡改等漏洞，高可用性自动化网络时钟同步服务可能面临主时钟欺骗漏洞。

（2）IT 应用服务漏洞。它包括 FTP 弱口令、CGI 漏洞、IIS 漏洞、SNMP 漏洞、SMTP 漏洞等。

通过对高可用性自动化网络应用服务和 IT 服务的漏洞检测进行应用服务漏洞的安全测试，这也是对高可用性自动化网络现场层和过程监控层设备进行安全测试的主要测试项。

3）数据传输漏洞的检测

针对高可用性自动化网络设备与组态设备，通过对网络中报文的捕获和解析，测试数据传输过程是否安全。明文的数据传输可能面临报文重放攻击、机密信息非法获取、关键数据篡改等攻击。

3. 高可用性自动化网络网桥/网关的安全测试

通过对高可用性自动化网络安全威胁的分析,参考 NIST-800 系列规范和高可用性自动化网络通信的特点,根据高可用性自动化网络网桥/网关不同于普通高可用性实时以太网现场设备的特征,分析对高可用性自动化网络网桥/网关的安全测试内容。

1) 协议漏洞的检测

高可用性自动化网络是一种高度开放的控制网络,它使用了 TCP/IP 协议,会受到包括泛洪攻击、ICMP 重定向攻击、ARP 欺骗攻击等信息网络以及控制协议的安全威胁。

2) 拒绝服务漏洞的检测

网桥/网关在网络中负责报文转发和部分安全功能,如果遭受拒绝服务攻击,无法对网络报文进行转发,则可能导致现场设备层一些紧急的报警报文无法及时传送到过程监控层的控制室,从而导致重大安全事故。

10.2.3　测试模型

1. 测试方式

(1) 内网测试。内网测试指的是安全测试人员从控制网络内部发起测试,这类测试能够模拟网络内部违规操作者的行为。最主要的优势是绕过了防火墙的保护。

(2) 外网测试。外网测试指的是安全测试人员完全处于外部网络(企业信息管理层,甚至是 Internet 层),模拟对控制网络内部状态一无所知的外部攻击者的行为。

(3) 不同微网段/VLAN 之间的测试。这种安全测试方式是从某内/外部网段,尝试对另一网段/VLAN 进行渗透。

注意,由于安全测试可能影响控制网络的性能甚至中断通信,所以对工业控制网络的安全测试最好在备份网络中进行或对测试过程进行监控。

2. 设备测试模型

根据对测试对象的分类和对测试内容的分析,为高可用性自动化网络中各类核心资产进行测试建模,对于不同的设备进行不同的测试。

(1) 高可用性自动化网络管理层设备的测试模型如图 10.2 所示。

管理层设备一般是信息网络常见设备,包含操作系统漏洞、协议漏洞、服务漏

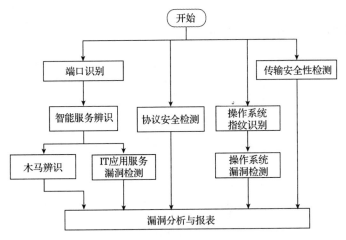

图 10.2　高可用性自动化网络管理层设备的测试模型

洞等多种安全威胁。测试模型中先根据设备开放的端口辨识其提供的应用服务漏洞,同时检测可能的木马端口,紧接着对设备上所运行的协议进行测试,通过对操作系统的辨识进一步确认其漏洞,最后对设备的传输安全进行检测,所有测试结果汇总后,生成漏洞分析结果与测试报表。

　　(2) 高可用性自动化网络现场层和过程监控层设备的测试模型图 10.3 所示。

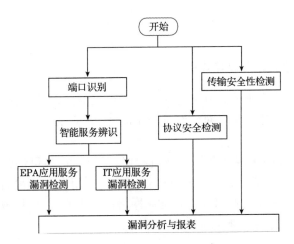

图 10.3　高可用性自动化网络现场层和过程监控层设备的测试模型

　　现场层和过程监控层的设备运行的是 EPA 协议,操作系统一般是嵌入式系统,对其端口辨识后,进行相应的 EPA 应用服务漏洞和 IT 应用服务漏洞测试,同时进行协议栈测试和安全传输测试,所有测试结果汇总后,生成漏洞分析结果与测试报表。

（3）高可用性自动化网络网桥/网关的测试模型如图 10.4 所示。

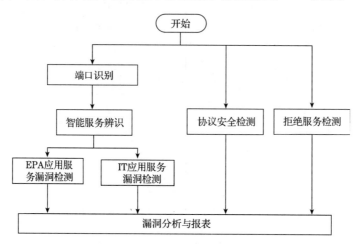

图 10.4　高可用性自动化网络网桥/网关的测试模型

网桥/网关负责联通各个微网段，主要功能是提供报文转发和访问控制，因此与网桥/网关的测试与现场设备相比，仅将传输安全测试换成了拒绝服务测试。

10.3　安全测试技术

10.3.1　高可用性自动化网络设备发现及分类测试

测试前，需要对控制网络中存活的设备进行探测，这样可以绕过不存活的设备，加快测试速度。对发现的网络设备测试时，需要依照不同设备类型调用不同的测试模型。

对高可用性自动化网络现场层和过程监控层设备、高可用性自动化网络网桥/网关设备的安全检测，是通过分析捕获到的高可用性自动化网络设备在控制网络中以广播形式发送的高可用性自动化网络设备声明报文，提取声明报文中的 IP、MAC、pd_tag 等信息，判断设备存在。

10.3.2　操作系统平台识别

许多安全漏洞是与操作系统紧密相关的，对高可用性自动化网络的入侵者来说，识别操作系统是成功攻击非高可用性自动化网络设备的前提；对于依赖通用操作系统的非高可用性自动化网络设备，需要在漏洞检测时测试系统漏洞；而对于 UC/OS 等实时操作系统和无操作系统的高可用性自动化网络网桥/网关和高可用性自动化网络现场层和过程监控层设备，无须进行操作系统平台测试。

10.3.3　端口识别

进行端口扫描，可以快速获得被高可用性自动化网络中各设备开放的服务。通过端口识别，可以发现设备开放的无用端口和可能的木马，对于可能运行木马的端口给出警示。

以下提出两种扫描方式：

（1）全开扫描（open scan）。这是最基本的一种扫描方式。它通过直接同目标设备进行一次完整的三次握手过程（SYN、SYN/ACK 和 ACK）来检查目标相应端口是否打开。它的一个特点是不需要任何的特权另一个特点是速度非常快，而且可以通过多线程来加快扫描的速度。

（2）UDP 扫描（UDP scan）。这种方法使用 UDP 协议，它往目标端口发送一个 UDP 分组。向一个未打开的 UDP 端口发送数据包时，许多设备会返回一个 ICMP-PORT-UNREACH 错误，这样就可以判断哪个端口是关闭的。但这种扫描方法相对较慢，因为 RFC 对 ICMP 错误消息的产生速率做了规定。

10.3.4　智能服务辨识

对于监控层的信息设备，除了开放必要服务外，应尽量少开放端口和服务，否则极易遭受攻击。所以，有必要对开放服务的情况做测试。根据 RFC1700 的规定，已分配端口与网络服务是一一对应的。例如，21 端口通常是 FTP 服务，但某些安全意识较强的系统管理员，有可能故意将服务开设到非标准端口。安全测试系统应该具备智能辨识开设在非标准端口的服务类型的能力。

10.3.5　高可用性自动化网络漏洞检测

1. 漏洞资料库

从事高可用性自动化网络安全测试与评估技术的研究，不但要研究各种入侵技术，而且必须针对高可用性自动化网络自身的特点设计和研究入侵技术。然而，入侵的方法千奇百怪，而且数量惊人。为了能有效地、系统化地研究安全漏洞，必须把各种零乱的资料整理成资料库。漏洞资料库通常是在分析网络系统安全漏洞、黑客攻击案例和网络系统安全配置的基础上形成的。所以，如果要构建一个完整的漏洞资料库，往往需要一个庞大的研究队伍对高可用性自动化网络中信息安全漏洞进行持续的研究。

针对高可用性自动化网络特点，借鉴 CVE（common vulnerabilities and exposures）和网络上公布的一些资料，整理并设计了一种实用的漏洞资料库。漏洞资料库的内容根据信息安全特点及之前分析的漏洞进行筛选和添加形成，提供高可用性自动化网络中可能存在的安全漏洞信息和解决方案。漏洞资料库的详细结构如图 10.5 所示。

索引编号	漏洞名称	漏洞描述	CVE 编号	漏洞等级	测试代码	解决方案

图 10.5　高可用性自动化网络漏洞资料库结构图

其中：

（1）索引编号是漏洞在漏洞资料库中的编号。

（2）漏洞名称为漏洞库的中文名称。

（3）漏洞描述是对安全漏洞的详细介绍，阐述漏洞产生的原因和漏洞被利用后可能的安全威胁。

（4）CVE 编号是指该漏洞对应的 CVE 编号，若该漏洞为高可用性自动化网络本身特有的漏洞则无此编号。为了安全测试系统的标准化和国际化，采用"通用漏洞列表"中的 CVE 编号作为漏洞名称。

（5）漏洞等级是根据高可用性自动化网络特点对漏洞严重性的评价等级值。

（6）测试代码字段是此漏洞的检测代码，漏洞检测模块提取该字段构架测试报文进行漏洞检测。

（7）解决方案是漏洞的修补方法。一般安全漏洞可以通过下面几种方法解决：关闭不需要的网络服务、下载安装相关的漏洞补丁、在高可用性自动化网络中添加或合理配置防火墙进行访问控制、对漏洞所涉及的相关网络服务进行正确的配置、软件升级等。

2. 漏洞检测特点

漏洞检测在危险发生前帮助系统管理人员先于入侵者识别和确定不希望出现的服务和安全漏洞，并及时弥补、加固高可用性自动化网络安全。

漏洞检测主要是通过从漏洞特征库中抽取特征报文或在测试插件中构造特殊测试报文进行扫描和检测，主要检测高可用性自动化网络设备的高可用性自动化网络应用服务漏洞和 IT 应用服务漏洞、操作系统漏洞、数据库漏洞等。

漏洞检测的原理是测试模块从漏洞特征库中提取测试特征指纹形成测试报文，向测试对象发送测试报文，然后侦听检测目标的响应，并收集返回的信息，而后根据被测对象的响应判断高可用性自动化网络是否存在安全漏洞。此处的漏洞特征库为抽象的概念，实际表现为封装在一条测试插件中的特征匹配对；测试插件完成特征的提取,形成测试报文,接收返回信息并判断是否存在漏洞。

漏洞特征的定义如同入侵检测系统中对攻击特征的定义,是开发安全测试系统的主要工作,其准确性直接关系到安全测试系统的性能。这些特征,有的存在于单个应答数据包中,有的存在于多个数据包中,还有的维持在一个网络连接之中。因此,漏洞特征定义的难度很大,需要反复验证和测试才能确定。

漏洞检测除了采用特征匹配技术,对一些很难用匹配方式或很难用自动方式实现的测试采用模拟攻击检测的方式。测试系统对操作系统漏洞、数据库漏洞、应用服务漏洞等的测试均通过漏洞检测形式实现,对协议漏洞和某些高可用性自动化应用服务漏洞采用了模拟攻击测试的方式实现。当然,漏洞检测只能确定系统表面的漏洞,即孤立的漏洞。定义漏洞风险等级的困难在于漏洞都不是孤立存在的。例如,目标网络存在多个低风险的漏洞,当综合利用它们时,就会造成更大的破坏。一般漏洞扫描无法意识到这种危害,给网络管理人员一个错误的风险认识。一个可靠的确认漏洞风险的方法就是模拟攻击检测。

模拟攻击检测通过模拟攻击的形式对高可用性自动化网络设备进行安全测试,若攻击成功则表示漏洞存在且证实是可以利用的。对于大型复杂系统,这是个很好的方法。与漏洞检测相比,模拟攻击检测可能会降低高可用性自动化网络的性能,甚至中断高可用性自动化网络现场层和过程监控层设备通信。但是,漏洞检测只能猜测漏洞的存在,而模拟攻击测试试图利用这个漏洞并确定它的存在。

3. 漏洞测试

高可用性自动化网络协议部分采用了 TCP/IP 协议,实质是一种分层协议集合,分为网络接口层、网络层、传输层、应用层和用户层。其中,网络接口层对实际网络传输媒介进行管理和控制;网络层提供基本的数据包传送功能,但不保证是否被正确接收;传输层提供进程与进程之间的可靠数据传送服务;应用层负责各个应用程序之间的相互沟通。每一层中又包含了多个具体的协议,协议的安全性主要在网络层、传输层和应用层,对协议安全的测试重点在网络层和传输层。

1) 高可用性自动化网络协议安全测试内容分析

高可用性自动化网络协议族中,位于网络层的协议主要有网际协议(IP)、Internet 组管理协议(IGMP)、Internet 控制报文协议(ICMP)、地址解析协议(ARP)。IP 协议中的主要问题是 IP 地址假冒。理论上一个 IP 数据包是否来自真正的源地址,IP 协议并不作任何可靠保障。任何一台计算机都可以发出包含任意源地址的数据包,这意味着 IP 数据包中的源地址是不可信的。IP 协议中的另一个安全问题是利用源路由选项进行攻击。源路由指定了 IP 数据报必须经过的路径,可以测试某一特定网络路径的吞吐率或使 IP 数据报选择一条更安全、更可靠的路由。但源路由选项使得入侵者能够绕开某些网络安全措施而通过对方没有防备的路径攻击目标主机。

高可用性自动化网络协议为了满足工业现场的实时性要求,一般采用 UDP协议进行信息传输。由于 UDP 协议本身并不能提供可靠的连接,因此在应用层和用户层来保障通信的可靠性。数据链路层与 IP 层之间的通信调度实体是为了保障通信的确定性,避免网络数据包冲突而无法满足实时性要求;应用层提供 14种高可用性自动化网络应用服务,包括设备属性读取服务、设备属性清除服务等;用户层包括用户功能块进程,实现现场设备之间功能块参数的交互。

2) 高可用性自动化网络协议安全测试方法

设计的协议安全测试方法根据各协议特点采用渗透性测试检测方式。具体实现包括欺骗攻击、拒绝服务攻击和泛洪攻击等。

(1) 欺骗漏洞的测试方法。通过修改目的 MAC 地址实现高可用性自动化网络应用服务报文的拦截或窃听高可用性自动化网络应用服务报文,并对报文号、服务号、各种高可用性自动化网络管理信息库对象参数等进行篡改或者破坏,然后以广播的形式延迟发送出去这一方式实现欺骗,再发送到目的地。

通过以上分析高可用性自动化网络应用服务的欺骗漏洞测试,捕获测试对象的服务响应报文并解析,判断转发或重发的服务报文与捕获服务响应报文的服务类型号是否满足相差 64,并且它们的报文号是否相同。在测试的过程中可以利用 ARP 网络欺骗技术来实现报文的拦截,把网卡设置为混杂模式,可以实现服务报文的窃听,然后通过"第三方"转发器来实现服务报文的转发或者是重发。

(2) 拒绝服务的漏洞测试方法。高可用性自动化网络应用服务的拒绝服务漏洞采用资源比拼的拒绝服务模拟攻击类型来进行测试,表现为消耗高可用性自动化网络系统资源。这造成正常的服务请求无法响应或延迟响应。从测试的角度看,首先要确定高可用性自动化网络系统的最大响应时间,把这个时间值作为判断是否满足高可用性自动化网络现场层网络通信实时性要求的一个关键指标(理论上工业级的数据传输实时性要求很高,大约为 100ms);然后以每秒发送大约 15000 个攻击数据包的强度进行拒绝服务攻击,并定时发送高可用性自动化网络服务测试报文,记录每条测试报文的服务响应时间,可以用报文编号来确认请求与响应上的一致。

(3) 访问控制漏洞测试方法。高可用性自动化网络的管理信息库中存放了很多关于高可用性自动化网络系统信息,如设备状态、设备物理位号、设备冗余号、设备 IP 地址、服务最大响应时间、调度时间等,同时还存放了功能块应用进程通信关系的连接对象等关键信息,所以访问控制的关键对象是高可用性自动化网络管理信息库。针对高可用性自动化网络管理信息库的操作,除了高可用性自动化网络管理实体服务,还有变量读和变量写服务。根据高可用性自动化网络应用服务访问控制漏洞的定义,直接构造高可用性自动化网络服务请求报文对高可用性自动化网络管理信息库进行访问,根据响应来判断是否能获取高可用性自动化网络的非授权信息或进行非法操作。

10.4　高可用性自动化网络安全测试系统设计与实现

10.4.1　高可用性自动化网络安全测试流程

高可用性自动化网络安全测试系统的执行,可以是手动模式也可以是自动模式。自动模式可以进行本地安全测试和远程安全测试。

图 10.6 描述了安全测试系统的服务器端进行手动测试的执行流程。

高可用性自动化网络安全测试系统,既可以对高可用性自动化网络中的单独设备进行安全测试,也可以对高可用性自动化网络微网段进行安全测试。当用户通过合法的用户名和密码登录系统后,新建测试实例,并配置测试参数。开始测试后,首先通过设备发现与资产分类模块测试设备的存活状态和基本信息,并识别设备类型是高可用性自动化网络现场层和过程监控层设备、非高可用性自动化网络设备和高可用性自动化网络网桥/网关中的哪一种。跳过不存活的设备;对于存活的设备测试调度引擎,根据测试策略和设备类型,依据不同设备的测试模型调用测试插件进行安全测试,同时可以手动调用模拟攻击工具集进行模拟攻击测试。测试结束后系统生成测试报表。

图 10.7 描述了安全测试系统的远程自动测试的执行流程。

在进行远程自动安全测试前,要在高可用性自动化网络中选择安全测试点部署测试系统服务器端,并启用服务器。首先,在用户通过合法的用户名和密码登录系统客户端,连接服务器成功后,配置测试参数并在加密后发送到服务器端。服务器接收测试指令,解密后调用测试插件自动执行测试。测试完毕后进行漏洞风险评估并在服务端生成安全测试报表,同时将测试结果回传到客户端。客户端接收回传的测试结果在客户端生成与服务器一样的测试报表。至此,测试流程结束。

10.4.2　主要模块的设计与实现

根据设计的网络安全测试的各项关键技术,结合测试系统服务器端的软件结构和测试流程,各主要模块实现如下。

1. 高可用性自动化网络信息探测模块的实现

1) 高可用性自动化网络设备发现与分类模块的实现

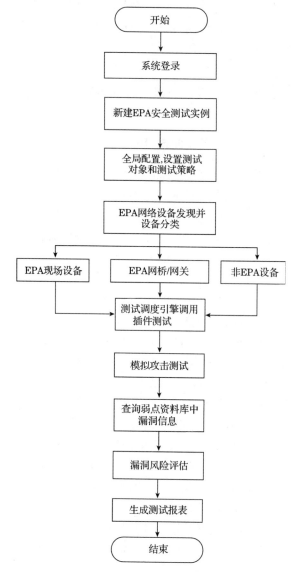

图 10.6　高可用性自动化网络安全测试系统的服务器端手动测试流程图

　　在安全测试时,首先需要测试高可用性自动化网络中存活的设备并根据设备类型分类。测试调度引擎只对存活的设备进行测试从而提高测试速度,网络评估依照存活的设备和设备类型确定网络的资产信息。依照设计的高可用性自动化网络设备发现与分类测试方法,对高可用性自动化网络现场层和过程监控层设备、高可用性自动化网络网桥/网关、非高可用性自动化网络设备的发现和分类采用解析高可用性自动化网络声明报文和 ICMP 探测的方法,具体的实现流程如

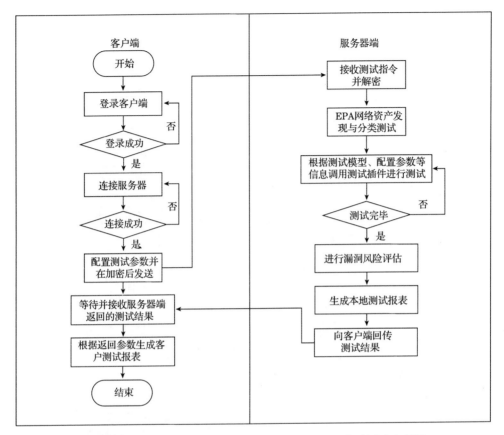

图 10.7　高可用性自动化网络安全测试系统的远程自动测试流程图

图 10.8 所示。

（1）创建辅助线程接收网卡报文。

（2）判断接收的报文是否为高可用性自动化网络报文，如果是则判断是否为高可用性自动化网络设备声明报文。如果是设备声明报文，则通过解析该报文获得设备的 IP、MAC 和设备类型，并将该 IP 插入到已发现设备列表下对应的设备类型队列中。

（3）循环检测等待所有高可用性自动化网络现场层和过程监控层设备、高可用性自动化网络网桥/网关设备上线后，开始检测非高可用性自动化网络设备上线。

（4）获得用户配置的测试范围列表，从中依次取出一个 IP，对比已发现设备列表中的 IP。若存在则取下一个 IP 继续对比，直到取得的 IP 在已发现设备列表中不存在为止；否则，以该 IP 为目的地址构造 ping 报文。

（5）接收 ping 返回报文，如果 ping 返回成功则该设备存在，将此 IP 加入已发现设备列表的非高可用性自动化网络设备队列中。

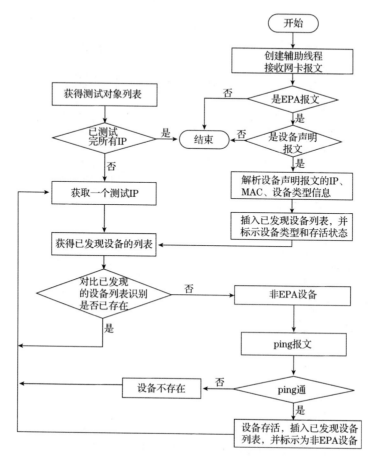

图 10.8　高可用性自动化网络设备发现与分类流程

（6）循环第（4）步和第（5）步，直到遍历完测试范围中的所有 IP。

2）端口识别模块实现

根据高可用性自动化网络特点提出了两种端口识别方法。下面以 TCP 全开扫描为例说明端口识别方法。具体实现时使用了 Socket 套接字机制简化编程，直接使用数据报 Socket，通过调用 Connect()函数连接目标主机的目标端口，根据函数的返回值来进行判断。如果 Connect()调用返回成功标志，则说明完成了一次完整的 TCP 三次握手连接过程，该端口是打开的；否则该端口就是关闭的。读取该端口的响应信息后切断连接，转向下一端口。在实现时建立端口列表存放需要测试的常见端口（为系统测试 160 个常用端口），通过测试常见端口和采用多线程加快了测试速度。

端口识别的主测试程序使用多线程把常用 160 个端口分配到每个线程。多个线程交替测试分配到的端口。

另外,为了防止多个线程同时读取一个端口导致程序错误,在程序实现时必须对多线程进行同步。

2. 高可用性自动化网络漏洞检测模块的实现

高可用性自动化网络漏洞检测模块完成主要的测试过程,对各类 IT 应用服务漏洞、高可用性自动化应用服务漏洞、操作系统漏洞、数据库漏洞、协议漏洞、数据传输漏洞等进行测试。

高可用性自动化网络漏洞检测模块结构如图 10.9 所示。

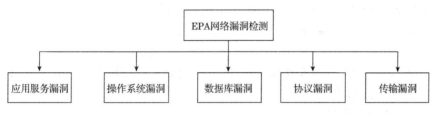

图 10.9　高可用性自动化网络漏洞检测模块结构示意图

其中,IT 应用服务漏洞包括了 Web 服务漏洞、FTP 服务漏洞、SNMP 服务漏洞、Finger 服务漏洞、RPC 服务漏洞、无用服务等;高可用性自动化应服务漏洞包括高可用性自动化网络时钟同步服务、主时钟欺骗漏洞、高可用性自动化网络管理实体服务、访问控制漏洞、高可用性自动化网络服务欺骗漏洞等;操作系统漏洞包括 Windows NT 共享漏洞、Windows NT 弱口令漏洞、Windows NT 用户组漏洞、远程注册表漏洞等;数据库漏洞检测包括数据库版本泄露、弱口令、注入攻击漏洞等;协议漏洞包括 ARP 协议地址欺骗、ICMP 重定向、SynFlood、Smurf、Land-Based、Ping of Death、TearDrop、ARP 欺骗、Fraggle 攻击等。

下面以应用服务漏洞为例来说明安全检测的方法。

通过之前分析可知,应用服务漏洞的检测对于高可用性自动化网络现场层和过程监控层设备、非高可用性自动化网络设备是十分重要的。应用服务分为 IT 类应用服务和高可用性自动化网络应用服务两大类。测试应用服务的前提是准确地辨识所开放的服务。

在系统设计时使用面向对象的编程技术,抽象出所有 IT 应用服务和高可用性自动化网络应用服务漏洞检测过程的共性,首先编写 CServiceTestThread 抽象类,然后针对不同的漏洞检测过程,继承出不同的检测子类,这样有利于代码的重用和系统维护工作。并且,为了系统将来的扩充,本系统在具体实现时将每个服务的测试模块封装在动态链接库中,通过加载动态链接库调用测试线程进行测试。

各服务安全测试类关系如图 10.10 所示,CServiceTestThread 抽象类主要属性说明如下:

CServiceTestThread::strName　　测试服务名称

CServiceTestThread::strDesc　　测试描述

CServiceTestThread::dwDesIP　　目标 IP 地址

主要操作说明如下:

CServiceTestThread::TestFunc()　　测试主函数

CServiceTestThread::PostNote()　　报告检测信息

CServiceTestThread::IsDone()　　　测试是否完成

下面分别以 IT 应用服务和高可用性自动化网络应用服务举例介绍应用服务的安全测试方法与流程。

1) 智能服务辨识

在端口扫描结束后按照设计的智能服务辨识方法进行两次服务辨识。按照设计的智能服务辨识原理,第一次服务辨识主要根据开放端口与服务映射表,对一些端口上的木马、后门进行识别;第二次辨识是通过查询服务特征库,构造请求报文、接收回应的 banner,通过比对识别是否开放了某种服务。

对端口服务映射数据库表的设计如图 10.11 所示。

其中,PortName 是端口名称;ServiceName 是端口上对应的服务名称;Service-Content 是端口服务的内容;ServiceHole 是端口服务常见的漏洞;Solution 是端口服务漏洞的解决建议;Level 是端口服务漏洞的等级。通过端口映射表,不但可以发现端口上开放的服务,还可以发现无用服务、端口和木马端口等信息,对于开放的无用端口或在工业现场不该开放的服务,给出安全提示和解决方案。

服务特征库是一种抽象的提法,在系统具体实现时针对不同的服务将测试报文和匹配规则封装在测试插件中。通过调用测试插件发送、接收报文并进行匹配的方式完成第二次的服务辨识。

2) IT 应用服务漏洞测试

本测试系统测试的 IT 应用服务包括 Web(IIS、CGI)服务、RPC 服务、FTP 服务、SMTP 服务、SNMP 服务、Finger 服务等。根据分析对高可用性自动化网络的不同设备采用不同的 IT 应用服务测试策略。当然,通过全局配置模块用户也可以配置所需要测试的 IT 服务。

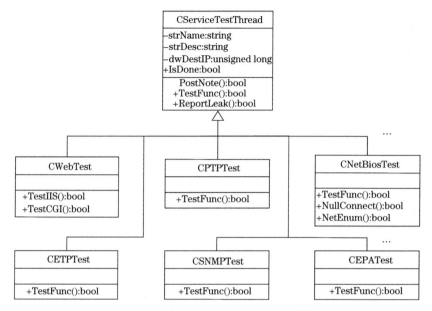

图 10.10　应用服务安全测试线程类 UML 结构关系图

图 10.11　端口服务映射数据库表结构

下面以 Web 服务和 FTP 服务为例说明 IT 应用服务漏洞检测的方法。

其一,Web 服务漏洞检测。

由于高可用性自动化网络中过程监控层的 Web 服务器或嵌入了 Web Server 的高可用性自动化网络现场层和过程监控层设备都可能开放了 Web 服务,而且可能开设多个 Web 服务在不同的端口,所以 Web 服务漏洞检测必须顺序获取智能服务辨识得到的 Web 服务端口号,一一检测。首先使用智能服务辨识模块的结果,判断 Web 服务器类型和版本号。然后有针对性地从漏洞资料数据库中获取相应测试代码构成测试数据包,组包发送。最后将返回的信息与漏洞资料库中的匹配规则进行比较,并报告漏洞。具体实现时在漏点资料库中设置了 TestCode 字段,对测试代码比较简单的漏洞保存基本代码。当测试时,插件循环查询漏洞资料库中 TestCode 字段,构建并发送测试报文就可以实现多个漏洞的测试。

对 Web 服务漏洞的检测包括物理路径泄露、CGI 源代码泄露、目录遍历、执行任意命令、拒绝服务等多个安全漏洞检测。

Web 服务漏洞检测的流程如图 10.12 所示。

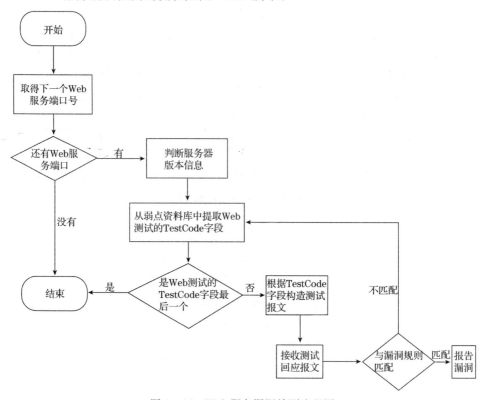

图 10.12　Web 服务漏洞检测流程图

在图 10.12 所示的服务漏洞检测中 TestCode 字段和匹配规则是关键;在系统实现时匹配规则封装在测试插件中,TestCode 在 EPA 漏洞资料库中。下面以 CGI 测试为例说明 Web 服务的匹配测试过程。从 EPA 漏洞资料库中提出如上面所示的 CGI 测试条目,以"GET"+ cigname[i]+"HTTP/1.0\n\n"的格式构成测试报文发送到测试目标。如果接收的测试回应报文中含有"200 OK"字段,则表明匹配成功,系统报告该漏洞;否则无该漏洞。

其二,匿名 FTP 检测。

匿名 FTP 的检测比较简单,它顺序取得智能服务辨识模块得到的 FTP 服务端口号,一一连接,使用匿名进行 FTP 访问。然后有针对性地从漏洞资料数据库中获取相应测试代码构成测试数据包,组包发送。最后将返回的信息与漏洞资料库中的匹配规则进行比较,并报告漏洞。具体实现时在漏点资料库中设置了 TestCode 字段,对测试代码比较简单的漏洞保存基本代码。当测试时插件循环查询漏洞资料库中 TestCode 字段,构建并发送测试报文就可以实现多个漏洞的测试。

匿名 FTP 检测的流程如图 10.13 所示。

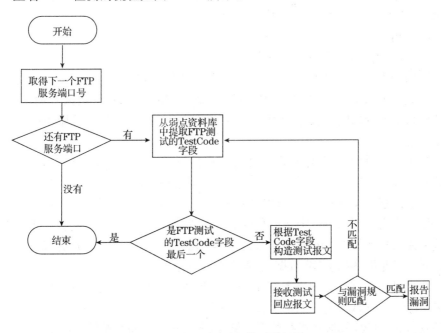

图 10.13 匿名 FTP 检测流程图

在图 10.13 中举例说明了 FTP 服务的匹配测试过程。从 EPA 漏洞资料库中提出一条 TestCode 条目"USER anonymous\r\n"构成测试报文发送到测试目标。如果接收的测试回应报文中含有"331"字段,则表明匹配成功,系统报告 FTP 服务的匿名登录漏洞且匿名用户名为"anonymous";否则无该漏洞。若能匿名登录成功,则继续从 EPA 漏洞资料库中提取 TestCode 条目"SITE chmod 777/\r\n"构成测试报文发送到测试目标。如果接收的测试回应报文不为空,则表明匹配成功,系统报告 FTP 服务允许匿名用户改变主目录属性为可写的漏洞。依此类推,从 EPA 漏洞资料库中循环提出 TestCode 条目就可以测试更多 FTP 服务的漏洞。

3) 高可用性自动化网络应用服务漏洞测试

对漏洞检测技术策略的研究,不同于 PC 机系统资源相对充足,其位于 EPA 现场设备层的 EPA 设备系统资源非常有限,所以不能将测试软件安装在 EPA 系统中。被动式的漏洞检测策略不能实现 EPA 网络的分布式安全测试方式,因此针对 EPA 现场设备的漏洞检测采用主动式的策略;与被动式不同,这种策略下只需将安全测试软件安装在 PC 机上就可以进行基于网络的漏洞检测。漏洞检测需要注意几点:不能对 EPA 现场层网络性能造成较大影响;在网络已组态并正常工作的情况下,不能使 EPA 设备的系统崩溃。

网络入侵的过程一般是利用扫描工具对要入侵的目标进行扫描,找到目标系统的漏洞或脆弱点,然后进行攻击。对于漏洞检测来说,则是利用扫描工具扫描系统,发现系统的漏洞后采取相应的补救措施。

漏洞测试方法主要有以下三种。

其一,拒绝服务漏洞的测试方法。

EPA 网络是基于 UDP 协议进行通信的,通信端口为 35004。鉴于信息网络中 DoS 的模拟攻击方式,同时考虑到 EPA 设备上资源与 PC 的巨大差别,因此高可用性自动化网络应用服务的拒绝服务漏洞采用资源比拼的拒绝服务模拟攻击类型来进行测试。

UDP 是一种无连接的协议,它不需要用任何程序建立连接来传输数据。当攻击者随机地向受害系统的端口发送 UDP 数据包时,就可能发生了 UDP 淹没攻击。当受害系统接收到一个 UDP 数据包时,它会确定目的端口正在等待中的应用程序。当它发现该端口中并不存在正在等待的应用程序时,它就会产生一个目的地址无法连接的 ICMP 数据包发送给该伪造的源地址。如果向受害者计算机端口发送了足够多的 UDP 数据包,整个系统就会瘫痪。

在高可用性自动化网络系统中,EPA 协议会一直等待发送给端口 35004 的 UDP 数据报,EPA 套接字映射实体会根据 EPA 定义的服务号将该 EPA 服务报文转发给相应的应用服务进行处理。例如,服务号是 3 将会被转交给 EPA 系统管理实体中设备信息读取服务进行下一步处理,而服务号为 0x0c 可能会被转交到应用访问实体服务中变量读服务进行处理。总的来说,不管何种服务,它的处理过程都需要分配一定的系统资源,如 CPU 时间以及存储器。如果以足够快的发包速率向 35004 端口发送大量的 EPA 服务报文,EPA 的系统资源会被消耗得非常严重,从而没有足够资源来处理正常的服务请求,导致无法正常地提供 EPA 服务。

EPA 拒绝服务漏洞测试流程如图 10.14 所示。当获取到网卡信息并进行网卡初始化后,原则上选择无应答的 EPA 应用服务来构造 EPA 拒绝服务攻击数据包,并启动 EPA 拒绝服务攻击线程进行持续模拟攻击,然后启动数据报接收线程,以及定时发送测试服务报文线程。EPA 拒绝服务线程调用自定义的动态链接库 EpaTest.DLL 中的测试插件,不断地发送构造好的 EPA 拒绝服务攻击数据包,发包速率大概 15000 个/s,最大可以达到 20000 个/s 左右;定时线程每隔一段时间发送一个服务测试报文,默认为 2s,并开始计数,2min 后自动关闭,然后发送消息关闭服务数据报接收线程和 EPA 拒绝服务攻击线程并返回测试结果。服务数据报接收线程不停地接收来自网卡的 EPA 服务报文,但由于攻击线程不断地

发送 EPA 拒绝服务攻击数据包,所以如果全部捕获并处理,安全测试系统会一直
处于发包和收包的线程处理过程中,使得安全测试系统的主界面线程处于无响应
状态而导致无法正常显示,因此对网卡的过滤规则进行了设置,规则设置为只捕
获符合特定长度的数据包。例如,当发送的服务测试报文为设备信息读取时,只
对字节数为 54、132、130 的 EPA 服务报文进行处理,这样就大大地减少了安全测
试系统的资源开销,并且确保能够捕获到服务测试报文以及该服务的响应报文,
从而可以精确地计算它们进出网卡的时间差,即该次服务的响应时间。

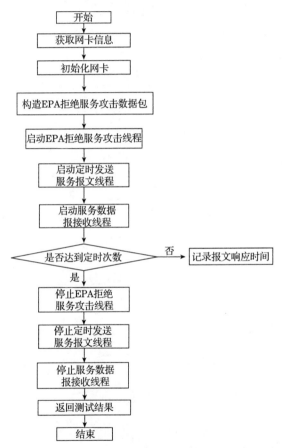

图 10.14　EPA 拒绝服务漏洞测试流程图

其二,欺骗漏洞的测试方法。

EPA 应用服务的欺骗漏洞测试通过拦截或窃听 EPA 应用服务报文,对该报
文进行篡改或者破坏,然后再发送到目的地。篡改的内容为 EPA 字段,包括报文
号、服务号、各种 EPA 管理信息库对象参数等。通过修改 EPA 数据段的内容来实
现欺骗;通过修改以太网帧头的目的 MAC 地址实现 EPA 应用服务报文的拦截以及

转发或者直接窃听广播的 EPA 服务报文然后以广播的形式延迟发送出去。

　　EPA 应用服务的欺骗漏洞测试通过拦截组态设备发送的 EPA 管理实体服务报文,或者窃听 EPA 设备功能功能块进程间的通信的应用访问实体服务报文,修改报文中 EPA 字段的数据并转发或者重发至目的地,然后捕获测试对象的服务响应报文并解析,判断转发或重发的服务报文与捕获报文服务响应报文的服务类型号是否满足差值 64 及报文号是否相同。在测试过程中可以利用 ARP 网络欺骗技术来实现报文的拦截,将网卡设置为混杂模式可以实现服务报文的窃听,然后通过"第三方"转发器来实现服务报文的转发或重发。EPA 应用服务的欺骗漏洞检测流程如图 10.15 所示。

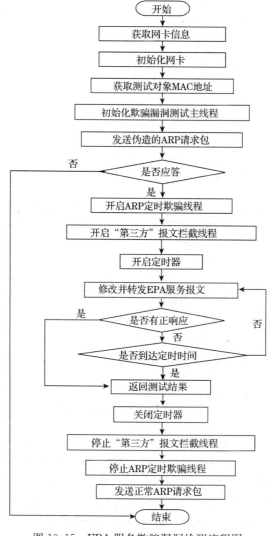

图 10.15　EPA 服务欺骗漏洞检测流程图

　　首先使用智能服务辨识模块的结果,判断 Web 服务器类型和版本号,然后有针对性地从弱点资料数据库中获取相应测试代码构成测试数据包,组包发送,最后将返回的信息与弱点资料库中的匹配规则进行比较并报告漏洞。具体实现时在漏洞资料库中设置了 TestCode 字段,对测试代码比较简单的漏洞保存基本代码,当测试时插件循环查询弱点资料库中 TestCode 字段,构建并发送测试就可以实现多个漏洞的测试。

　　其三,访问控制漏洞的测试方法。

　　这里以匿名 FTP 的检测为例来说明,如图 10.16 所示。

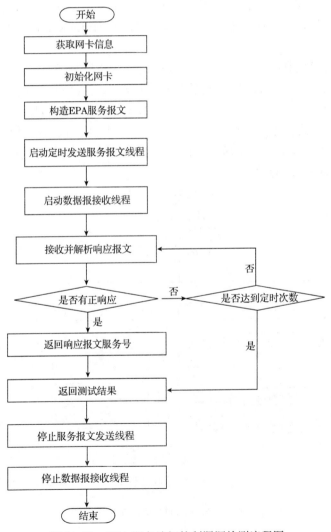

图 10.16　EPA 服务访问控制漏洞检测流程图

它简单地描述了这一检测过程,首先顺序取得智能服务辨识模块得到的 FTP 服务端口号,一一连接,使用匿名进行 FTP 访问。然后有针对性地从弱点资料数据库中获取相应测试代码构成测试代码,构成测试数据包,组包发送,最后将返回信息与弱点资料库中的匹配规则进行比较,并报告漏洞,具体实现时,在漏洞资料库中设置了 TestCode 字段,对测试代码,比较简单漏洞,保存基本代码。

4) 协议漏洞测试

高可用性自动化网络网桥/网关/路由器等设备在高可用性自动化网络中负责网络传输和中转,作用十分重要。而且在实际中往往将防火墙等安全措施加在网关等设备上,所以对其安全性的测试也是非常必要的。目前,对这类设备的安全测试主要关注以下几种攻击行为:SynFlood、Smurf、Land-Based、Ping of Death 和 TearDrop 等。

通过对协议漏洞的分析,在实现时高可用性自动化网络安全测试系统设计并实现了一个模拟检测工具集,集成了多种协议漏洞的检测模块,包括 SynFlood、Smurf、Land-Based、Ping of Death、TearDrop、ARP 欺骗、Fraggle 攻击等。系统使用面向对象的思想抽象出 CProtocolTest 类,针对具体协议的测试模块对此接口进行实现,其关系如图 10.17 所示。由于该工具集基于手动模拟攻击且方法较为普通,所以在此不详细介绍。

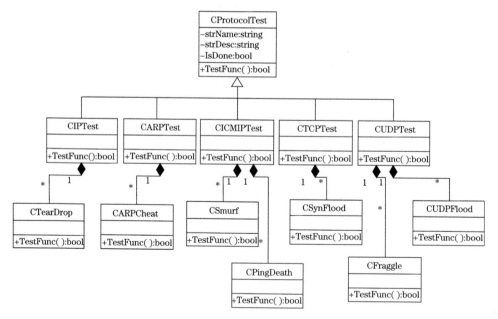

图 10.17　协议漏洞测试的结构关系图

图中,CProtocolTest 是协议漏洞测试的基类,是一个抽象类,用来定义接口。

CIPTest、CARPTest、CICMPTest、CTCPTest 和 CUDPTest 分别是 IP、ARP、ICMP、TCP、UDP 协议的漏洞测试,是 CProtocolTest 的子类,也是对接口的实现。其中,CIPTest 主要完成 TearDrop 攻击、CICMPTest 完成 Smurf 和 Ping of Death 攻击;依此类推,每种协议漏洞测试由一个或多个攻击子模块组成。

3. 高可用性自动化网络漏洞资料库的设计与实现

1）漏洞资料库的结构

本书针对高可用性自动化网络特点,借鉴 CVE 和网络上公布的一些资料,整理并设计了一种实用的漏洞资料库。漏洞资料库的内容根据高可用性自动化网络信息安全特点及之前分析的漏洞进行筛选和添加,提供高可用性自动化网络中可能存在的安全漏洞信息和解决方案。漏洞资料库的详细结构如图 10.5 所示。

其中,ID 为漏洞在高可用性自动化网络漏洞资料库中的编号,方便索引。HoleName 为漏洞库的名称。CVE_ID 是该漏洞在 CVE 中存在时的 CVE 编号,若是该漏洞为高可用性自动化网络协议或网络本身特有的漏洞则无此编号。为了安全测试系统的标准化和国际化,采用“通用漏洞列表”中的 CVE 编号作为漏洞名称。TestCode 是某些漏洞的检测,其测试代码较简单,所以存放在漏洞资料库中,只需要为资料库添加更多的漏洞 TestCode 就可以测试更多的漏洞。Description 是对漏洞的详细描述。Solution 是该漏洞的解决方案,一般安全漏洞可以通过下面几种方法解决:关闭不需要的网络服务、在高可用性自动化网络网络设备上添加防火墙进行访问控制、下载安装相关的漏洞补丁、对漏洞所涉及的相关网络服务进行正确的配置、使用安全的通信协议等。Level 是依据该漏洞的严重性评定的漏洞等级,漏洞等级值越大,漏洞严重程度越高。表 10.3 是本系统设计并使用的一种漏洞严重程度赋值的方法。

表 10.3　漏洞定级表

漏洞等级	标识	定级依据
5	很高	如果漏洞被利用,将对高可用性自动化网络或设备造成完全损害
4	高	如果漏洞被利用,将对高可用性自动化网络或设备造成重大损害
3	中	如果漏洞被利用,将对高可用性自动化网络或设备造成一般损害
2	低	如果漏洞被利用,将对高可用性自动化网络或设备造成较小损害
1	很低	如果漏洞被利用,对高可用性自动化网络或设备造成损害可忽略

高可用性自动化网络漏洞资料库具体在 Access 下的实现如图 10.18 所示。

2）漏洞资料库的访问

安全测试系统对高可用性自动化网络漏洞资料库和用户管理数据库等关系数据库的访问都是通过 ADO(active data object)来实现。ADO 是 Microsoft 数据

图 10.18　高可用性自动化网络漏洞资料库

库应用程序开发的新接口，是建立在 OLE DB 之上的高层数据库访问技术。ADO 技术基于 COM(component object model)，具有 COM 组件的诸多优点，可以用来构建可复用的应用框架，被多种语言支持，能够访问关系数据库、非关系数据库及所有文件系统，可以用统一的方法对不同文件系统进行访问，大大简化了程序编制，增加了程序的可移植性。而且 ADO 支持 C/S 模式与 Web 应用程序，为安全测试系统的分布式应用奠定了基础。

文本在 Visual C++中使用 ADO 来访问漏洞资料库，使用 ADO 的第一步就是加载 ADO 库。

通过预编译指令♯import 加载 ADO 的动态链接库 msado15.dll，并从中取出对象和信息，产生 msado15.tlh 和 ado15.tli 两个头文件来定义 ADO 库。

使用 ADO 对漏洞资料库的访问流程如下：

（1）初始化（OLE/COM 库环境。在高可用性自动化网络 SecurityTestAPP 的 InitInstance 成员函数中调用 CoInitialize(NULL)初始化 OLE/COM 库环境，在最后调用处调用 CoUnititialize()释放占用的 COM 资源。

（2）创建 ADO 连接对象和记录集对象。

（3）在初始化函数中，创建 ADO 与漏洞资料库数据源(basefile)的连接。

（4）通过记录集对象打开数据源中的漏洞资料库表（CVEDB）。

（5）遍历漏洞资料库，查询漏洞信息，通过 GetCollect()函数获得漏洞资料库的每个字段。

（6）调用 Close()函数关闭此次连接。

3）漏洞资料库与其他模块关系

漏洞资料库与测试报表模块、评估模块、漏洞检测模块交互。报表模块和评估模块查询漏洞资料库中详细的漏洞信息和解决方案并进行评估，从而生成安全测试报表。漏洞检测模块从漏洞资料库中提取 TestCode 字段构造测试报文。

4. 测试报表的设计与实现

高可用性自动化网络安全测试报告是对测试结果的分析和总结，必须准确而详细地报告高可用性自动化网络中具有哪些资产、资产等级、安全漏洞、漏洞的等级、建议解决方案等信息，因此测试报表是安全测试系统必不可少的一个重要部分。本书设计的高可用性自动化网络安全测试系统采用 html 和 txt 等格式生成报告，其中 html 格式可以添加图片、表格等元素，可以更形象化地表达信息，用户也只需要用浏览器就可以查看。

为了有效地生成安全测试报告，我们单独编写了报表生成类。只需要三个函数 CreateHtmlReport(生成一个 html 报表对象)、AddContent(向报表添加一个表格、图片或一段文字)、WriteHtmlReport (将 html 报表写入磁盘)就可以完成报告的生成工作，简化了接口。

图 10.19 所示的是测试用例结束后生成的测试报表。由该图可以看出，测试报表详细地指出了测试时间、测试人员、设备摘要、漏洞统计信息和漏洞详细信息、漏洞严重性等级、漏洞风险值和风险等级、建议解决方案等信息。通过安全测试发现了 6 个安全漏洞、1 个安全提示。依照报表中建议的解决方案就可以弥补相应的漏洞，加固 EPA 控制网络的安全。这 6 个安全漏洞分别是 EPA 时间同步服务的主时钟欺骗漏洞、EPA 设备属性清除服务访问控制漏洞、EPA 设备属性设置服务访问控制漏洞、EPA 设备属性读服务访问控制漏洞、EPA 读服务访问控制漏洞和 EPA 写服务访问控制漏洞。1 个安全提示是 ICMP 时间戳请求（CAN-1999-0524）漏洞。

以 EPA 时间同步服务的主时钟欺骗漏洞为例，该漏洞类型为服务漏洞；漏洞严重性等级值为 4(中)；漏洞的风险值为 16(高风险)。漏洞描述如下：由于 EPA 时钟同步服务在实现时，默认 IP 地址最小的设备为系统主时钟，可能会被工业间谍利用来伪装主时钟进行欺骗，从而干扰时钟同步过程和精度，进而影响 EPA 确定性调度。建议解决方案如下：在服务实现时采用合理的最优主时钟选取方法取代最小 IP 主时钟的确定方法，或在 EPA 网桥上添加防火墙，对子网外的该报文进行过滤。

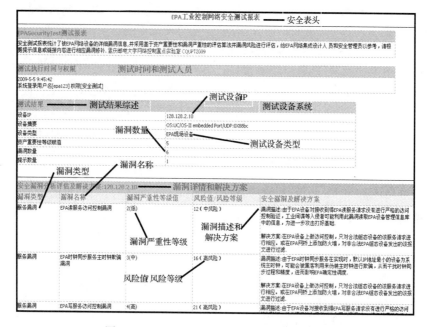

图 10.19　EPA 工业控制网络安全测试报表

5. 测试调度引擎的设计与实现

在安全测试期间,测试调度引擎可以根据各类设备测试模型、全局配置的测试策略、模块间关联等信息对各模块进行调度以加快测试速度。例如,如果测试人员了解某个高可用性自动化网络微网段中的现场设备没有开放 IT 应用服务,可在全局配置时不选择相应的模块,这样测试调度引擎在调用测试模块时跳过 IT 应用服务测试从而避免盲目测试。调度引擎通过之前设计的设备测试模型加载相应的测试模块避免盲目测试,提高测试速度。

测试调度引擎在程序实现时表现为有逻辑联系的"if…then…else"形式的规则和开关量,通过规则和开关量实现设备测试模型和插件间的关联。例如,"if"是高可用性自动化网络设备,"then"进入高可用性自动化网络测试模型调度,"else"进入非高可用性自动化网络测试模型调度。用户对全局配置模块选取的结果就是直接写相应模块的开关状态。例如,用户选取对高可用性自动化网络现场层和过程监控层设备测试其时钟同步服务漏洞,则该服务的开关量被置为真,调度引擎就会加载该模块和相应动态链接库。

此外,各测试插件间调度是按照依存关系建立的,所以在插件组织上应该有先后顺序。如果插件 A 依赖于插件 B 的执行结果,那么插件 A 一定在插件 B 执行完后再调度执行。例如,高可用性自动化网络服务漏洞测试插件用于测试高可用性自动化网络服务安全性;智能服务辨识模块用来识别端口上开放的服务;端口扫描模块用来探测设备开放了哪些端口,只有该设备开放了 0x88CB 端口和高可用性自动化网络服务,才可能对高可用性自动化网络应用服务漏洞进行测试,因此高可用性自动化网络服务漏洞测试插件依赖于端口扫描插件和智能服务辨识模块。

各测试插件间依存关系在程序实现上也表现为"if⋯then⋯else"形式。"if"开放 0x88CB 端口,"then"识别高可用性自动化网络服务并加载高可用性自动化网络服务漏洞测试插件;"if"是开放高可用性自动化网络服务。

6. 测试插件的设计与实现

1) 测试插件的实现

为了便于测试系统的扩展和对代码进行保护,本系统在实现时对漏洞检测模块使用插件技术。测试插件是一个独立的功能模块,每个测试插件都封装一个或者多个漏洞的检测手段。测试调度引擎通过调用插件的方法来执行漏洞检测。通过添加或更新插件就可以使安全测试系统增加更多的测试项目。插件技术使测试系统的扩展和维护变得相对简单。

下面以高可用性自动化网络时钟同步服务漏洞检测类为例说明测试插件调用过程。在 CPTPTest 类中,包括了成员函数 TestPTP()。在 TestPTP()中初始化变量并调用 PTP. DLL 测试插件中的主函数 PTPScan(),其在插件中的函数原型为 BOOL PTPScan(CString m_Ip,CString & strlist,CStringList & smtplist),它封装了对高可用性自动化网络时钟同步服务的漏洞测试过程。目前该测试主要完成了高可用性自动化网络主时钟欺骗漏洞的检测,通过更新 PTP. DLL 库函数就可以更新和添加对时钟同步服务更多的测试条目,增强系统功能。

2) 测试插件更新与系统扩展

网络安全测试是一个动态的过程,随着对高可用性自动化网络安全研究的深入、网络漏洞的日益被发现、网络攻击技术的发展等因素,安全测试系统必须具备动态更新和扩展功能,以实现对更多漏洞的检测。

本测试系统对漏洞的检测主要是通过调用测试插件来完成的,本书设计的测试插件采用动态链接库技术进行实现。动态链接库中函数改变后,只要函数返回值类型、参数类型和数量等不改变,调用这个函数的应用程序并不需要重新编译而可以直接使用。所以,当系统扩展时,只需要更新测试插件中函数内容,在函数中添加更多的测试代码就可以实现系统的扩展。例如,在 PTP.DLL 插件中只要不改变函数返回值等类型,在 PTPScan()函数中添加更多针对高可用性自动化网络时钟同步服务漏洞的测试代码,就可以实现更多的时钟同步服务漏洞检测功能。

此外,在测试系统升级和扩展时,也不需要重新编译代码,只需复制新的 DLL 插件覆盖原先的 DLL 插件就能实现系统的升级和扩展,大大简化了系统的维护。

10.4.3　安全测试系统分析

本测试系统是在深刻理解高可用性自动化网络规范和 NIST-80 系列规范的基础上,以公安部发布的产品标准《信息技术 网络安全漏洞扫描产品技术要求》为参考,依照前面章节设计的测试模型、关键技术等开发而成的。

本测试系统的分析与总结如下:

1) 适用于高可用性自动化网络环境,部署灵活

本系统测试的对象包括过程监控层的设备、高可用性自动化网络网桥/网关、高可用性自动化网络现场层设备等。测试高可用性自动化网络设备存在的弱点,提醒安全管理员,及时完善安全策略,降低安全风险。测试系统基于 C/S 架构,部署方式灵活,可安装于笔记本电脑等移动平台,在高可用性自动化网络中选择测试点并安装上测试系统服务器端,在客户端发送测试指令即可对所在高可用性自动化网络网段所有网络设备进行测试。

2) 对高可用性自动化网络资产分类,扫描检测速度快

本系统对高可用性自动化网络不同资产进行了分类,根据资产类型采用不同测试策略,避免了盲目测试,加快了扫描速度。在检测中,首先通过信息探测模块发掘在线资产,并对资产分类,避免对不存在设备的无谓检测;然后进行端口扫描和服务识别,通过测试调度引擎针对不同的服务进行相应的漏洞检测。并且还对操作系统平台进行识别,这样检测程序更有针对性。同时,在测试插件和模块的程序设计上使用多线程技术,这些措施的运用大大增加了测试的速度。

3) 丰富的脆弱性测试方法,系统易扩充

本测试系统综合使用了应答匹配法和模拟攻击法,根据具体脆弱性方便灵活地选择相应的方法。另外,本系统还采用 DLL 插件技术,通过更新 DLL 插件就可以扩展系统的功能,不仅使系统升级维护变得相对简单,并具有非常强的扩展性。

4) 提供实用的小工具,支持手动测试

测试系统模块化的设计思路,使得很容易在软件复用的基础上将各个模块单列出来,方便安全测试人员有针对性地手动执行对各模块的安全测试。另外,系统还提供了许多小工具,如 SQL 注入攻击工具、拒绝服务攻击工具、ARP 欺骗工具、端口扫描器、网络数据包捕获与分析器、流量监控器等。

5) 测试系统自身安全性

测试系统注重自身安全性,在程序上对服务器端与客户机网络通信实施加密,确保通信数据不被窃听。同时,服务器与客户机软件都具有登录密码保护功能,确保测试系统不被非法使用。系统根据不同用户的身份验证用户的请求,系

统测试工程师、系统管理工程师、系统维护工程师都有各自的权限范围。

10.5　本 章 小 结

本章分析了国内外安全测试研究现状,结合高可用性自动化网络的特点,深入分析高可用性自动化网络面临的安全威胁、安全测试对象、测试内容、测试模型等。通过对相关文献的研究,结合高可用性自动化网络特点,设计了高可用性自动化网络安全测试的关键技术,提出一种高可用性自动化网络测试框架。在分析高可用性自动化网络安全测试系统的需求的基础上,设计并实现了一种基于 C/S架构的高可用性自动化网络安全测试系统。研究表明,通过该安全测试系统,能够对高可用性自动化网络的各类核心资产从技术脆弱性的角度进行测试,从而发现网络漏洞。在高可用性自动化网络深度防御和高可用性自动化网络集成设计方面,高可用性自动化网络安全测试的研究和开发具有非常广阔的前景。

参 考 文 献

[1] ISA SP-99 commlttee. Guide to the ISA-99 standards manufacturing and control systems security[S]. 2005

[2] Matthew F. Vulnerability testing of industrial network devices[R]. Critical Infrastructure Assurance Group, 2003

[3] Poqwe. Computer security issues and trends[R]. CSI/FBI Computer Crime and Society Survey, 2002

[4] Challenges and efforts to secure control systems[R]. United States General Accounting Office, 2004

[5] David K, Mark F. Control systems cyber security: Defense in depth strategies[R]. U S Department of Energy National Laboratory, 2006

[6] GB/T 20278-2006. 信息安全技术 网络脆弱性扫描产品技术要求[S]. 2006

[7] The ten most important security trends of the coming year[R]. Computer and Information Science, 2006

[8] Stuart Katzke, Keith Stouffer, Marshall Abrams, et al. Applying NIST SP 800-53 to industrial control systems[J]. National Institute of Standards & Technology, 2006

[9] David P D. Penetration Testing of Industrial Control Systems[R]. 2008

[10] Keith Stouffer, be Falco, Karcn Scarfene. Guide to industrial control systems(ICS)security[R]. NIST Special publication 800-82. U S Department of Commerce&National Institute of Standards and Technology, 2007

[11] Keith S, Mechanical Engineer. NIST industrial control system security activities[J]. National Institute of Standards & Technology, 2005: 25—27

[12] Jason S, John D. Common Vulnerabilities in Critical Infrastructure Control Systems[R].

Sandia National Laboratories Albuquerque,2003

[13] John W,Miles T,Murugiahs. DRAFT guideline on network security testing[R]. NIST Special Publication 800-42. Recommendations of the National Institute of Standards and Technology,2003

[14] Gary S B,Alice G,Alexis F. Risk management guide for information technology systems [R]. NIST Special Publication 800-42. Recommendations of the National Institute of Standards and Technology,2002

[15] Control systems-cyber threat source descriptions[R]. US-CERT. 2005

[16] Freeman M. Achieving real-time Ethernet[J]. Manufacturing Engineer,2004,83(3): 14—15

[17] 江常青,邹琪,林家骏. 信息系统安全测试框架[J]. 计算机工程,2008,34(2):130—132

[18] ISO 18504-2002:Common evaluation methodology[S]. 2002

[19] ISO 15408-1999:Common criteria for information technology security evaluation[S]. 1999

[20] Felser M. Real-time Ethernet-industry propective[J]. Proceedings of the IEEE,2005, 93(6):118—1129

[21] 解艳. 关于计算机网络安全评估技术的探究[J]. 科技视界,2011,22:55,56

[22] 美国桑迪亚国家实验室. 桑迪亚国家实验室开展油气工业网络安全研究[P]. 2005

[23] GB/T 20171-2006:用于工业测量与控制系统的 EPA 系统结构与通信规范[S]. 2006

[24] 王永强,叶昊,王桂增. 网络化控制系统故障检测技术的最新进展[J]. 控制理论与应用, 2009,(4):400—409

[25] 张玉清,戴祖锋,谢崇斌. 安全扫描技术[M]. 北京:清华大学出版社,2004

[26] 杨凡,蒋建春,卿斯汉. 弱点数据库的设计及其实现. 计算机科学,2002,29(6):76—79

[27] 王平,等. 工业以太网技术[M]. 北京:科学出版社. 2007

[28] 王浩,吴中福,王平. 工业控制网络安全模型研究[J]. 计算机科学. 2007,34(5):96—98

[29] 曲春军. 工业控制系统的网络化的应用现状与发展[J]. 中国科技信息,2005,(4):24—24

[30] 冯冬芹,金建祥,褚健. 工业以太网关键技术初探[J]. 信息与控制. 2003,32(3):219—224

[31] 冀振燕. UML 系统分析设计与应用案例[M]. 北京:人民邮电出版社,2003

[32] [美]Scott Meyers 著. Effective C++中文版[M]. 侯捷译. 北京:电子工业出版社,2006

[33] 杜伟奇,王平,王浩. 工业控制系统中安全威胁分析与策略[J]. 重庆邮电学院学报:自然科学版,2005,17(5):594—598

[34] 吴亚非,李新友,禄凯. 信息安全风险评估[M]. 北京:清华大学出版社,2007

[35] 杨富国. 网络设备安全与防火墙[M]. 北京:清华大学出版社,2005

[36] 杨宪慧. 工业数据通信与控制网络[M]. 北京:清华大学出版社,2003

[37] 王春喜,孙大林,金青. 透明工厂网络的安全性分析与解决方案——用于工业控制网络的以太网[J]. 仪器仪表标准化与计量,2006,(1):4—6

[38] 王春喜. IEC/TC 65:安全性与保安性的未来工作与考虑[J]. 仪器仪表标准化与计量, 2005,(5):9—10

第 11 章　高可用性自动化网络的应用

11.1　基于 IEC61850 标准的智能变电站

智能变电站是指基于 IEC61850 标准,采用先进、可靠、集成的智能设备,以全站信息数字化、通信平台网络化、信息共享标准化为基本要求,自动完成信息采集、测量、控制、保护、计量和监测等基本功能,并可根据需要支持电网实时自动控制、智能调节、在线分析决策、协同互动等高级功能的变电站[1]。

智能变电站整体系统架构分为过程层、间隔层和变电站层。过程层包括变压器、断路器、隔离开关、电流/电压互感器等一次设备及其所属的智能组件,以及独立的智能电子装置。

间隔层一般指继电保护装置、系统测控装置、监测功能组主 IED 等二次设备,实现使用一个间隔的数据并且作用于该间隔一次设备的功能,即与各种远方输入/输出、传感器和控制器通信。

变电站层包括自动化站级监视控制系统、站域控制、通信系统、对时系统等,实现面向全站设备的监视、控制,告警及信息交互功能,完成数据采集和监视控制、操作闭锁,以及同步相量采集、电能量采集、保护信息管理等相关功能。

图 11.1 所示是智能变电站的各层信息交互示意图,具体包括:①过程层与间隔层之间的通信,即过程层的智能传感器和执行器与间隔层的装置之间的信息交互;②间隔层内部的信息交换;③间隔层之间的通信;④间隔层与变电站层的通信;⑤变电站层不同设备之间的通信。

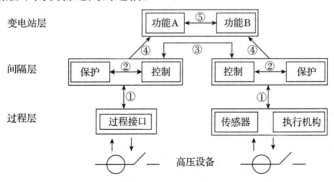

图 11.1　智能变电站信息交互示意图

　　IEC61850 标准基于可交换的网络技术定义了站级总线、过程层总线两种总线结构。其中,站级总线主要处理站级与间隔层各控制设备之间通信,过程层总线处理间隔层与过程层各种智能一次设备之间的通信。图 11.2 所示为智能变电站两级总线的系统架构。

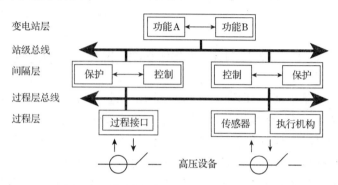

图 11.2　智能变电站两级总线的系统架构

　　智能变电站是以高度可靠的智能设备为基础的,对通信系统的要求即是对智能设备的要求。同时,IEC61850 按装置层冗余配置、通信层冗余配置、应用层冗余配置三个层次对变电站自动化系统的冗余配置方案进行了描述。装置层冗余配置是在智能电子设备(IED)内部实现功能冗余,通过增强装置的可靠性来提高系统的可靠性;通信层冗余通过增强通信的可靠性来提高系统可靠性;应用层冗余配置通过应用多套保护系统来提高系统的可靠性。IEC61850 对装置层冗余配置和应用层冗余配置进行了完善的描述,但对通信层冗余配置的描述并不完善。

　　根据 IEC TC5 委员会第 10 工作小组的汇编整理可以得到智能变电站的可用性要求[2],主要分为通用要求、故障恢复时间要求、协议相关性要求。

　　1)通用要求

　　变电站需常年稳定运行,极少停运进行维护,从而要求设备具有实时更换的能力,在出现故障时,冗余设备具有可植入性;同时,被检修设备在检测完成后可以随时加入,即具有再植入能力。

　　2)故障恢复时间要求

　　在被保护的系统中,出现网络故障后,被保护的元件一般会产生两种结果:

　　(1)超功能范围。系统不必要的停运。

　　(2)欠功能范围。系统不被保护,同时运行变得不稳定。由故障元件带来的次生性的内部和外部故障,将会给系统带来严重的危害。

　　对于变电站自动化系统而言,一般的设计要求是网络故障不会导致系统出现欠功能范围。但是有可能导致超功能范围出现,这是由于错误的数据会被标记为不安全,并有可能导致系统退出运行。系统在出现故障时依然能够保持运行的时间称之为宽限时间,这就要求网络在出现故障并恢复的时间要小于系统的宽限时间。

IEC TC57 定义了系统各种工况下网络恢复的时间要求,如表 11.1 所示。

表 11.1　各种工况下网络恢复的时间要求

通信描述	总线	恢复时间/ms
SCADA 到 IED,客户端—服务器端	站级总线	400
IED 到 IED 联闭锁信号	站级总线	4
IED 到 IED 反向闭锁信号	站级总线	4
母线保护装置	站级总线	0
SV(采样值)	过程总线	0

3) 协议相关性要求

冗余方案不应依赖于 IEC61850 协议来实现它的功能。不符合 IEC61850 协议的设备也可接入,同符合 IEC61850 的智能设备一样,在系统中发挥作用。

11.2　基于 IEC62439 标准的环网模块

随着计算机网络、通信和控制技术的发展,以太网技术在工业控制领域中的应用备受关注,但控制系统的高可用性和稳定性成为了制约工业以太网发展的最大阻碍。鉴于此,各个厂家提出了不同的冗余解决方案[3]。但事实上,由于缺乏一个普遍被认可的网络冗余解决方案,这已经开始威胁整个系统的互操作性的实现:彼此之间接口的不兼容,严重降低了整个系统建设的有效性。

IEC SC65 委员会第 15 工作组针对如何建设调试有效的自动化网络及时颁布了 IEC62439 标准,它对于冗余网络做出了专门的规定,是一个通用性的标准。它通过以下两种方式来提高自动化网络的可靠性:网络冗余和节点冗余。此标准适用于所有的工业以太网[3]。

本实验室开发的环网模块,内嵌 MRP、DRP 等 IEC62439 标准中所述网络冗余协议,可方便地组成冗余环网,提高网络的可用性,提高系统建设的速度以及有效性。

环网模块是为了使设备迅速具有网管型的功能而开发的嵌入式模块,它将多个站点的以太网信号复合到冗余环形链路中传输,可以广泛应用于电力配网自动化、水利水电监控系统、水处理监控系统等设备当中。

环网模块具有 10/100M 以太网环网结构,支持全局网管,能够将多个站点的以太网信号复合到环形(光纤)链路中传输,支持对光纤环路的自动检测和倒换。

环网模块带有 10/100Base-T(x)自协商的以太网口。上连口有两种工作模式:环网模式与普通模式。工作在普通模式时,可与普通的以太网终端或光纤收发器相连。工作在环网模式时,可实现环网自愈的功能。环网模式支持 VLAN 标准以控制广播域和网段流量,提高了网络性能、安全性和可管理性。

环网模块支持电源冗余,符合工业级设计要求,为系统的可靠运行提供了多重保障。用户通过简单配置即可实现形式多样的以太网,或者通过在工业设备中嵌入该模块,就能轻易为用户设备带来具有工业性能的冗余环网功能。

1) 物理结构

(1) 模块尺寸:90mm×120mm×10mm(长×宽×高)。

(2) 两个以太网电接口:10/100Mbit/s 自适应(RJ45 接口)。

(3) 两个以太网光接口:100Mbit/s(ST 接口)。

2) 技术参数

(1) 电源输入范围:直流 4.5~5.5V。

(2) 启动电流:小于 700mA。

(3) 模块功耗:小于 3.8W。

3) 性能指标

(1) 自愈时间:小于 50ms。

(2) 光纤最高速率:125Mbit/s。

(3) 转发速度:148810pps。

(4) 最大过滤速度:148810pps。

(5) 传输方式:存储转发。

11.3　环网模块硬件设计

11.3.1　硬件结构介绍

环网模块整体硬件结构采用模块化设计,从功能上主要分为四个部分,分别是微处理器模块、以太网控制器模块、接口模块和电源模块。硬件结构示意图如图 11.3 所示。其中,微处理器模块的主要功能是处理相关冗余控制信息;以太网控制器模块包括以太网 MAC 层控制器与以太网 PHY 层控制器两部分,两者之间通过 SS-SMII 接口相连,MAC 层控制器通过此接口监视和控制 PHY 层控制器,此模块主要用来处理以太网数据传输;接口模块主要是对外提供两个以太网电口、两个光纤接口,它们可以通过开关切换;电源模块完成环网模块的供电功能。

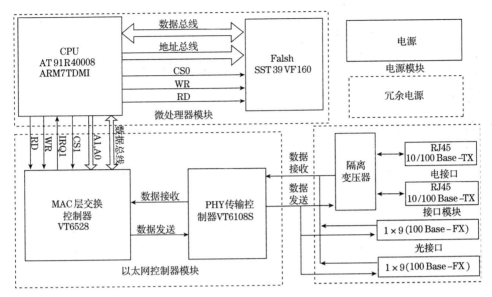

图 11.3　环网模块硬件结构示意图

11.3.2　微处理器模块设计

本设计中选用 Atmel 公司的工业级芯片 AT91R40008 作为核心控制器,该芯片以 ARM7TDMI 内核为基础[4,5],属于 Atmel 公司 AT91 16/32 位处理器家族,正常工作范围满足工业级温度范围-40~85℃。这款处理器具有高性能的 32 位 RISC 结构和 16 位的指令集,具有功耗低等特点。另外,256KB 的片上 SRAM 和众多的内部寄存器使处理器具有很高的执行速度,保证控制的实时性[4]。

本设计中,由于 AT91R40008 片内没有集成 ROM,所以在设计中外拓了 Flash。选用了美国 SST 公司的 SST39VF160 芯片,它是一个 1MB×16 的 CMOS 多功能 Flash 器件,操作电压为 2.7~3.6V。

11.3.3　以太网控制器模块设计

以太网控制器模块是整个设计的核心控制部分,主要包括以太网 MAC 层控制器与以太网 PHY 层控制器两部分,两者之间通过 SS-SMII 接口相连,整体设计采用中国台湾 VIA 的 VT6528+VT6108S 网络控制器[6,7]解决方案。

本设计采用的 MAC 层控制器芯片是中国台湾 VIA 公司的 VT6528 芯片。这是一个 Layer2+层的单芯片以太网交换控制器,它具有 8.8Gbit/s 的核心交换带宽和 6.6Mbit/s 的数据包吞吐量,能够在 24 个 10/100BaseX 以太网端口和两个 10/100/1000BaseX 以太网端口[8]间提供无阻塞的数据包过滤和交换[6]。图 11.4 为 VT6528 内部结构。

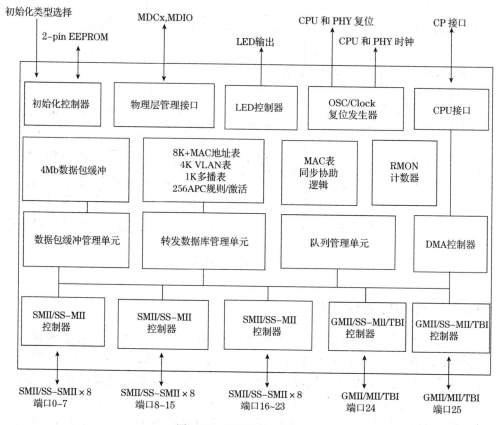

图 11.4　VT6528 内部结构

图 11.5 为以太网 MAC 层控制器 VT6528 部分电路原理图。VT6528 通过硬件配置来选择初始化方式。本设计通过下拉 MDC1、上拉 MDC0 管脚来选定系统的初始化方式为 CPU 初始化。SMII 输入频率为 125MHz，外部时钟采用 25MHz 的晶振输入，上拉 OSC 和 PLL 管脚，内部利用锁相环电路倍频。

本设计采用的 PHY 层控制器芯片是中国台湾 VIA 公司的 VT6108S 芯片。VT6108S 是支持 8 端口、10BASE-T 及 100BASE-T/FX 的物理层传送接收器，支持 SMI 及 SMII 接口，传输速度可达 10/100Mbit/s，每口皆支持 PECL，适用产品面极广。另外，VT6108S 适用 UTP/STP/Fiber 传输线、内建 CMOS 处理器，耗电量极低[7]。图 11.6 为 VT6108S 内部结构。

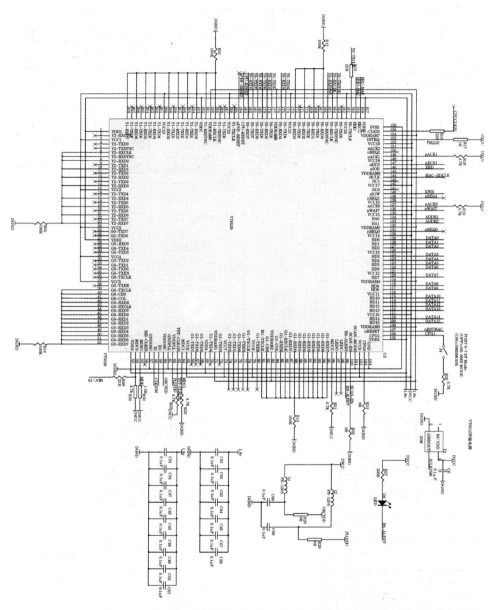

图 11.5 以太网 MAC 层控制器 VT6528 部分电路原理图

VT6108S 通过 SS-SMII 接口与 VT6528 相连。VT6528 将通过 MDIO 对 PHY 的相应寄存器赋值,告诉 PHY 采用哪种速率进行数据通信。同时,可以通过上拉或下拉 SEL_FX[1:0]管脚,选定下接以太网口的通信方式是光纤接口还是电接口。图 11.7 为以太网 PHY 层控制器 VT6108S 部分电路原理图。

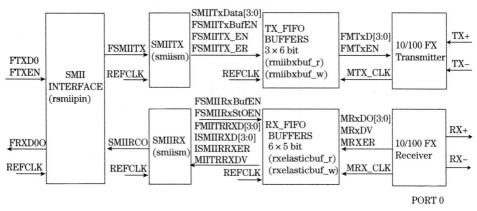

图 11.6　VT6108S 内部结构

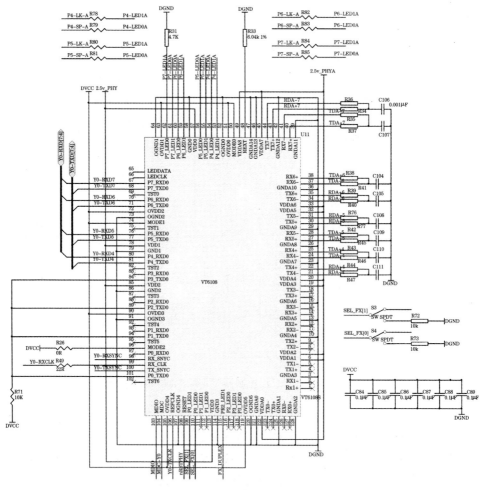

图 11.7　以太网 PHY 层控制器 VT6108S 部分电路原理图

11.3.4 以太网接口模块设计

在网卡芯片与 RJ45 接口之间需要采用隔离电路,电路如图 11.8 所示。隔离器有两个作用:一是隔离器两端采用了不同的供电电压,直连有可能烧坏芯片,用隔离器隔离,只让信号跳变感应过去,起到降压的作用;二是网卡芯片在和外部的普通双绞线进行通信时采用的是收发差分信号,差分信号的引入提供了网络数据的抗干扰能力。在进行实际设计时需要对内外网络数据信号进行有效的隔离,来保证内部数据的可靠性,进一步减小外部干扰的影响。在本设计中采用了PH406466 网络隔离器来对内外的网络数据进行有效的电气隔离。

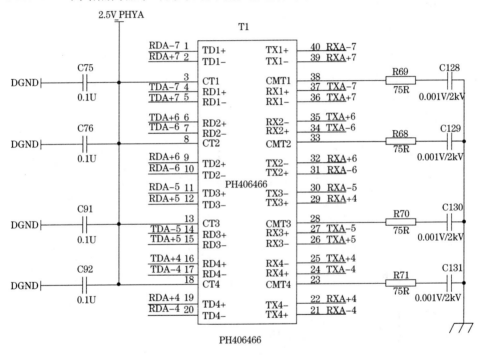

图 11.8 隔离变压器电路原理图

PH406466 是一款隔离变压器,RJ45 中使用四根信号线:两根用来接收,两根用来发送。一对信号线中的一根承载 0～2.5V 的信号电压,而另一根负载的电压是 0～2.5V,因此就可以产生一个 5V 的信号差,而网卡芯片使用 2.5V 电源,所以隔离器发送端的变压比是 1∶1,接收端的变压比是 1∶2。RDA±为接收线,TDA±为发送线,经隔离后分别与 RJ45 接口的 RXA±、TXA±端相连。

11.3.5 光纤接口模块设计

VT6108S 是 8 端口百兆 PHY 芯片,且支持 100Base-FX,可以通过拉高或拉低其 109、110 引脚,得到 SEL_FX[1:0] 的不同值,从而设置其哪几个端口支持光纤传输。具体配置如表 11.2 所示。

表 11.2 光纤端口配置表

SEL_FX[1:0]	介质类型							
	端口 0	端口 1	端口 2	端口 3	端口 4	端口 5	端口 6	端口 7
2'b11	UTP	UTP	UTP	UTP	UTP	UTP	UTP	UTP
2'b10	UTP	UTP	UTP	UTP	UTP	UTP	UTP	FX
2'b01	UTP	UTP	UTP	UTP	UTP	UTP	FX	FX
2'b00	FX	FX	FX	FX	FX	FX	FX	FX

注:UTP——10Base-T/100Base-TX;FX——100Base-FX

在本设计中,在 VT6108S 的 109 引脚和 110 引脚后分别接有一个拨动开关,方便其引脚拉高或拉低,在使用光纤接口时,按照对应值拨动开关即可。在 PCB 板上预留下标准光纤收发模块封装,使用时可根据需要选择焊接光纤模块或 RJ45。图 11.9 为光纤收发模块及 RJ45 接口部分电路图。

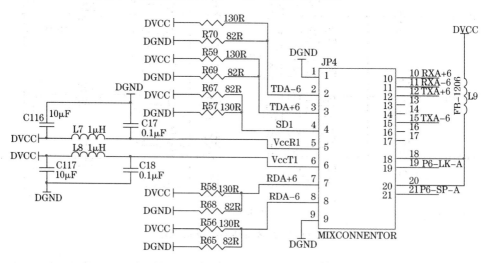

图 11.9 光纤收发模块及 RJ45 接口部分电路图

本设计中推荐使用美国安捷伦公司的 AFBR-5803AZ/5803ATZ 系列[9]光纤模块。此系列光纤模块采用专门设计,为快速以太网的实施、产品的系统设计以及 FDDI 和 ATM 的设计提供 125M 带宽的光纤通道,其速率为 100Mbit/s。

此系列光纤模块支持多模应用,最远可支持 2km 的距离,其工作电压为 3.3V/5V,单电源供电,并采用符合业内标准的 1×9 封装形式及 SC/ST 双工连接器,这些收发模块使用 1300nm 的 VCSEL 激光器,实现了从 −10～85℃ 的更广泛的操作温度范围[9]。

11.3.6 电源模块设计

出于整体功耗的考虑,环网模块的输入电压为 5V,然后通过 DC/DC 转换得到各种芯片工作所需的各级直流电源。表 11.3 为对各级电源功率需求的统计。

表 11.3 各级电源功率统计

芯片名称	芯片数	工作电压/V	最大工作电流/mA	功率总和/mW
AT91R40008	1	3.3、1.8	—	41.5
SST39VF160	1	3.3	30	99
VT6528	1	3.3、1.8	130、460	1257
VT6108S	1	2.5	600	1500
PH406466	1	2.5	8	20
AFBR-5803ATZ	2	3.3	133	877.8
交换机总功率	3795.3mW			

注:AT91R40008 最大消耗功率 $P=0.83\text{mW/MHz}\times50\text{MHz}=41.5\text{mW}$。此数据来自 AT91R40008 芯片数据手册,状态为 AT91R40008 片内外围时钟全开,芯片使用片内 SRAM 工作在 ARM 状态。

针对各级电源的功率要求,分别选用了 LM1085-3.3V、RT9172-25CM、AS1117-1.8V 进行降压转换。LT1085-3.3V 和 RT9172-25CM 可提供的最大输出电流为 3A,可提供的最大功率分别为 9.9W 和 7.5W;AS1117-1.8V 可提供最大为 800mA 的输出电流,最大输出功率为 1.44W,各级的电源芯片最大输出功率均大大超出需求的功率要求,而且这些器件在外围电路的设计上也较为简单。为了增强设备的电源抗干扰能力,设计时在每级电源的前后都加上滤波电路来减少外部干扰和前级电源的影响。

11.4 环网模块组网方案

在大型变电站系统中[10,11],各个不同的电压等级一般采用环网加交换机的形式,用于连接所有的主保护装置、后备保护和控制设备。普通的工业以太网交换机价格昂贵,维护困难,在装置内嵌入环网模块,可大大减少交换机的数量,节约成本。同时,在网络出现故障时,可在较短时间内恢复基本通信,满足智能变电站的高可用性要求。

图 11.10 所示即为网络模块嵌入 IED 内部,它是多环网组屏网络结构。在 IED 内部,各个装置之间与网络模块连成环网,各个 IED 设备之间也通过网络模块连成环网,上位机可以通过网络交换机获取到各个 IED 设备内部各种装置的实

时数据,并进行相应的处理。

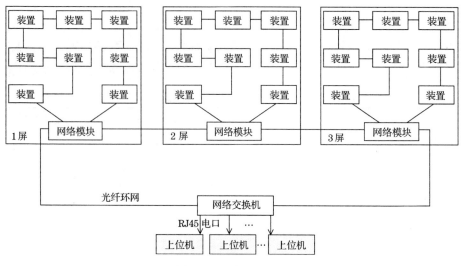

图 11.10　多环网组屏

　　图 11.11 所示即为网络模块嵌入 IED 内部,它是屏内星网、屏外环网组屏网络结构。同图 11.10 相比,各个 IED 设备之间同样通过网络模块连成环网,而在 IED 内部,装置同网络模块之间采取星型连接。

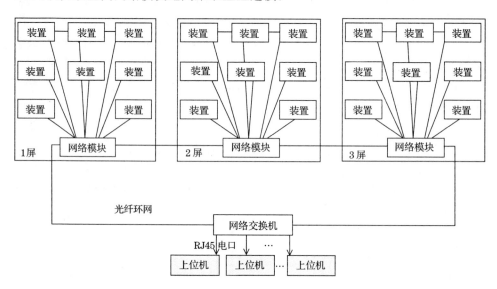

图 11.11　屏内星网＋屏外环网组屏

按照前面所述的组网方式,将环网模块嵌入 EDCS-8100 电力综合自动化装置内,通过其上连口首尾相连,组成单环网。经系统性功能测试,它完全符合通信要求。

11.5　本 章 小 结

本章简要介绍了 IEC61850 系列标准、网络结构。在此基础上对智能变电站的可用性要求进行了进一步分析,并针对其网络冗余的需要介绍了 IEC62439 高可用性自动化系统,设计适用于智能变电站的环网模块。并且对环网模块硬件和相关功能实现进行了详细的介绍。然后从环网模块功能需求分析入手,给出环网模块各硬件电路的详细设计电路及部分设计依据。最后结合实际智能高可用性要求,设计实用组网方案并进行分析、测试。

环网模块可方便地嵌入智能变电站的 IED 中,满足其对可用性的要求。同样,由于环网模块对原系统的影响较小,所以也适用于其他工业现场,如 EPA 工业以太网等。

环网模块与普通工业以太网交换机相比有以下优点:体积小巧,便于安装,组网方便;性价比高,维护方便;内嵌冗余协议,提高网络可用性;数据透明传输,不影响原有系统;符合工业级设计要求。

参 考 文 献

[1] 中国国家电网公司. 智能变电站技术导则[S]. 2009
[2] 中华人民共和国国家发展和改革委员会. DL/Z 860. 3-2004 变电站通信网络和系统 第 3 部分:总体要求[S]. 2004
[3] International Electrotechnical Commission. 62439 Ed 1. 0. High availability automation networks-part 6:Distributed redundancy protocol(DRP)[S]. 2008
[4] Atmel Corporation. The Datasheets of AT91SAM smart ARM-based microcontrollers for AT91R40008[EB/OL]. Http:www. atml. com/Products/atgl/. 2002
[5] David S. ARM Architecture Reference Manual[M]. New Jersey:Addision-Wesley,2000
[6] VIA Networking Technologies,Incorporated. VT6512(Version CD)Datasheet[S]. 2006
[7] VIA Networking Technologies,Incorporated. VT6108S Tahoe 8-port 10/100 Base-TX/FX PHY/transceiver datasheet[S]. 2004
[8] Cortina Systems™ 100BASE-FX Fiber Optic Transceivers:Connecting a PECL/LVPECL Interface[S]. 2007
[9] Agilent Technologies. AFBR-5803Z/5803TZ/5803AZ/5803ATZ Data Sheet[S]. 2007
[10] IEEE P1588™/D1-O draft standard for a precision clock synchronization protocol for networked measurement and control systems[S]. 2007

[11] International Electrotechnical Commission, IEC 61850-3 Communication networks and systems in substations-general requirements[S]. 2002